# Interaktive Einführung von Product Lifecycle Management im Maschinenbau

Von der Fakultät für Maschinenwesen
der Rheinisch-Westfälischen Technischen Hochschule Aachen
zur Erlangung des akademischen Grades eines
Doktors der Ingenieurwissenschaften
genehmigte Dissertation

vorgelegt von

Ju-Young Uam

**Berichter:**

Univ.-Prof. Dr.-Ing. Dipl.-Wirt. Ing. Günther Schuh
Univ. Prof. Dr.-Ing. Achim Kampker

Tag der mündlichen Prüfung: 21. Dezember 2011

ERGEBNISSE AUS DER PRODUKTIONSTECHNIK

**Ju-Young Uam**

# Interaktive Einführung von Product Lifecycle Management im Maschinenbau

**Herausgeber:**
Prof. Dr.-Ing. Dr.-Ing. E.h. Dr. h.c. Dr. h.c. F. Klocke
Prof. Dr.-Ing. Dipl.-Wirt.Ing. G. Schuh
Prof. Dr.-Ing. C. Brecher
Prof. Dr.-Ing. R. H. Schmitt

Band 26/2012

WZL RWTHAACHEN

Fraunhofer IPT

**Bibliografische Information der Deutschen Nationalbibliothek**
Die Deutsche Nationalbibliothek verzeichnet diese Publikation in der Deutschen Nationalbibliografie; detaillierte bibliografische Daten sind im Internet über http://dnb.ddb.de abrufbar.

Ju-Young Uam:

Interaktive Einführung von Product Lifecycle Management im Maschinenbau

1. Auflage, 2012

Gedruckt auf holz- und säurefreiem Papier, 100% chlorfrei gebleicht.

Apprimus Verlag, Aachen, 2012
Wissenschaftsverlag des Instituts für Industriekommunikation und Fachmedien an der RWTH Aachen
Steinbachstr. 25, 52074 Aachen
Internet: www.apprimus-verlag.de, E-Mail: info@apprimus-verlag.de

Druck: KN Digital Printforce GmbH, Stuttgart

ISBN 978-3-86359-092-5

D 82 (Diss. RWTH Aachen University, 2011)

# Vorwort

Diese Arbeit entstand während meiner Tätigkeit am Lehrstuhl für Produktionssystematik am Werkzeugmaschinenlabor WZL der RWTH Aachen. Danken möchte ich an dieser Stelle besonders Herrn Prof. Schuh, der die Betreuung dieser Arbeit übernahm und mir die Möglichkeit gab, mein Berufsleben im Beratungsumfeld zu beginnen. Die Zeit am Lehrstuhl öffnete mir die Augen dafür, nicht nur das Offensichtliche wahrzunehmen, sondern die Dinge als Ganzes zu ergründen und nach dem Kontraintuitiven zu suchen. Dafür danke ich Ihm sehr. Ebenso danke ich Herrn Prof. Kampker für die Übernahme des Koreferats sowie für die Erfahrungen, die ich während meiner Tätigkeit in der StreetScooter GmbH sammeln durfte.

Die vorliegenden Seiten bilden das Ende einer langen Reise. Es ist nun der Zeitpunkt dafür gekommen, mich herzlich bei allen Begleitern für das Gelingen dieser Arbeit, die zahlreichen Gespräche, Unternehmungen, Erinnerungen und entstandenen Freundschaften zu danken. Ich danke allen ehemaligen Kollegen am WZL, meinen studentischen Mitarbeitern sowie meinen Freunden. Für die sehr schöne Zeit in Aachen gilt mein besonderer Dank vor allem Ilona Greipel, Volker Hoppe, Stefan Vogelsang, Dr. Markus Bartoschek, Robin Huesmann, Ulrike Gohil sowie Hajo Hoffmann. Ebenso danke ich meinen Limburger Freunden für ihre Geduld, ihr Verständnis und für ihre Freundschaft, die trotz meiner häufigen Abwesenheit weiterhin fortbesteht. Insbesondere danke ich Kerstin Schappert und Silke Glöckler für das unermüdliche Lektorat dieser Arbeit.

Vor allem aber danke ich meiner lieben Familie. Besonders meinen Eltern danke ich für ihre Liebe und Vertrauen, den Zuspruch, die Zuversicht sowie ihre unerschütterliche Opferbereitschaft, mir diese kostspielige Ausbildung zu ermöglichen. Ihnen widme ich diese Arbeit.

im Oktober 2012
Ju-Young Uam

# Inhaltsverzeichnis

# Tabellenverzeichnis

# Abbildungsverzeichnis

# Abkürzungsverzeichnis

| | |
|---|---|
| AM | Aktivitätenmatrize |
| ANSI | American National Standards Institute |
| ARIS | Architektur integrierter Informationssysteme |
| Aufl. | Auflage |
| BATNA | Best Alternative To a Negotiated Agreement |
| BGB | Bürgerliches Gesetzbuch |
| BPMN | Business Process Modeling Notation |
| bzw. | beziehungsweise |
| CAD | Computer Aided Design |
| CAE | Computer Aided Engineering |
| CAM | Computer Aided Manufacturing |
| CAP | Computer Aided Planning |
| CAQ | Computer Aided Quality Management |
| CAx | Computer Aided "x" als Platzhalter für : z.B. D, E, M, P |
| CAVE | Computer Automatic Virtual Environment |
| CE | Conformité Européenne |
| CEN | Comité Européen de Normalisation (Europäisches Komitee für Normung) |
| CFD | Computational Fluid Dynamics (Strömungsanalyse) |
| CFK | Carbon Fiber Komposit (kohlenstofffaserverstärkter Kunststoff) |
| CI | Configuration Item (Konfigurationsobjekt) |
| CIM | Computer Integrated Manufacturing |

| | |
|---|---|
| CRM | Customer Relationship Management |
| CSC | Capability Scorecard |
| DFG | Deutsche Forschungsgemeinschaft |
| DIN | Deutsche Industrie Norm |
| DM | Dokumentenmanagement |
| DMU | Digital Mock-Up |
| EBIT | Earning before Interest and Taxes (Gewinn vor Zinsen und Steuern) |
| ECN | Engineering Collaboration via Negotiation |
| ERP | Enterprise Resource Planning |
| et al. | et alii (und andere) |
| etc. | et cetera (und so weiter) |
| EU | Europäische Union |
| FBL | Functional Baseline |
| FEM | Finite-Elemente Methode |
| GmbH | Gesellschaft mit beschränkter Haftung |
| GMN | St. Galler Management Navigator |
| HP | Hewlett-Packard |
| i.w.S. | im weiteren Sinne |
| IRR | Internal Rate of Return (Interner Zinssatz) |
| IT | Informationstechnologie |
| KmU | Klein- und mittelständige Unternehmen |
| KW | Kalenderwoche |
| LCC | Life Cycle Costing (Lebenszyklusrechnung) |
| LEG | Lead Engineering Group |
| MRP II | Material Requirements Planning |
| MRP | Material Resource Planning |

| | |
|---|---|
| NC | Numeric Control |
| NPV | Net Present Value (Kapitalwert) |
| OEM | Original Equipment Manufacturer |
| PBL | Product Baseline |
| PDA | Personal Digital Assistent |
| PDM | Product Data Management (Produktdatenmanagement) |
| PDMS | Product Data Management System (Produktdatenmanagementsystem) |
| PLM | Product Lifecycle Management (Produktlebenszyklusmanagement) |
| PMW | Prozesse, Methoden, Werkzeuge |
| PPS | Produktionsplanung und -steuerung |
| REACH | Registration, Evaluation, Authorisation and Restriction of Chemicals |
| RoHS | Restriction of Hazardous Substances Directive |
| ROI | Return on Invest (Kapitalverzinsung) |
| ROS | Return on Sales (Umsatzrentabilität, Vorsteuermarge) |
| RWTH | Rheinisch-Westfälische Technische Hochschule |
| S. | Seite |
| SAAS | Software as a Service |
| SOA | Service Oriented Architecture |
| SCM | Supply Chain Management |
| TCO | Total Cost of Ownership |
| u.a. | unter anderem |
| UML | Unified Modeling Language |
| VDI | Verein Deutscher Ingenieure |
| VDMA | Verband Deutscher Maschinen- und Anlagenbau |
| vgl. | vergleiche |
| VPE | Virtuelle Produktentstehung |

| | |
|---|---|
| VR | Virtual Reality |
| WZL | Werkzeugmaschinenlabor |
| z.B. | zum Beispiel |

# 1 Einleitung

Produzierende Unternehmen aus Hochlohnländern werden im globalen Wettbewerb immer mehr herausgefordert.[1] Unternehmen aus Niedriglohnländern nutzen standortspezifische komparative Kostenvorteile, um Produkte günstiger am Markt anzubieten. Diesem Wettbewerb geschuldet, lagern immer mehr Unternehmen ihre Produktionsstätten und Fertigungsaufträge in eben solche Niedriglohnländer aus, um ebenfalls die Vorteile von niedrigen Arbeitslöhnen zu nutzen. So stehen Hochlohnländer vor der Herausforderung mit dieser Situation umzugehen.[2]

Die Lösung kann nicht nur darin liegen, auf diese Herausforderung zu reagieren. Vielmehr müssen entsprechende Maßnahmen ergriffen werden, um vom Herausgeforderten zum Herausforderer zu werden und damit die Rahmenbedingungen des Wettbewerbs selbst aktiv zu gestalten. So dürfen dem globalen Wettbewerb nicht nur die niedrigen Lohnkosten als wesentlicher Wettbewerbsfaktor zugrunde liegen, sondern ebenfalls diejenigen Fähigkeiten, die Unternehmen aus Hochlohnländern auszeichnen. Dazu gehört vor allem die Fähigkeit, technologisch anspruchsvolle Produkte effizient zu entwickeln und diese Produkte flexibel an die vielfältigen Anforderungen der weltweit verteilten Kunden anzupassen.[3] Vor diesem Hintergrund wird an der RWTH Aachen an einer „Integrativen Produktionstechnik für Hochlohnländer" geforscht, um die Entwicklung diese Fähigkeiten voranzutreiben.

Das von der Deutschen Forschungsgemeinschaft geförderte Exzellenzcluster „Integrative Produktionstechnik für Hochlohnländer" verfolgt das übergeordnete Ziel, das Polylemma der Produktion zu lösen, so dass die Herstellung individueller Produkte zu annähernd den Kosten einer Massenproduktion bei minimalem Planungsaufwand möglich wird. Im Speziellen sollen auf Hochlohnländer zugeschnittene Konzepte, Methoden sowie Technologien für Produktionsmittel und -systeme entstehen, die alle Produktionsfaktoren, einschließlich der menschlichen

---

[1] Schleifenbaum et al. (2010), Improve the Performance of Production Systems, S. 443.

[2] Schuh et al. (2007), Excellence in Production, S. 31.

[3] Schuh et al. (2007), Excellence in Production, S. 35f.

Arbeitskraft, adressieren und schließlich zu signifikanten Wettbewerbsvorteilen für Unternehmen aus Hochlohnländern führen.[4]

## 1.1 Motivation - Defizite in der Praxis

Das Polylemma der Produktion zeigt einerseits das Spannungsfeld zwischen Economies of Scope und Economies of Scale und andererseits das Dilemma von Planungs- und Wertorientierung auf. Der Begriff *Economies of Scale* verdeutlicht in diesem Zusammenhang die Reduzierung von Herstellkosten durch die Realisierung von Skaleneffekten bzw. Mengeneffekten.[5] Im Gegensatz dazu wird mit dem Begriff *Economies of Scope* die Fähigkeit verstanden, kundenindividuelle Produkte wirtschaftlich im Sinne eines One-Piece-Flow entwickeln und produzieren zu können.[6] Die Wertorientierung geht auf den Lean Production Ansatz zurück und verfolgt das Ziel, alle Aktivitäten und Handlungen auf wertschöpfende Tätigkeiten zu konzentrieren. Mit der *Wertorientierung* wird insbesondere die Vermeidung von Verschwendung als prinzipielles Ziel von Lean Production verfolgt, wobei mit dem Begriff Verschwendung alle diejenigen Tätigkeiten und Zustände verstanden werden, die der Kunden nicht entlohnt. Dazu zählen beispielsweise hohe Lagerbestände, innerbetriebliche Transportwege und -zeiten oder Nachbesserungen am Produkt.[7] Im Gegensatz zur Wertorientierung steht die *Planungsorientierung*. Der planungsorientierte Ansatz versucht Abläufe in einem Unternehmen im Vorfeld strukturiert und systematisch zu organisieren, um auf diese Weise eine Abstimmung von Tätigkeiten und Prozessen im gesamten Unternehmen, insbesondere der Produktion, zu realisieren.[8] Während die Wertorientierung die Selbstoptimierung des Einzelnen in den Fokus stellt,[9] basiert die Planungsorientierung auf der Optimierung mehrerer Unternehmensbereiche bzw. des gesamten Unternehmens.[10] So werden mit Hilfe von Modellen relevante Einheiten des Unternehmens abgebildet, um das Verhalten simulieren und schließlich vorhersagen zu können.[11] Auf diese Weise lassen sich ex ante verschiedene Szenarien erarbeiten und evaluieren, um letztlich eine für die bevorstehende Aufgabe geeignete Lösung zur Gestaltung des Unternehmens auszu-

[4] Schuh et al. (2007), Excellence in Production, S. 31.
[5] Schuh (2005), Produktkomplexität managen, S. 96.
[6] In Anlehnung an Schuh et al. (2007), Excellence in Production, S. 33.
[7] Kaluza/Trefz (1997), Herausforderung Materialwirtschaft, S. 30.
[8] Dangelmaier (2009), Theorie der Produktionsplanung und -steuerung, S. 5.
[9] Schuh et al. (2007), Excellence in Production, S. 37.
[10] Scheer (2006), Agile Unternehmensführung durch serviceorientierte Architekturen, S. 129.
[11] Dangelmaier (2009), Theorie der Produktionsplanung und -steuerung, S. 15.

wählen. Mit der Planungsorientierung erfolgt jedoch eine Entkopplung von Planung (z.B. Erstellung eines Computerprogramms für eine Werkzeugmaschine) und Durchführung (z.B. Nutzung des Computerprogramms zur Herstellung eines Bauteils an einer Werkzeugmaschine), da die Umsetzung des Planungsergebnisses in der Regel von anderen organisatorischen Einheiten im Unternehmen zu einem späteren Zeitpunkt stattfindet.[12] Planung basiert auf bestimmten Rahmenbedingungen,[13] die sich im Zeitverlauf verändern können. Darüber hinaus unterliegt das Planungsergebnis einer gewissen Unsicherheit. Da Aktivitäten aufeinander abgestimmt sind, ist eine Abweichung vom geplanten Vorgehen kaum möglich, ohne andere Aktivitäten zu beeinflussen.

Im Rahmen dieser Arbeit wird das Dilemma zwischen Planungs- und Wertorientierung adressiert. Die Planungsorientierung lässt sich heute durch leistungsfähige IT-Lösungen sinnvoll unterstützen.[14] Unter dem Begriff Informationstechnologie (IT) werden in diesem Zusammenhang sowohl Computerhardware als auch Applikationssoftware verstanden. Bereits seit Jahrzehnten wird der Computer nicht mehr nur als Schreibmaschinenersatz eingesetzt.[15] Vielmehr finden Computer heute in nahezu jedem Unternehmensbereich Anwendung. Doch erst durch die Applikationssoftware bzw. Applikationen werden den Mitarbeitern Funktionen zur Verfügung gestellt, um Abläufe und Tätigkeiten zu vereinfachen und damit effizienter sowie effektiver zu gestalten.[16] In der Buchhaltung wurden schon früh Applikationen eingesetzt, um einerseits die Dateneingabe und -verwaltung zu vereinfachen und andererseits schnell und flexibel Auswertungen für das Finanzcontrolling zu erzeugen.[17] In der Produktion kommen heute Applikationen zum Einsatz, mit denen sich der Produktionsablauf (z.B. Zuordnung von Fertigungsauftrag zu Maschine, Bereitstellung der richtigen Menge von Material etc.) planen und steuern lässt.[18] Schließlich findet die Erstellung von Bauteilzeichnungen nicht mehr mit Tusche auf dem Papier statt, sondern vielmehr mit leistungsfähigen Computer Aided Design (CAD)-Systemen, die heute eine effiziente Konstruktion von Bauteilen im dreidimensionalen (3D) Raum ermöglichen.[19]

[12] Schuh et al. (2008), A reference framework for integrating NC planning into PLM, S. 92f.
[13] Schlienkamp (2006), Kapitalmarktstrategie, S. 238.
[14] Schuh et al. (2007), Excellence in Production, S. 37.
[15] Pape (2004), Wissensprojekte, S. 229.
[16] Loebe/Schöpf (2007), Demografischer Wandel, S. 109.
[17] Radke (2007), Buchführung, S. 21.
[18] Dangelmaier (2009), Theorie der Produktionsplanung und -steuerung, S. 1f.
[19] Vajna et al. (2009), CAx für Ingenieure, S. 159.

Mit der steigenden Leistungsfähigkeit von Computerchips steigt ebenfalls der Funktionsumfang von Applikationen an. Dabei zeigt sich, dass die Applikationen nicht mehr nur die Durchführung einzelner Tätigkeiten in einem vorhandenen Prozess unterstützen, sondern dass Prozesse und Arbeitsweisen verändert werden müssen, um die Applikation überhaupt sinnvoll nutzen zu können.[20] Die Einführung einer solchen Applikation beinhaltet somit nicht nur die Bereitstellung eines Computers mit der entsprechenden Applikationssoftware, sondern vielmehr die gemeinsame Gestaltung von Aufbauorganisation (Verteilung von Aufgaben, Kompetenzen und Verantwortlichkeiten), Ablauforganisation (Prozesse) und IT.

Die Einführung einer Applikationssoftware ist keinesfalls trivial. Seit 1994 führt die STANDISH GROUP alle zwei Jahre eine Studie durch, um den Erfolg bzw. Misserfolg von IT-Projekten zur Einführung von Applikationssoftware zu erfassen. Die Ergebnisse der Studie werden im sogenannten Chaos Report veröffentlicht. Ein Auszug der Studienergebnisse von 2009 wird in Bild 1-1 aufgezeigt.

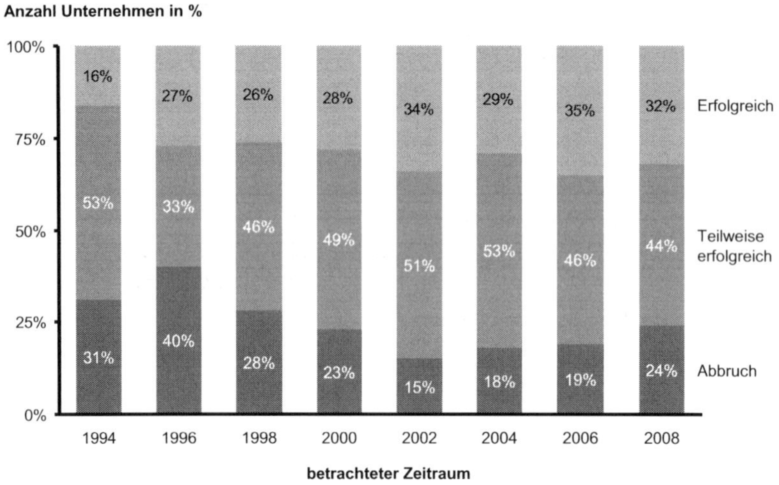


Bild 1-1: Studienergebnisse über den Ausgang von IT-Projekten[21]

[20] Scheer et al. (2006), Prozessorientiertes Product Lifecycle Management, S. 8f.

[21] Standish Group (2009), zitiert nach Dominguez (2009), The Curious Case of the CHAOS Report 2009, http://www.projectsmart.co.uk/the-curious-case-of-the-chaos-report-2009.html, Abruf am 05. März 2010.

In der Studie wird nicht unterschieden, welche Art von Applikationssoftware (z.B. CAD-System, ERP-System) der IT-Einführung zugrunde liegt. Dennoch wird auf den ersten Blick deutlich, dass nur etwa ein Drittel aller IT-Projekte erfolgreich verlaufen. Erfolgreich bedeutet in diesem Zusammenhang, dass die zuvor geplanten Zeiten und Kosten eingehalten sowie die anfangs festgelegten Anforderungen erfüllt werden.[22] Obwohl fast 50% der Unternehmen IT-Projekte abschließen, werden Kosten- und Zeitziele überschritten sowie Anforderungen nur teilweise erfüllt. Schließlich scheitert fast jedes vierte IT-Projekt und wird abgebrochen. Auch wenn zu hinterfragen ist, auf welchen Daten die Studienergebnisse beruhen, wird dennoch deutlich, dass die Einführung von Applikationssoftware mehrheitlich nicht erfolgreich verläuft.

## 1.2 Zielsetzung der Arbeit

In dieser Arbeit soll ein Gestaltungsmodell für die erfolgreiche Einführung von Product Lifecycle Management (PLM) erarbeitet und beschrieben werden. PLM ist Bestandteil eines Managementansatzes zur integrierten Gestaltung des Unternehmens auf Basis von IT. Dabei wird das Ziel verfolgt, die Planungsorientierung im Unternehmen zu unterstützen, um schließlich das Planungsergebnis signifikant zu verbessern. Ein wesentliches Merkmal von PLM ist die Betrachtung des gesamten Produktlebenszyklus, so dass in die Planung ebenfalls Bereiche und Anspruchsgruppen außerhalb des eigenen Unternehmens mit einbezogen werden. Ein weiteres wesentliches Merkmal ist die gemeinsame Gestaltung von Prozess und IT. Folglich können Tätigkeiten in Prozessen, die nach fest definierten Regeln erfolgen, automatisiert durch Applikationen bzw. vom Computer durchführen werden, was insgesamt die Abwicklung von Prozessen beschleunigt. Aus der Betrachtung des gesamten Produktlebenszyklus lassen sich über das eigene Unternehmen hinaus zusätzliche Einflussgrößen identifizieren, um Anforderungen an das Produkt sowie an das Unternehmen zu schärfen. Effiziente Prozesse tragen dazu bei, dass Veränderungen von Anforderungen schneller im Planungsprozess antizipiert werden können und schließlich das Planungsergebnis verbessern.[23] Obwohl die PLM-Einführung weit mehr als das IT-Projekt umfasst, wird der Projekterfolg maßgeblich durch das IT-Projekt beeinflusst.

Maschinenbauunternehmen sollen mithilfe des Gestaltungsmodells der interaktiven Einführung von PLM in die Lage versetzt werden die Herausforderungen in PLM-

[22] Zeitler (2009), Krise lässt IT-Projekte scheitern, URL: http://www.cio.de/889437, Abruf am 05.06.2010.

[23] Der Begriff PLM sowie der Nutzen von PLM wird in Kapitel 2 und 3 ausführlich beschrieben.

Projekten zu verstehen, anforderungsgerechte Lösungen zu erarbeiten und diese Lösung erfolgreich umzusetzen. Im Mittelpunkt des Gestaltungsmodells liegt die Strukturierung der Interaktion. Es wird davon ausgegangen, dass die Kollaboration die effektivste und zugleich effizienteste Form der Interaktion bzw. der Zusammenarbeit bildet. Mit Ansätzen der Verhandlungstheorie soll in diesem Zusammenhang sichergestellt werden, dass die Zusammenarbeit als Kollaboration im gesamten Projektverlauf erhalten bleibt, auch wenn Entscheidungssituationen zu Konflikten führen, die die Zusammenarbeit gefährden. Das Ziel dieser Arbeit lässt sich wie folgt zusammenfassen:

> Das Ziel dieser Dissertation liegt in der Erarbeitung eines Gestaltungsmodells für die interaktive Einführung von Product Lifecycle Management im Maschinenbau.

Zur zielgerichteten Ausrichtung des Forschungsprozesses empfiehlt KUBICEK die Formulierung einer grundlegenden Forschungsfrage.[24] In diesem Zusammenhang lässt sich die Forschungsfrage für diese Dissertation wie folgt formulieren:

*„Wie kann die Effektivität und Effizienz der Einführung von PLM durch Gestaltung der Interaktion gesteigert werden?“*

## 1.3 Konzeption des Forschungsprozesses

Forschung verfolgt das Ziel, neue und originäre Erkenntnisse in einer Wissenschaftsdisziplin zu gewinnen. Der Forschungsprozess zeigt in diesem Zusammenhang auf, wie beim Forschen vorgegangen wird.[25] Nach BINDER UND KANTOWSKY ist Forschung eine Reise, in der der Forschende von einem bekannten Ort aus startet und im Verlauf unbekannte Ortschaften, Länder oder Kontinente entdeckt.[26] Vor dem Hintergrund dieser Metapher ist diese Arbeit als „Dokumentation einer Forschungsreise“ zu verstehen und zeigt auf, dass Forschung trotz aller Wissenschaftlichkeit subjektiven Einflüssen unterliegt.[27] Durch Beschreibung der grundlegenden Erkenntnisperspektive sowie der methodologischen Vorgehensweise des Erkenntnisprozesses soll trotz subjektiver Einflüsse sichergestellt werden, dass die Entdeckungen und

[24] Kubicek (1977), Heuristischer Bezugsrahmen, S. 25.
[25] Balzert et al. (2008), Wissenschaftliches Arbeiten, S. 43.
[26] Binder/Kantowsky (1996), Technologiepotentiale, S. 3.
[27] Zohm (2004), Management von Diskontinuitäten, S. 5.

Ergebnisse dieses Forschungsprozesses für andere Wissenschaftler nutzbar bzw. nachvollziehbar werden.[28] Nach ULRICH ist die Auseinandersetzung mit der grundlegenden Erkenntnisperspektive sowie dem forschungsmethodologischen Vorgehen besonders für Arbeiten von Bedeutung, die im Bereich der Ingenieurwissenschaften angesiedelt sind, sich aber durch die Betrachtung des menschlichen Verhaltens, zur Steuerung technischer Systeme, stark mit Themen der Betriebswirtschaftslehre auseinandersetzen.[29]

Die Klärung der grundlegenden Erklärungsperspektive erfolgt durch Einordnung dieser Dissertation in das Spektrum der Wissenschaften. Grundlegend lassen sich Wissenschaften nach ULRICH und HILL in Formal- und Realwissenschaften unterteilen (siehe Bild 1-2).[30]

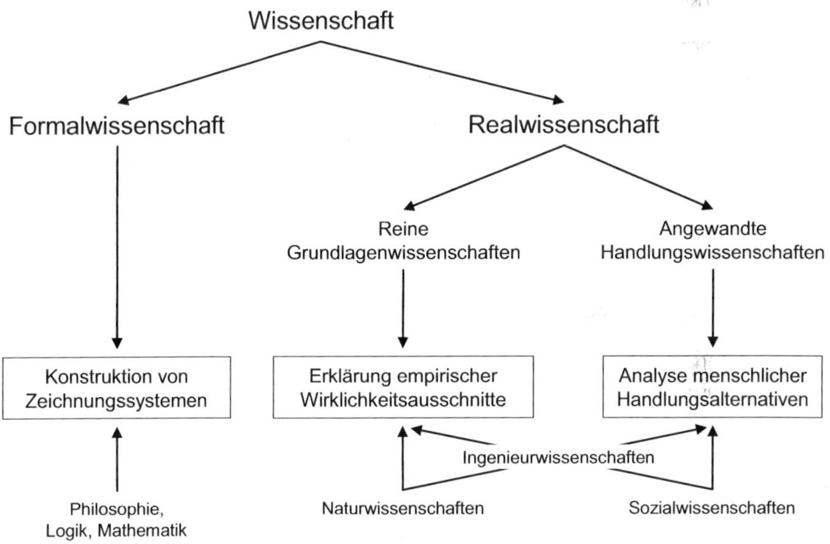


Bild 1-2: Einordnung der Arbeit in die Wissenschaftssystematik[31]

[28] Binder/Kantowsky (1996), Technologiepotentiale, S. 3.
[29] Ulrich (1984), Management, S. 68.
[30] Ulrich/Hill (1976), Grundlagen Teil I, S. 305.
[31] Ulrich/Hill (1976), Grundlagen Teil I, S. 305.

Aussagen der Formalwissenschaft sind rein analytisch und befassen sich mit der Erstellung und Verwendung von Zeichensystemen (z.B. Mathematik, Logik) sowie deren Verwendungsregeln.[32] Im Mittelpunkt von Formalwissenschaften stehen keine real existierenden Objekte, so dass die Richtigkeit von Aussagen allein auf fehlenden logischen Widersprüchen beruht.[33]

Im Gegensatz dazu verfolgen Realwissenschaften das Ziel, sinnlich wahrnehmbare Wirklichkeitsausschnitte empirisch zu beschreiben, zu erklären und zu gestalten.[34] Aussagen und Erkenntnisse von Realwissenschaften sind daher nicht rein analytisch, sondern primär synthetisch.[35] Die Realwissenschaften lassen sich in reine Grundlagenwissenschaften und angewandte Handlungswissenschaften unterteilen. Die Grundlagenwissenschaften versuchen dabei die Diskrepanz zwischen Theorie und Beobachtung mit Hilfe von theoretischen Modellen zu erklären. Im Gegensatz dazu versuchen Handlungswissenschaften die Probleme von praktisch handelnden Individuen durch Entscheidungsmodelle bzw. Entscheidungsprozesse zu lösen. Nach herrschender Auffassung wird die Betriebswirtschaftslehre den Handlungswissenschaften zugeordnet.[36]

Die Ingenieurwissenschaften hingegen lassen sich nach ULRICH weder den Grundlagenwissenschaften noch den Handlungswissenschaften eindeutig zuordnen.[37] Da mit dieser Dissertation das Ziel verfolgt wird, ein Gestaltungsmodell für die interaktive Einführung von PLM – mit Fokus auf der verhandlungsbasierten Entscheidungsfindung – zu erarbeiteten, werden thematisch sowohl die Ingenieur- als auch die Betriebswissenschaften adressiert. Während durch PLM ingenieurwissenschaftliche Fragestellungen betrachtet werden, findet mit der Gestaltung der Interaktion bzw. verhandlungsbasierten Entscheidungsfindung eine mehrheitlich sozialwissenschaftliche Auseinandersetzung statt. Folglich lässt sich diese Arbeit den angewandten Handlungswissenschaften zuordnen.

Nachdem die grundlegende Erkenntnisperspektive geklärt wurde, soll in einem weiteren Schritt die methodologische Vorgehensweise im Erkenntnisprozess bzw. die Forschungsmethodologie beschrieben werden. In diesem Zusammenhang verfolgen Handlungswissenschaften stets ein pragmatisches Ziel. Folglich müssen die neu

[32] Ulrich/Hill (1976), Grundlagen Teil I, S. 305.
[33] Schanz (1987), Wissenschaftstheoretische Grundfragen der Führungsforschung, S. 2039.
[34] Ulrich/Hill (1976), Grundlagen Teil I, S. 305.
[35] Schanz (1987), Wissenschaftstheoretische Grundfragen der Führungsforschung, S. 2039.
[36] Ulrich/Hill (1976), Grundlagen Teil I, S. 305.
[37] Ulrich (1971), Der systemorientierte Ansatz, S. 47.

gewonnenen Erkenntnisse aus dem Forschungsprozess einen praktischen Nutzen aufweisen.[38] Erkenntnisse beginnen nach POPPER nicht etwa mit der Wahrnehmung oder Beobachtung bzw. aus der Sammlung von Daten und Tatsachen, sondern mit dem Problem.[39] Vor diesem Hintergrund werden im Folgenden Probleme adressiert, für deren Lösung bisher kein befriedigendes Wissen zur Verfügung steht.[40] Aufgrund des pragmatischen Wissenschaftsziels in den Handlungswissenschaften zeigt sich im Gegensatz zu den Grundlagenwissenschaften ein unterschiedlicher Maßstab für die Problemlösung. Die Qualität der Problemlösung bzw. der wissenschaftliche Fortschritt wird in den Handlungswissenschaften weniger am Zuwachs der Erkenntnissicherung gemessen, sondern vielmehr am Zuwachs an Verständnis für eine erst noch zu schaffende Realität.[41] In diesem Zusammenhang wird in der wissenschaftlichen Literatur die *explorative Forschung* als geeignete Forschungsmethodologie für handlungswissenschaftliche Fragestellungen hervorgehoben.[42] Folglich liegt dieser Dissertation der explorative Forschungszyklus nach TOMCZAK zugrunde. (siehe Bild 1-3).[43]

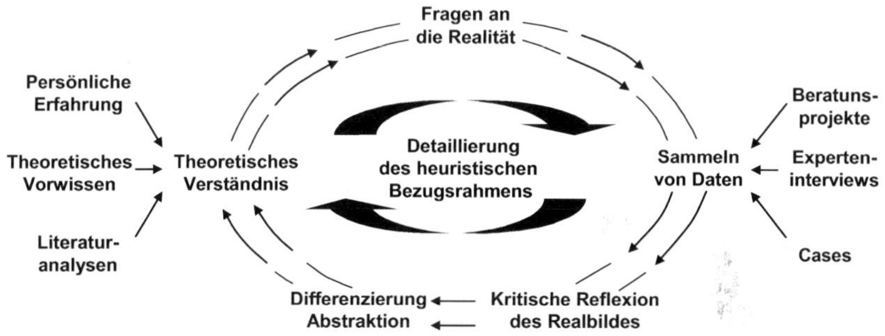


Bild 1-3: Explorativer Forschungsprozess nach TOMCZAK[44]

[38] Kubicek (1977), Heuristischer Bezugsrahmen, S. 5.
[39] Popper (1967), Die Logik der Sozialwissenschaften, S. 104.
[40] Ulrich (1984), Management, S. 172.
[41] Kubicek (1977), Heuristischer Bezugsrahmen, S. 7.
[42] Kubicek (1977), Heuristischer Bezugsrahmen, S. 13; Tomczak (1992), Forschungsmethoden, S. 83; Ulrich (1984), Die Betriebswirtschaftslehre, S. 192.
[43] Tomczak (1992), Forschungsmethoden, S. 83f.
[44] Kubicek (1977), Heuristischer Bezugsrahmen, S. 14; Tomczak (1992), Forschungsmethoden, S. 84.

Der Forschungszyklus basiert auf einem iterativen Lernprozess. Durch Fragen an die Realität und die theoretische Verarbeitung des dabei gewonnenen Erfahrungswissens lassen sich weitere Fragen ableiten, um zusätzliche Erkenntnisse über die Realität zu gewinnen. Im Mittelpunkt steht ein heuristischer Bezugsrahmen, der mit fortschreitendem Forschungsprozess immer detaillierter wird.[45] Dieser Bezugsrahmen steuert in diesem Zusammenhang den Forschungsprozess und dient als Orientierungshilfe für die Lösung des vorliegenden Praxisproblems. Die Entwicklung eines heuristischen Bezugsrahmens erfolgt ausgehend von einem generellen Phänomen, das in der Theorie nicht genügend verstanden und in der Praxis unzureichend beherrscht wird.[46]

In Bild 1-4 wird für diese Dissertation ein erster Entwurf eines heuristischen Bezugsrahmens abgebildet. Mit dem Bezugsrahmen wird auf Basis des ersten Problemverständnisses die Frage nach den relevanten Analyseeinheiten beantwortet.[47]

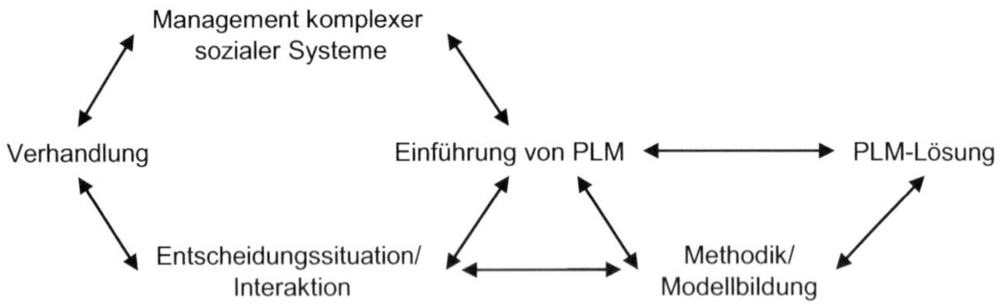


Bild 1-4: Heuristischer Bezugsrahmen für diese Arbeit

Im Mittelpunkt dieser Arbeit stehen die *Methodik/Modellbildung*, die *Einführung von PLM*, die *PLM-Lösung*, das *Management komplexer sozialer Systeme*, *Entscheidungssituationen/Interaktion* sowie die *Verhandlung*.

Ziel dieser Dissertation liegt in der Erarbeitung eines Vorgehens zur interaktiven Einführung von PLM. Folglich bildet die Erarbeitung einer Methodik eine erste wesentliche Analyseeinheit. Zur Vereinfachung der Wirklichkeit dienen verschiedene Modelle, so dass die Modellbildung selbst Bestandteil dieser Arbeit ist. Insbeson-

[45] Kubicek (1977), Heuristischer Bezugsrahmen, S. 13f.
[46] Kubicek (1977), Heuristischer Bezugsrahmen, S. 16.
[47] Zohm (2004), Management von Diskontinuitäten, S. 10.

dere sollen das Vorgehen der PLM-Einführung sowie die PLM-Lösung mithilfe der Modellbildung auf wesentliche Charakteristika vereinfacht werden. Das Vorgehensmodell der PLM-Einführung bildet in diesem Zusammenhang die einzelnen Schritte und Tätigkeiten ab, die durchgeführt werden müssen. Im Gegensatz dazu werden mit der PLM-Lösung denjenigen Elemente aufgezeigt, die durch das Vorgehen zunächst gestaltet und anschließend im Unternehmen eingeführt werden.

Im Rahmen der PLM-Einführung müssen Individuen im Hinblick auf ein übergeordnetes gemeinsames Ziel interagieren. Die Interaktion unterliegt dabei verschiedenen Herausforderungen, die häufig auf den unterschiedlichen Vorstellungen und Erwartungen der Individuen im Unternehmen beruhen. Vor diesem Hintergrund sollen Prinzipien der Verhandlungstheorie verwendet werden, um die Gestaltung der Entscheidungsfindung bzw. Interaktion sinnvoll zu unterstützen.

## 1.4 Aufbau der Arbeit

Die Arbeit orientiert sich an der von ULRICH vorgeschlagenen „Strategie der angewandten Forschung", so dass vor allem der Praxisbezug in den Vordergrund gestellt wird.[48] Vor diesem Hintergrund soll im Folgenden der Aufbau dieser Dissertation beschrieben werden (siehe Bild 1-5).

Im ersten Kapitel erfolgen die Vorstellung des praxisrelevanten Problems, die Zielsetzung dieser Arbeit sowie die Beschreibung des Forschungsprozesses. Anschließend werden im zweiten Kapitel verschiedene Begriffe im PLM-Umfeld erläutert. Dabei soll ein allgemeines Begriffsverständnis geschaffen werden, um Erläuterungen im Verlauf dieser Arbeit abzukürzen. Im Speziellen wird in diesem Kapitel ein umfassendes Verständnis von PLM hergeleitet.

Im dritten Kapitel erfolgen die Erfassung und Interpretation problemrelevanter Theorien und Hypothesen der empirischen Grundlagenwissenschaften sowie die Erfassung und Spezifizierung problemrelevanter Verfahren der Formalwissenschaft im Hinblick auf die Einführung von Product Lifecycle Management. Ausgehend von den Problemen der Praxis werden Anforderungen an ein adäquates Vorgehen zur Einführung von PLM hergeleitet.

[48] Ulrich (1984), Die Betriebswirtschaftslehre, S. 193.

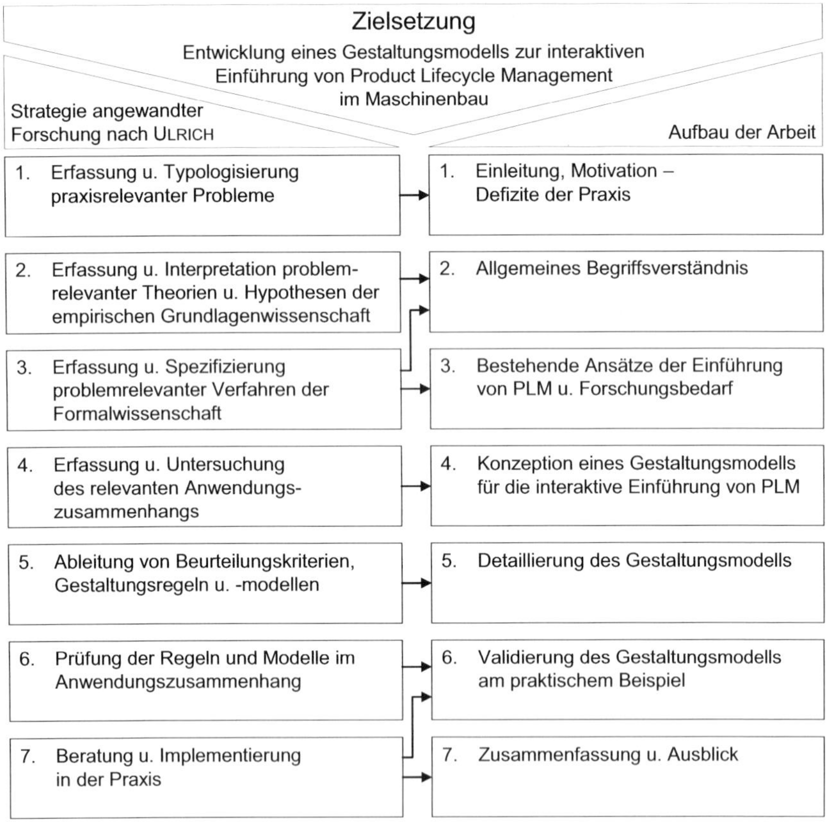


Bild 1-5: Forschungsprozess und Gliederung der Arbeit nach H. ULRICH[49]

Anschließend werden bestehende Vorgehensweisen der Einführung von PLM vorgestellt. In einem weiteren Schritt werden die verschiedenen Vorgehensweisen dahin gehend bewertet, inwieweit die zuvor identifizierten Anforderungen erfüllt werden. Da sowohl Vorgehensweisen aus der Forschung als auch aus der Praxis vorgestellt werden, lässt sich aufzeigen, welche Anforderungen bislang nicht verstanden oder lediglich in der Praxis nur unbefriedigend umgesetzt werden. Schließlich soll der aktuelle Forschungsbedarf aufgezeigt werden.

---

[49] Ulrich (1984), Die Betriebswirtschaftslehre, S. 193.

Im folgenden vierten Kapitel erfolgt die Erfassung und Untersuchung des relevanten Anwendungszusammenhangs. Insbesondere wird in diesem Kontext das Grobkonzept des Gestaltungsmodells für die interaktive Einführung von PLM hergeleitet. Dabei werden sowohl formale Anforderungen im Hinblick auf die Modellbildung als auch inhaltliche Anforderungen hinsichtlich der Vorgehensweise aufgezeigt. Schließlich wird das Grobkonzept vorgestellt.

Im fünften Kapitel findet die Detaillierung des Grobmodells statt. In diesem Zusammenhang werden die Elemente entsprechend erläutert. Neben der Ausformulierung der Elemente des Grobmodells wird zusätzlich aufgezeigt, in welcher Beziehung die Elemente zueinanderstehen, und wie diese Modelle im Rahmen der PLM-Einführung verwendet werden.

Die Validierung des Gestaltungsmodells erfolgt im sechsten Kapitel. In diesem Zusammenhang werden zwei Fallbeispiele vorgestellt, um die Anwendbarkeit dieses Modells konkret aufzuzeigen. Im Anschluss an die Fallbeispiele erfolgt eine kritische Reflexion, um die Vor- und Nachteile der Anwendbarkeit des Gestaltungsmodells zu diskutieren. Schließlich werden die wichtigsten Ergebnisse dieser Dissertation im abschließenden siebten Kapitel zusammengefasst.

# 2 Allgemeines Begriffsverständnis

„Le langage est un instrument imparfait.
Les problèmes de la vie font éclater toutes les formules."

"Die Sprache ist ein unvollkommenes Werkzeug.
Die Probleme des Lebens sprengen alle Formulierungen"

*Antoine de Saint-Exupéry*

Häufig werden Begriffe verwendet, die allseits bekannt, doch deren Sinn und Bedeutung nicht vollkommen eindeutig sind.[50] Folglich erfordert ein Forschungsprogramm aus wissenschaftlicher Sicht die Erarbeitung eines Begriffssystems zur Erfassung aller relevanten Aspekte.[51] Das damit geschaffene einheitliche Begriffsverständnis ermöglicht schließlich eine Diskussion über vorliegende Sachverhalte, da diese erst durch begriffliche Bezeichnungen kommunizierbar werden. So muss einem exakten wissenschaftlichen Arbeiten eine präzise Definition von Begriffen vorangestellt werden, um Probleme verständlich aufzeigen zu können.[52]

Zum Aufbau eines sinngemäßen Begriffsverständnisses ist es ratsam, zunächst bereits bestehende Definitionen zu betrachten. Nicht immer ist die Verwendung des gleichen Begriffes eindeutig. Es können in unterschiedlichen Sprach- und Kulturkreisen unter Umständen verschiedene Interpretationsmöglichkeiten existieren, die letztlich die Ursache für vorkommende Missverständnisse in der zwischenmenschlichen Kommunikation bilden.[53] Deshalb werden in diesem Kapitel grundlegende Begriffe erläutert, um entsprechende Erklärungen im Verlauf dieser Arbeit abzukürzen.

---

[50] Kubosch (2008), Produktentwicklung als Verhandlung, S. 21.

[51] Ulrich/Hill (1976), Grundlagen Teil II, S. 348.

[52] Chmielewicz (1979), Forschungskonzeptionen der Wirtschaftswissenschaft, S. 51ff; Schanz (1988), Methodologie für Betriebswirte, S. 17.

[53] Hesseler/Görtz (2007), Basiswissen ERP-Systeme, S. 2.

## 2.1 Interaktion

Nach PÜTHE existiert für Interaktion kein einheitliches Begriffsverständnis. Daher stellt PÜTHE Definitionen verschiedener Autoren vor und leitet vor diesem Hintergrund ein eigenes Verständnis ab. Einer der vorgestellten Definitionen bezeichnet Interaktion als eine zielgerichtete, wechselseitige Handlung zwischen mindestens zwei agierenden Personen, wobei die Kommunikation einen wesentlichen Bestandteil der Interaktion bildet.[54] BIERHOFF teilt diese Auffassung und fügt hinzu, dass die Handlungen auf Abhängigkeiten zwischen den Beteiligten beruhen. Dabei geht er davon aus, dass die Interaktion durch Harmonie oder Interessenskonflikten gekennzeichnet ist, wobei die Beteiligten individualistisch bzw. egoistisch motiviert ihren eigenen Vorteil zu maximieren versuchen.[55] In dieser Arbeit soll mit dem Begriff Interaktion die Wechselseitigkeit der Handlung in den Mittelpunkt gestellt werden, wobei Interessenskonflikte entstehen können, die es zu lösen gilt.

## 2.2 Applikationssoftware

Mit dem Begriff Applikationssoftware bzw. Anwendungssoftware werden Computerprogramme bezeichnet, die Datenverarbeitungsaufgaben eines Anwenders bzw. einer Anwendergruppe auf Grundlage bestimmter Problemlösestrategien durchführen.[56] Die Applikationssoftware wird direkt und unmittelbar vom End-User (dem Anwender) benutzt. Das Gegenstück zur Applikationssoftware bildet die Systemsoftware. Der grundlegende Unterschied beider Softwarearten liegt darin, dass der End-User nur indirekt (über die Applikationssoftware) mit der Systemsoftware in Kontakt tritt.[57]

Der Einsatz von Applikationssoftware ist vielfältig und lässt sich nur schwer klassifizieren. So beinhalten Mobiltelefone verschiedene Applikationen, um beispielsweise den Wecker oder das Telefonbuch zu ersetzen. In der Industrie werden Applikationen zur Unterstützung der individuellen Arbeitsproduktivität eingesetzt, z. B. in den Bereichen Textverarbeitung, Tabellenkalkulation, Datenbanken, Grafik und Präsentation oder E-Mail.[58]

[54] Püthe (2009), Mittelständische Unternehmen und Genossenschaftsbanken, S. 134.

[55] Bierhoff (2006), Sozialpsychologie : ein Lehrbuch, S. 412.

[56] Lanninger (2009), Standardanwendungssoftware, S. 104.

[57] Grechenig (2010), Softwaretechnik, S. 83.

[58] Grechenig (2010), Softwaretechnik, S. 83.

Schließlich ist das breite Einsatzgebiet von Computern der Applikationssoftware zu verdanken. Der Computer bzw. die Hardware alleine ist für den Anwender nutzlos. Erst mit den Applikationen, die auch als Programme bezeichnet werden, lässt sich die Hardware für verschiedene Anwendungen nutzen.[59] In diesem Zusammenhang bezeichnet der Begriff IT alle technischen und organisatorischen Mittel, die zur Unterstützung der Beschaffung, Verarbeitung, Speicherung, Übertragung und Bereitstellung von Informationen dienen. Folglich besteht ein IT-System aus Hardware-, Software- und Organisationskomponenten.[60] In diesem Zusammenhang sollen die Begriffe IT-System bzw. IT und Applikationssoftware sowie Applikation synonym verwendet werden.

## 2.3 Computer Aided Design (CAD)

Der Begriff CAD ist seit Mitte der siebziger Jahre des letzten Jahrtausends in produzierenden Unternehmen bekannt[61] und beschreibt das rechnerunterstützte Konstruieren.[62] Basis von CAD bildet eine auf mathematischen Strukturen beruhende Beschreibungssprache, so dass sich physische Objekte im zwei- oder dreidimensionalen Raum (2D- oder 3D-Raum) mithilfe eines Computers digital am Bildschirm abbilden lassen.[63] Mit der ersten Einführung von CAD-Applikationssoftware bzw. CAD-Systemen stand die Zeichnungserstellung im Fokus. Daher wurde das Akronym CAD zunächst als Computer Aided *Drafting* verstanden. Dieser Ausdruck verdeutlicht, dass der Computer zunächst lediglich das Zeichenbrett ersetzte, um beispielsweise wiederkehrende Vorgänge wie die Anwendung von Schablonen, Schraffuren oder das Ausfüllen von Zeichnungsköpfen zu unterstützen. Erst im Zeitverlauf wandelte sich der Begriff CAD zum Computer Aided *Design*, mit Fokus auf die gesamte Konstruktion.[64]

Den Übergang von 2D nach 3D bezeichnet GRIEVES als Revolution.[65] Vor der Computerisierung wurden ausschließlich 2D-Konstruktionszeichnungen erstellt. In der zweidimensionalen Welt stehen dem Konstrukteur lediglich Punkte und Linien zur Verfügung, um ein reales Objekt zu beschreiben. Die räumliche Tiefe wird durch die Abbildung verschiedener Ansichten realisiert, wobei es der Person obliegt, die

[59] Gumm et al. (2006), Einführung in die Informatik, S. 55.
[60] Gernert/Ahrend (2002), IT-Management: System statt Chaos, S. 52.
[61] Vajna et al. (2009), CAx für Ingenieure, S. 160.
[62] Spur (1993), Automatisierung und Wandel der betrieblichen Arbeitswelt, S. 125.
[63] Grieves (2006), Product Lifecycle Management, S. 46.
[64] Kief/Roschiwal (2007), NC/CNC Handbuch 2007/2008, S. 361.
[65] Grieves (2006), Product Lifecycle Management, S. 48.

Zeichnung richtig zu interpretieren.[66] Aufgrund des hohen Abstraktionsniveaus von 2D-Konstruktionszeichnungen erfordert die Interpretation viel Wissen und vor allem Erfahrung.[67] Erst mit 3D-CAD Modellen werden alle Personen in die Lage versetzt, „Konstruktionszeichnungen“ richtig zu interpretieren (siehe Bild 2-1).[68] Anstatt sich das jeweilige Objekt aus Punkten und Linien vorstellen zu müssen, wird mit dem Computer ein virtuelles 3D-Objekt erzeugt, das intuitiv erfassbar wird. Schließlich müssen keine Modelle mehr aus Ton oder anderen Materialien zeit- und kostenintensiv angefertigt werden, um über die Geometrie des zukünftigen Produktes zu diskutieren.[69]

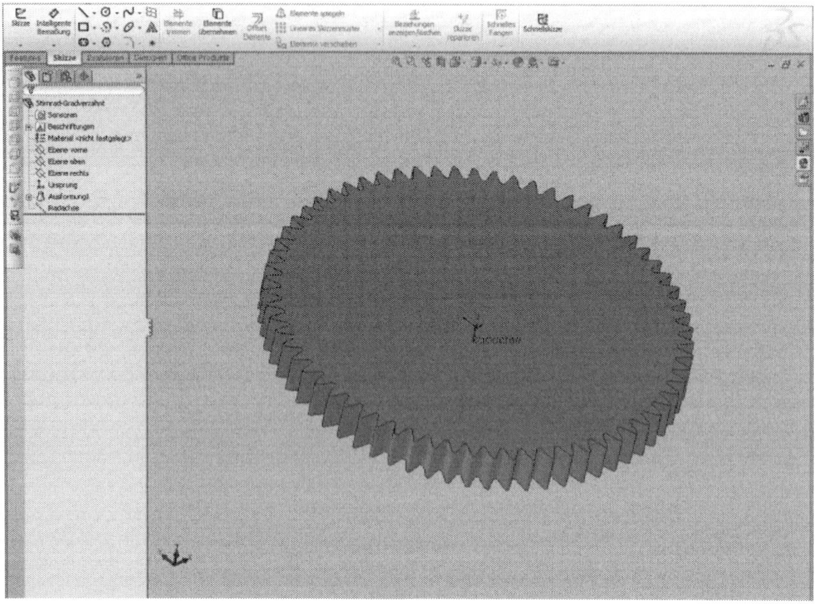

Bild 2-1: Darstellung eines 3D-CAD Modells im CAD-System[70]

[66] Pahl et al. (2006), Konstruktionslehre, S. 82.
[67] Grieves (2006), Product Lifecycle Management, S. 47.
[68] Grieves (2006), Product Lifecycle Management, S. 48.
[69] Grieves (2006), Product Lifecycle Management, S. 48.
[70] Für die Erstellung des Bauteils wurde das CAD-System SolidWorks verwendet.

Eine vollständige, allgemein verständliche, dreidimensionale Beschreibung des Produktes lässt sich für eine Vielzahl von Aufgaben im Unternehmen nutzen, die jenseits der Produktentwicklung bzw. Konstruktion angesiedelt sind.[71] Vor allem durch die Entwicklung von Digital Mock-Up (DMU) wurden viele Bereiche im Unternehmen in die Lage versetzt, das 3D-Modell als Informationsträger in das Tagesgeschäft nutzbringend einzubinden. So können in der Produktion beispielsweise Simulationen eingesetzt werden, um die Montierbarkeit zu überprüfen oder die Montagereihenfolge zu optimieren.[72]

*3D-pdf (portable document format)*

Das pdf-Format hat sich mittlerweile als Dateiformat im industriellen und privaten Bereich als Standard durchgesetzt. In 2006 erweiterte die Firma Adobe© die Funktionalität von pdf-Dokumenten um Universal 3D (U3D), ein 3D-Format, das in Zusammenarbeit von den Unternehmen Intel, Adobe und 3D Industry Form entwickelt wurde. Das 3D-Format ist von der ECMA (European Industry Standardization Organization) zertifiziert und ermöglicht die Abbildung von 3D-Modellen in pdf-Dokumenten. Der Vorteil dieses Formates liegt neben der weltweiten Verbreitung der Adobe Acrobat Reader Applikation in der geringen Dateigröße, die eine einfache Verbreitung, Speicherung und letztendlich Akzeptanz ermöglichen.[73] In Bild 2-2 wird beispielhaft das 3d-pdf einer Bremsanlage abgebildet. Das Dokument beinhaltet zum einen die statische Visualisierung der gesamten Baugruppe. Darüber hinaus lässt sich zum anderen die Baugruppe dynamisch in seine Einzelteile zerlegen, um beispielsweise die Montage zu visualisieren.

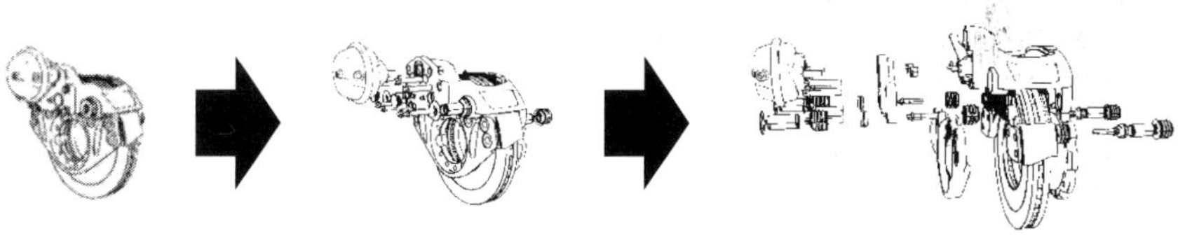

Bild 2-2: DMU am Beispiel von 3D-PDF[74]

[71] Sendler/Wawer (2008), CAD und PDM, S. 21.
[72] Vajna et al. (2009), CAx für Ingenieure, S. 400f.
[73] Toriya (2008), 3D Manufacturing Innovation, S. 8.
[74] Adobe (2010), 3D-pdf, http://www.adobe.com/de/products/acrobat/pdfs/Adobe_Acrobat_3D_AAG_d.pdf, Abruf am 14. April 2010.

Im Kundendienst müssen sich Mitarbeiter nicht mehr an 2D-Zeichnungen orientieren, sondern erhalten durch das 3D-CAD-Modell visuell geführte Informationen, die beispielsweise die Schritte zur Demontage einer Baugruppe aufzeigen. Insgesamt ermöglicht das Hilfsmittel der 3D-Visualisierung eine bessere, schnellere und sicherere Leistungserbringung als die Nutzung verschiedener 2D-Zeichnungen und Verfahrensanweisungen. Insbesondere bei größeren Produkten wie Anlagen oder Flugzeugen erhöhen digitale Daten und Dokumente die Effektivität und Effizienz in den jeweiligen Tätigkeiten und Prozessen.[75]

## 2.4 Produktdatenmanagement (PDM)

Die Verwaltung von Daten und Informationen stellt Unternehmen immer wieder vor eine Herausforderung. Vor dem Einsatz von Applikationssoftware zum Management von Daten und Informationen fand die Daten- und Informationsspeicherung und -weiterleitung durch die Verwendung von Papier als Transportmedium statt. In diesem Zusammenhang mussten Kopien eines Schriftstücks angefertigt werden, um mehreren Personen den gleichzeitigen Zugang zu Daten und Informationen zu ermöglichen. Dies hat zur Folge, dass bei der Distribution eines Schriftstücks mehrere Kopien entstehen, die gesondert verwaltet werden müssen, um ungewollte Dopplungen zu vermeiden. Neben der Weitergabe von Daten und Informationen wurde die Dokumentation bzw. Archivierung ebenfalls manuell durchgeführt. Mit steigendem Daten- und Informationsvolumen zeigt sich jedoch, dass der zeitlich Aufwand für die Verwaltung und Recherche den Nutzen einer Dokumentation übersteigt.[76] Mit der Einführung von Computern wurden Daten zunächst ausgedruckt und ebenfalls in Papierarchiven verwaltet. Selbst Konstruktionszeichnungen wurden zu Beginn ausgeplottet, im traditionellen Aktenschrank archiviert und mit Hilfe von Karteikarten und -kästen klassifiziert bzw. verwaltet. Der Datenaustausch fand nur manuell durch das Transportieren von Dokumenten und später durch die Weitergabe von digitalen Informationsträgern (z.B. Disketten) statt.[77] Erst kurz nach der Einführung von CAD wurde die manuelle Zeichnungsverwaltung durch die digitale Zeichnungsverwaltung bzw. Daten- und Informationsverwaltung ersetzt.[78] Insbesondere mit der

[75] Sendler/Wawer (2008), CAD und PDM, S. 21.

[76] Wind/Kröger (2006), Handbuch IT in der Verwaltung, S. 504.

[77] Berliner Kreis/Wissenschaftliche Gesellschaft Produktionstechnik (2002), PLM, S. 3.

[78] Sendler/Wawer (2008), CAD und PDM, S. 25.

Entwicklung von relationalen Datenbanken war es schließlich möglich, Daten und Informationen konsistent abzuspeichern, abzufragen und zu analysieren.[79]

Vor diesem Hintergrund steht der Begriff PDM für alle Aktivitäten, die der Verwaltung, Pflege und Bereitstellung von produktbeschreibenden Daten und Informationen dienen.[80] Der Fokus auf produktbeschreibende Daten und Informationen verdeutlicht, dass der Ursprung von PDM im Bereich der Produktentwicklung angesiedelt ist und weniger die Daten und Informationen im Bereich von Geschäftsprozessen adressiert. Zur Unterstützung des Produktdatenmanagements existiert Applikationssoftware, die als Produktdatenmanagement-Systeme (PDMS) bezeichnet werden.[81] Ein PDMS ist ein rechnerunterstütztes Datenbank- und Kommunikationssystem zur Speicherung, Verwaltung und Bereitstellung aller im Produktlebenszyklus anfallenden produktbeschreibenden Daten und Informationen.[82]

Der Einsatz von PDMS ist für große produzierende Unternehmen heute unverzichtbar.[83] Vor allem die Verwaltung von 3D-Modellen ist ohne PDMS heute kaum wirtschaftlich möglich. Deren Verwaltung beschränkt sich dabei nicht nur auf das Abspeichern und Wiederfinden einzelner digitaler Daten und Informationen, sondern bietet vielmehr die Möglichkeit, Abhängigkeiten zwischen 3D-Modellen untereinander strukturiert abzubilden. Auf diese Weise lassen sich einzelne Bauteile einer übergeordneten Baugruppe sowie Baugruppen einem übergeordneten Produkt zuordnen, um beispielsweise die Wiederverwendung bzw. Weiterverwendung von Bauteilen und Baugruppen in verschiedenen Produkten zu ermitteln.[84] Die Möglichkeit Abhängigkeiten abzubilden beschränkt sich dabei nicht nur auf die 3D-Modelle. Vielmehr lassen sich den jeweiligen 3D-Modellen ebenfalls beliebige Dokumente zuordnen,[85] in denen beispielsweise Anforderungen definiert werden, die von dem zukünftigen Bauteil zu erfüllen sind. Schließlich lassen sich einem 3D-Modell beliebig viele Attribute zuordnen, um das jeweilige 3D-Modell anforderungsgerecht zu beschreiben (siehe Bild 2-3).[86]

[79] Wagner/Monk (2009), Concepts in enterprise resource planning, S. 20.
[80] Schuh et al. (2008), PLM/PDM 2008/2009 Marktspiegel Business Software, S. 18.
[81] Schuh et al. (2008), PLM/PDM 2008/2009 Marktspiegel Business Software, S. 18.
[82] Feldhusen/Gebhardt (2007), Product Lifecycle Management für die Praxis, S. 75.
[83] Vajna et al. (2009), CAx für Ingenieure, S. 426.
[84] Wehlitz (2000), Nutzenorientierte Einführung eines PDMS, S. 23.
[85] Eigner/Stelzer (2009), Product Lifecycle Management, S. 31.
[86] Scheer et al. (2006), Prozessorientiertes Product Lifecycle Management, S. 85.

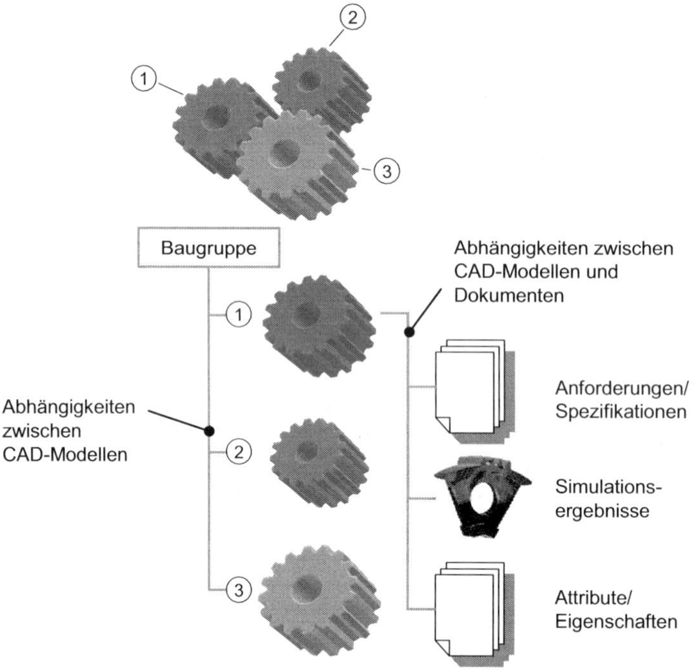


Bild 2-3: Beispielhafte Abbildung von Strukturen im PDMS

In verschiedenen Untersuchungen wird gezeigt, dass der Zeitbedarf eines Ingenieurs für die Daten- und Informationssuche zwischen 20-50% seiner Arbeitszeit beträgt.[87] Sowohl die Strukturinformationen im Sinne von Abhängigkeiten als auch die Attribute helfen, die Suche nach bestimmten Daten und Informationen zu beschleunigen.[88] Die gewonnene Arbeitszeit steht schließlich für die Durchführung wertschöpfender Tätigkeiten zur Verfügung.

Die Nutzung der Strukturinformation zur Suche nach Daten und Informationen ist nur ein Vorteil, der sich durch den Einsatz von PDMS erschließen lässt. Die Abbildung aller Funktionen und Vorteile von PDMS würde den Umfang dieser Arbeit übersteigen. Daher wird im Folgenden auf weitere Ausführungen verzichtet. Es ist

[87] Wehlitz (2000), Nutzenorientierte Einführung eines PDMS, S. 28.
[88] Eigner/Stelzer (2009), Product Lifecycle Management, S. 36.

jedoch wichtig zu verstehen, dass mit PDMS den Unternehmen ein Hilfsmittel zur Verfügung gestellt wird, um sämtliche Daten und Informationen der Entwicklungsabteilung zu managen. Das Managen bezieht sich dabei nicht nur auf die Verwaltung von Daten und Informationen, sondern schließt ebenfalls die aktive Steuerung und Überwachung des Daten- und Informationsflusses mit ein. Auf diese Weise können die richtigen Daten bzw. Informationen zur richtigen Zeit, am richtigen Ort sowie den richtigen Personen bereitgestellt werden.[89]

## 2.5 Enterprise Resource Planning (ERP)

Zur Unterstützung von Geschäftsprozessen wurde mit der Einführung von Computern zunächst Applikationssoftware für die Kostenrechnung sowie das Finanzwesen eingesetzt. Erst im Zeitverlauf entstanden weitere Applikationen, um beispielsweise die Produktion zu unterstützen. In diesem Zusammenhang wurden insbesondere Applikationen entwickelt, um die Produktionsplanung und -steuerung (PPS) zu vereinfachen.[90] Die erste Evolutionsstufe von Applikationssoftware zur Unterstützung der PPS bildet das MRP. Das Akronym MRP steht für *Material Requirements Planning* und wurde in den 1960er Jahren von IBM, insbesondere Joseph Orlicky, entwickelt. Orlicky war der Ansicht, dass Computer nicht nur zur Unterstützung standardisierter Abläufe im Rechnungswesen genutzt werden sollten, sondern ebenfalls zur Planung sowie Steuerung von Warenbeständen in der Produktion. So entstanden Applikationen zur Umsetzung von MRP, die als MRP-System bezeichnet werden.[91] Grundsätzlich lässt sich die Produktion über die beiden Stellhebel Menge und Takt[92] steuern. Entsprechend der Nachfragesituation bestimmt das MRP-System die notwendigen Mengen im gesamten Produktionsprozess, angefangen von der Menge zu produzierender Produkte, über die extern zu beschaffenden Kaufteile, bis hin zum benötigten Rohmaterial. Mathematische Algorithmen sorgen schließlich dafür, dass die Bauteile zur richtigen Zeit an den richtigen Produktionsort gelangen, um die Lieferfrist inklusive Transportzeiten einzuhalten.[93]

Die Verfügbarkeit von Ressourcen wird durch MRP nicht betrachtet.[94] In der Realität sind Ressourcen (z.B. Werkzeugmaschine) nur begrenzt verfügbar. Die in der Realität vorkommenden Wartezeiten führen schließlich dazu, dass der Ist-Zustand nicht

---

[89] Eigner/Stelzer (2009), Product Lifecycle Management, S. 32.
[90] Becker (2008), Prozesse in Produktion und Supply Chain optimieren, S. 74.
[91] Hopp/Spearman (2000), Factory physics, S. 109.
[92] In diesem Zusammenhang wird Takt als Timing verstanden, also die zeitliche Steuerung von Aktivitäten
[93] Hopp/Spearman (2000), Factory physics, S. 110.
[94] Werner (2008), Supply Chain Management, S. 258.

mehr mit dem Plan-Zustand übereinstimmt. Da Durchlaufzeiten ex post nicht mehr korrigiert werden können, führt dieser Sachverhalt schließlich dazu, dass der ursprüngliche Produktionsplan unbrauchbar wird.[95]

Aufgrund dieser Schwachstellen wurde MRP zum *Management Resource Planning* (MRP II) weiterentwickelt. Dabei wurden MRP-Systeme unter anderem um Funktionen für das Nachfragemanagement, die Zukunftsplanung, die Kapazitätsplanung und –steuerung sowie die Ressourcenplanung erweitert.[96] Schließlich zeigt das *Enterprise Resource Planning* (ERP) die letzte Stufe dieser Weiterentwicklungen auf.[97] Der Begriff ERP steht im Allgemeinen für eine integrierte betriebswirtschaftliche Applikationssoftware (ERP-System), die vor allem folgende Aufgaben erfüllt:[98]

- Durch ERP-Systeme werden eine Vielzahl operativer und dispositiver Geschäftsprozesse unterstützt, z. B. in den Bereichen Finanz- und Rechnungswesen, Logistik, Vertrieb, Service Management, Produktion, Instandhaltung, Qualitätsmanagement und Human Resource.
- Im Mittelpunkt einer ERP-Lösung steht eine zentrale Datenbank, in der insbesondere Stammdaten wie Kunden, Lieferanten, Materialien oder Konditionen zur gemeinsamen Nutzung für Geschäftsprozesse abgelegt und verwaltet werden.
- Mithilfe einer ERP-Lösung lässt sich eine hohe Prozessintegration realisieren. Die Integration verschiedener Geschäftsprozessen führt schließlich zu multiplikativen emergenten Nutzeneffekten, die insgesamt zu einer Erhöhung der Produktivität entlang der Auftragsabwicklung führt.

Im Gegensatz zu PDMS wird deutlich, dass ERP-Systeme im Bereich der Produktion entstanden sind und sich vornehmlich auf das Management von betriebswirtschaftlichen Daten und Informationen konzentrieren. Einige Softwareanbieter von ERP-Systemen behaupten, dass ihre ERP-Systeme in der Lage sind, das Management von produktbeschreibenden Daten und Informationen in gleicher Qualität wie PDMS zu ermöglichen. Diese Behauptung kann vom Autor jedoch nicht nachvollzogen werden. Je nach Situation ist zunächst zu erfragen, in welcher Qualität die Funktionen eines PDMS benötigt werden. Erst dann lässt sich abschätzen, ob die Funktionen eines ERP-Systems in der Lage sind, die gestellten Anforderungen zu erfüllen. Der

[95] Hopp/Spearman (2000), Factory physics, S. 131.
[96] Hopp/Spearman (2000), Factory physics, S. 135f.
[97] Hopp/Spearman (2000), Factory physics, S. 143.
[98] Jacob (2008), ERP Value : Signifikante Vorteile mit ERP-Systemen, S. 1f.

vollkommene Ersatz von PDMS durch ERP-Systeme ist nicht möglich. So setzen beispielsweise alle großen OEMs[99] aus der Automobilbranche sowohl PDMS als auch ERP-Systeme ein, um die jeweiligen Vorteile zu nutzen.

## 2.6 Produktlebenszyklus

Stetige Verbesserung bekannter und die Entwicklung neuer Verfahren begründen die Ablösung und das Ersetzen von Produkten, auch gegen den Willen des Herstellers. Innovationen in Produkten und Prozessen sind notwendig, um im globalen Wettbewerb mit Industrienationen sowie neuen aggressiven Akteuren aus Schwellenländern wie China, Indien und demnächst Russland bestehen zu können. Die Zeit (Time-to-Market), in der sich eine Idee zu einem verkaufsfähigen Produkt entwickelt, verkürzt sich stetig.[100] Während der Modellwechsel zwischen Golf I (Typ 17 1974-1983) und Golf II (Typ 19E 1983-1991) noch neun Jahre betrug,[101] wurde der Modellwechsel zwischen Golf V (Typ 1K 2003 - 2008) und dem Golf VI (Typ 5K seit 2008) bereits nach fünf Jahren durchgeführt. Damit hat sich der Produktlebenszyklus seit dem ersten Golf nach 34 Jahren fast halbiert.

Nach PAHL ET AL. wird der Begriff Lebenszyklus bei der Entwicklung technischer Produkte auf folgende Aspekte angewendet:[102]

- der betriebswirtschaftliche Lebenszyklus
- der technologische Produktlebenszyklus
- der intrinsische Produktlebenszyklus

Der *betriebswirtschaftliche Lebenszyklus* betrachtet den Zeitraum, in dem das Produkt auf dem Markt angeboten wird. Die Entscheidung über die Länge des Lebenszyklus hängt von den Kenngrößen Erlöse bzw. Gewinn und Verlust ab. In Bild 2-4 wird exemplarisch der qualitative Verlauf von Erlöse und Kosten entlang eines Produktlebens aufgezeigt.[103] Die obere Kurve gibt den kumulierten Erlös über die Zeit wieder. Die untere Kurve zeigt die Summe aus kumulierten Erlösen abzüglich Kosten auf. In den ersten Phasen werden keine Erlöse erzielt, da sich das Produkt noch in der Entstehungsphase befindet. Erst nach der Markteinführung

[99] OEM = Original Equipment Manufacturer

[100] Wiendahl (2008), Betriebsorganisation für Ingenieure, S. 91.

[101] o.V. (2010), Volkswagen Classic, http://www.volkswagen-classic.de/damals.html, Abruf am 21.03.2010.

[102] Pahl et al. (2006), Konstruktionslehre, S. 97.

[103] Pahl et al. (2006), Konstruktionslehre, S. 97.

entstehen durch den Verkauf Erlöse, um die bis dahin entstandenen Kosten zu kompensieren. Ist das Produkt am Markt erfolgreich, werden die kumulierten Erlöse die kumulierten Kosten übersteigen. In diesem Falle erwirtschaftet das Unternehmen mit dem Verkauf der Produkte Gewinne. Der Punkt, in dem die kumulierten Erlöse den kumulierten Kosten entsprechen, wird in der Betriebswirtschaftslehre als Break-even[104] bezeichnet.

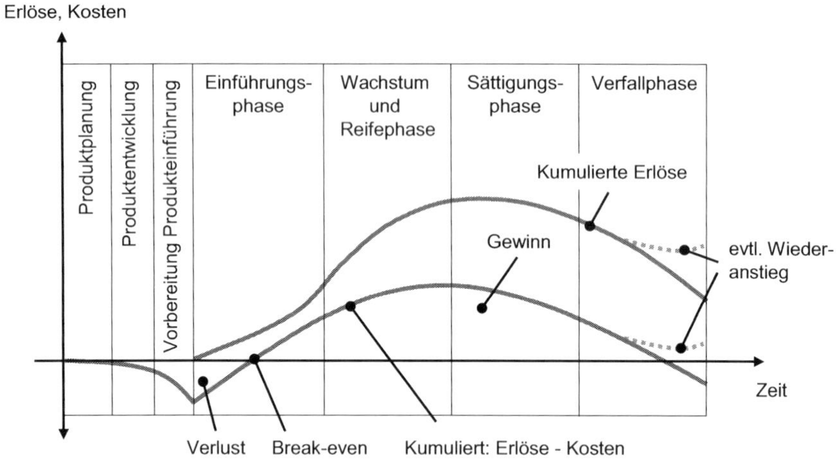


Bild 2-4: Phasen des betriebswirtschaftlichen Produktlebenszyklus[105]

Der *technologische Lebenszyklus* basiert auf der Evolution bzw. Weiterentwicklung von Technologien. Im Fokus dieser Betrachtung steht die Leistungsfähigkeit einer im Produkt verwendeten Technologie. Wie in Bild 2-5 gezeigt wird, erinnert der Verlauf der Leistungsfähigkeit einer Technologie an den Buchstaben S.[106] Die S-Kurve ist ein Instrument, um die Situation einer Branche oder einzelner Wettbewerber aus technologischer Sicht zu analysieren. Die S-Kurve beschreibt in diesem

[104] Der Break-even ist diejenige kritische Produktions- bzw. Absatzmenge, bei der ein Unternehmen die Schwelle von der Verlustzone in die Gewinnzone überschreitet. Dieser Punkt wird ebenfalls als Kostendeckungspunkt bezeichnet. Für weitere Informationen siehe Wöhe/Döring (2005), Betriebswirtschaftslehre, S. 1056ff.

[105] Pahl et al. (2006), Konstruktionslehre, S. 98.

[106] Pahl et al. (2006), Konstruktionslehre, S. 98.

Zusammenhang die Leistungsfähigkeit der Technologie in Abhängigkeit vom kumulierten Forschungs- und Entwicklungsaufwand.

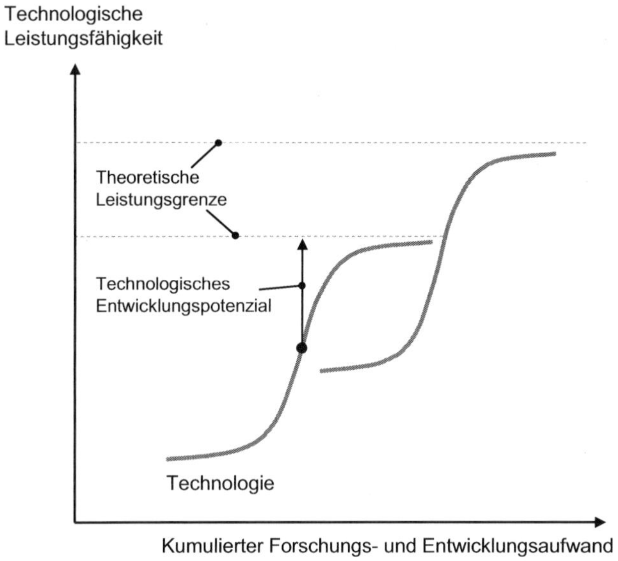


Bild 2-5: Der Technologielebenszyklus: S-Kurve

Zu Beginn der Entwicklung lässt sich das Potenzial einer Technologie nicht vollumfänglich nutzen. Mit zunehmendem Entwicklungsaufwand folgt eine Phase überproportionaler Leistungssteigerungen, die sich nach HUNGENBERG auf die Beherrschung des gesammelten Grundlagenwissens begründet. Mit steigender Leistung nimmt jedoch das technologische Entwicklungspotenzial ab. In diesem Zusammenhang nähert sich die Technologie einer inhärenten Leistungsgrenze an, so dass trotz zusätzlichem Aufwand kaum noch Leistungssteigerungen möglich sind.[107] Wird am Markt eine höhere Leistungsfähigkeit der Technologie bzw. des Produktes gefordert, so muss folglich die verwendete Technologie durch eine neue, leistungsfähigere Technologie ersetzt werden.[108]

[107] Hungenberg (2004), Strategisches Management in Unternehmen : Ziele - Prozesse - Verfahren, S. 119.
[108] Pahl et al. (2006), Konstruktionslehre, S. 98.

Als *intrinsischer Produktlebenszyklus* werden die Phasen von der ersten Produktidee über die Entwicklung, Produktion, Vertrieb, Nutzung bis hin zur Entsorgung bezeichnet. Diese Interpretation des Produktlebenszyklusbegriffes wird in Literatur und Praxis am häufigsten verwendet.[109] Während der betriebswirtschaftliche Produktlebenszyklus dann endet, wenn das Produkt nicht mehr am Markt angeboten wird und der technologische Produktlebenszyklus lediglich die Produkttechnologie betrachtet, steht im intrinsischen Produktlebenszyklus die gesamte Abfolge von Phasen im Mittelpunkt, die ein Produkt durchlebt. Im Rahmen dieser Arbeit soll das Verständnis des intrinsischen Produktlebenszyklus nach PAHL ET AL. übernommen werden, wobei sich die Phase der Marktausführung an die Phase der Entsorgung anschließt bzw. parallel dazu verläuft (siehe Bild 2-6).

Als Marktausführung werden im Rahmen dieser Arbeit alle Aktivitäten verstanden, die ein Unternehmen im Zusammenhang mit dem Produkt durchführen muss, obwohl das Produkt nicht mehr am Markt angeboten wird. Darunter fallen vor allem Aktivitäten im Bereich von Dienstleistungen wie z.B. die Bevorratung und Lieferung von Ersatzteilen. So offerieren Automobilhersteller aufgrund einer gesetzlichen Bevorratungspflicht nach den Grundsätzen von Treu und Glauben[110] sämtliche Teile, die in den letzten zehn Jahren in ihren Produkten verbaut oder durch den Vertrieb abgesetzt wurden.[111]

Neu an der Lebenszyklusorientierung ist die Betrachtung der Phasen nach dem eigentlichen Gebrauch des Produktes. Im Zuge der zunehmenden Brisanz umweltpolitischer Themen haben Unternehmen die werbewirksamen Effekte umweltpolitischer Begriffe des Recyclings wie Wiederverwertung (Auflösung der Produktgestalt) und -verwendung (weitgehend Beibehaltung der Produktgestalt) verstanden.[112] In diesem Zusammenhang stellen Unternehmen beispielsweise heraus, dass ihre Produkte aus nachwachsenden Rohstoffen gefertigt werden oder keine umweltschädigenden Substanzen beinhalten (z.B. Batterie 100% quecksilberfrei, frei von Schwermetallen, natürlich abbaubare Tenside).

---

[109] Pahl et al. (2006), Konstruktionslehre, S. 98f.

[110] Leistungen nach Treu und Glauben § 242 Bürgerliches Gesetzbuch (BGB): Der Schuldner ist verpflichtet, die Leistung so zu bewirken, wie Treu und Glauben mit Rücksicht auf die Verkehrssitte es erfordert.

[111] Bodensteiner (2006), Kundenbindung in vertikalen Kontraktmarketingsystemen, S. 55.

[112] Wiendahl (2008), Betriebsorganisation für Ingenieure, S. 92f.

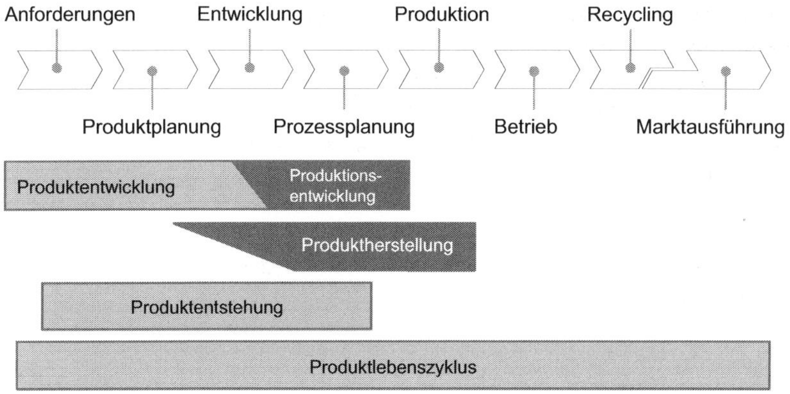


Bild 2-6: Intrinsischer Produktlebenszyklus[113]

Im Product Lifecycle Management steht mit der Lebenszyklusbetrachtung nicht nur der ökologische Nutzen im Vordergrund. Vielmehr soll durch die ganzheitliche Betrachtung eine Integration von Prozessen entlang des gesamten Produktlebenszyklus erfolgen, um Wissen und Erfahrung der späten Phasen bereits in den frühen Phasen (z.B Entwicklung) zu antizipieren. Der Nutzen der Lebenszyklusbetrachtung insbesondere von Product Lifecycle Management im Speziellen soll im folgenden Kapitel eingehend erläutert werden.

## 2.7 Product Lifecycle Management (PLM)

Der Begriff Product Lifecycle Management (PLM) sowie das Verständnis von PLM ist wesentlicher Bestandteil dieser Arbeit. Aus diesem Grund soll im Folgenden nicht nur der Begriff, sondern ebenfalls die Entwicklung von IT und Unternehmensumfelds beschrieben werden, aus der schließlich das PLM resultiert.

### 2.7.1 Informatisierung produzierender Unternehmen

In kürzester Zeit hat der Anstieg von direkten Wettbewerbern und Überkapazitäten zu einem drastischen Fall der Marktpreise geführt. Daraufhin wurden Unternehmensstrategien auf traditionelle Weise dem Wettbewerb angepasst, um die Lage zu entschärfen. Doch es sind neue Märkte jenseits von konventionellen Industriegren-

[113] In Anlehnung an Eigner/Stelzer (2009), Product Lifecycle Management, S. 2.

zen entstanden, die neue Erfolgsrezepte erfordern. So ist zu beobachten, dass Absatzmärkte zunehmend dynamischer werden. Kunden ändern ihre traditionelle Beschaffungsstrategie und agieren zunehmend globaler.[114] Immer mehr äußern sie ihre Produktwünsche und Konsumgewohnheiten und bestehen auf deren Erfüllung.[115] Als Folge der intensivierten Konkurrenz gehen Unternehmen auf diese Wünsche ein, um sich von Wettbewerbern zu differenzieren.[116] Aus diesem Grund sind Produkte stetig komplexer geworden. Die Produktkomplexität resultiert zum einen aus einer „multi market"-fähigen Produktvielfalt und der sich damit ergebenden Vielzahl von Varianten und Produktderivaten. Zum anderen ist die steigende Komplexität auf den immer höher werdenden Anteil elektronischer bzw. elektrischer Komponenten und der zugehörigen „embedded software" zurückzuführen (vgl. Mechatronik).[117]

Verschärft wird diese Situation durch eine stetige Verkürzung des betriebswirtschaftlichen Lebenszyklus, wie es bei hochtechnischen Konsumgütern wie Digitalkameras, Mobiltelefonen oder Notebooks heute sehr gut zu beobachten ist.[118] Um die neue Situation zu beherrschen, fordert der Wettbewerb immer kürzere Produktlebenszyklen und Entwicklungszeiten.[119] Als logische Konsequenz verkürzen sich ebenfalls die Innovationszyklen,[120] so dass Unternehmen immer weniger Zeit zur Verfügung steht mit Produkten am Markt Geld zu verdienen bzw. neue Produkte zu entwickeln.[121] Zunehmend ist nicht mehr nur die Produktqualität und der Verkaufspreis relevant, sondern ebenfalls die Fähigkeit, neue Produkte in relativ kurzer Zeit zu entwickeln, zu produzieren und am Markt zu präsentieren.[122] Unternehmen werden regelrecht dazu gezwungen, die Verkürzung des Produktentstehungsprozesses zu priorisieren, um die Zeit von der Produktplanung bis zur Markteinführung (Time-to-Market) so kurz wie möglich zu gestalten. Dies ist nicht nur eine Aufgabe für Unternehmen der Konsumgüterindustrie, sondern für Unternehmen aller Industriezweige.[123] Industrieländer wie Deutschland leiden an dieser neuen Wettbewerbssituation, da Kosten für Ressourcen wie Mitarbeiter oder Energie in der Regel weit höher

[114] Schuh (2006), Change Management : Prozesse strategiekonform gestalten, S. 1.
[115] Kief/Roschiwal (2007), NC/CNC Handbuch 2007/2008, S. 360.
[116] Specht et al. (2002), F&E-Management, S. 3f.
[117] Eigner/Stelzer (2009), Product Lifecycle Management, S. 12.
[118] Feldhusen/Gebhardt (2007), Product Lifecycle Management für die Praxis, S. 16.
[119] Engelhardt-Nowitzki/Lackner (2006), Chargenverfolgung, S. 178.
[120] Schuh (2006), Change Management : Prozesse strategiekonform gestalten, S. 1.
[121] Feldhusen/Gebhardt (2007), Product Lifecycle Management für die Praxis, S. 16.
[122] Arnold et al. (2005), Product Lifecycle Management beherrschen, S. 13.
[123] Toriya (2008), 3D Manufacturing Innovation, S. 1f.

liegen als in weniger entwickelten Industrieländern aus dem Osten bzw. Fernost. Daher müssen gerade in Hochlohnländern Ressourcen effektiver und mit einem relativ höheren Wirkungsgrad eingesetzt werden, um wettbewerbsfähig zu bleiben.[124] Zusammenfassend ist die Erhöhung der Innovationsproduktivität bei gleichzeitiger Verkürzung der Time-to-Market das vorrangige Ziel geworden, um in dem gestiegenen Wettbewerb die eigene Existenz zu sichern.[125]

#### 2.7.1.1 IT als Wettbewerbsfaktor

Mitte der 1960er Jahre formulierte der Ingenieur Gordon Moore die Hypothese, dass sich die Komplexität integrierter Schaltkreise mit minimalem Kostenaufwand alle 24 Monate verdoppelt (siehe Bild 2-7). Mit Komplexität bezeichnete Moore die Anzahl an Transistoren auf einem Computerchip. Moore's Hypothese erweist sich aus heutiger Sicht nicht ganz richtig, da sich die Anzahl an Schaltkreisen und damit die Leistungsfähigkeit von Computerchips bereits alle 18 Monate verdoppelt. Dennoch ist dieses Phänomen heute als Moore's Law bekannt.[126] Die Verdopplung der Leistungsfähigkeit bei minimalem Kostenaufwand bedeutet im Umkehrschluss, dass Computerchips bei gleicher Anzahl von Transistoren immer kleiner und kostengünstiger werden. Diesem Umstand ist es zu verdanken, dass sich der Computermarkt zu einem Massenmarkt entwickeln konnte.[127] Die stetige Weiterentwicklung von Computerchips und die damit verbundene Steigerung der Leistungsfähigkeit von Computern veränderten schließlich das Arbeiten in Unternehmen.[128] Zunächst wurden Computer für den Umgang mit Massendaten in Bereichen wie Finanz-, Rechnungs- oder Personalwesen eingesetzt. Schnell wurde das Einsatzgebiet auf andere Bereiche, wie beispielsweise das Verwalten von Lagerbeständen (vgl. MRP), ausgedehnt.[129]

[124] Vajna et al. (2009), CAx für Ingenieure, S. 3.
[125] Toriya (2008), 3D Manufacturing Innovation, S. 1f.
[126] Blankenhorn (2002), The Blankenhorn Effect, S. 1; Gartz (2005), Die Apple-Story, S. 21.
[127] Gartz (2005), Die Apple-Story, S. 21.
[128] Schuh et al. (2008), PLM/PDM 2008/2009 Marktspiegel Business Software, S. 10.
[129] Wolle (2005), Grundlagen des Software-Marketing, S. 23f.

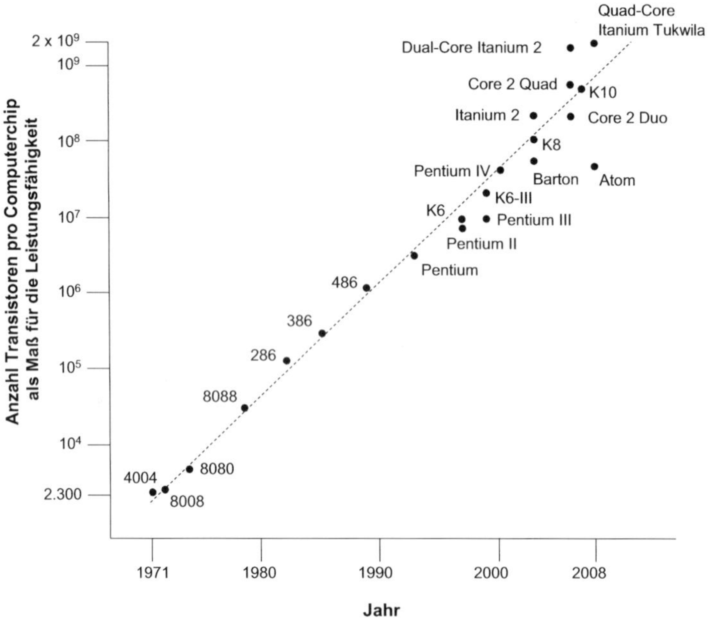


Bild 2-7: Moore's Law: Leistungszuwachs von Computerchips[130]

Zu Beginn unterstützte der Computer lediglich die Tätigkeiten der Mitarbeiter. Doch mit dem stetigen Leistungszuwachs von Hard- und Software konnten bestimmte Tätigkeiten bald vollständig von Computern übernommen werden.[131] Nach GROOVER haben folgende Gründe zum vermehrten Einsatz von Computern in Unternehmen geführt:[132]

- Erhöhung der Arbeitsproduktivität
- Reduzierung von Lohnkosten
- Erhöhung der Mitarbeitersicherheit (durch Automatisierung gefährlicher Tätigkeiten, z.B. Transport giftiger Substanzen)

[130] In Anlehnung an Higgins (2009), Was Morre's Law Inevitable?, https://www.mentalfloss.com/blogs/archives/29810, Abruf am 14. Juli 2010.

[131] Blankenhorn (2002), The Blankenhorn Effect, S. 32.

[132] Groover (2008), Automation, production systems, and computer-integrated manufacturing, S. 12.

- Erhöhung der Produkt- und Prozessqualität
- Reduzierung von Durchlaufzeiten

Seit Einführung von IT-Systemen in produzierenden Unternehmen lassen sich grundsätzlich zwei Arten von IT-Systemen unterscheiden: einerseits IT-Systeme für betriebswirtschaftliche Aufgaben, andererseits technische IT-Systeme.[133] Anfangs wurden IT-Systeme in Form von Insellösungen eingesetzt, um einzelne Tätigkeiten in den verschiedenen Unternehmensbereichen zu unterstützen.[134] Erst mit fortschreitendem IT-Einsatz wurde deutlich, dass der Einsatz von Insellösungen zu einem kostenintensiven Problem geworden ist. Die Schnittstellen zwischen den IT-Systemen waren selten zueinander kompatibel und verhinderten einen direkten Datenaustausch. Vor diesem Hintergrund mussten die Mitarbeiter als Schnittstelle agieren, Daten in verschiedene IT-Systeme eingeben, um beispielsweise Stücklisten in mehreren IT-Systemen nutzen zu können. Der „manuelle" Datentransfer führte schließlich zu verlängerten Arbeitsprozessen und vor allem zu inkonsistenten Informationen, da Übertragungsfehler nicht ausgeschlossen werden konnten.[135]

Als logische Folge dieses Zustandes wurde eine für alle IT-Systeme einheitliche Datenstruktur und Datenbank gefordert, auf die alle IT-Systeme gemeinsam zugreifen können. Mit dieser Forderung sollten Redundanzen in der Datenerfassung und Inkonsistenzen in den Daten vermieden sowie der Prozess der Datenverarbeitung effizienter gestaltet werden. Besonders die Integration der IT-Systeme für betriebswirtschaftliche und technische Aufgabenstellungen lag im Fokus, da sich deren Entwicklung weitgehend unabhängig voneinander vollzog.[136] Die Integration der IT für betriebswirtschaftliche und technische Aufgaben wird nach SCHEER als Computer Integrated Manufacturing (CIM) bezeichnet.[137]

IT-Systeme für betriebswirtschaftliche Aufgaben unterstützen die Planung und Durchführung von Fertigungsaufträgen (siehe Bild 2-8, linker Ast). In der Produktionsplanung werden die Gesamtheit der Aufträge zeitlich priorisiert sowie die für die Fertigung notwendigen Ressourcen (z.B. in Form von Roh-, Hilfs- und Betriebsmitteln) ermittelt und disponiert. In der Fertigung selbst erfolgen schließlich die Feinplanung der Aufträge, die Fertigung der Produkte sowie die Rückmeldung des

133 Adam (2001), Produktions-Management, S. 93.
134 Hesseler/Görtz (2007), Basiswissen ERP-Systeme, S. 31.
135 Adam (2001), Produktions-Management, S. 93f.
136 Adam (2001), Produktions-Management, S. 94.
137 Scheer (1990), CIM : Computer Integrated Manufacturing, S. 1.

Auftragsfortschritts.[138] Wichtig ist hierbei zu verstehen, dass alle Tätigkeiten für einen eindeutigen Fertigungsauftrag durchgeführt werden.

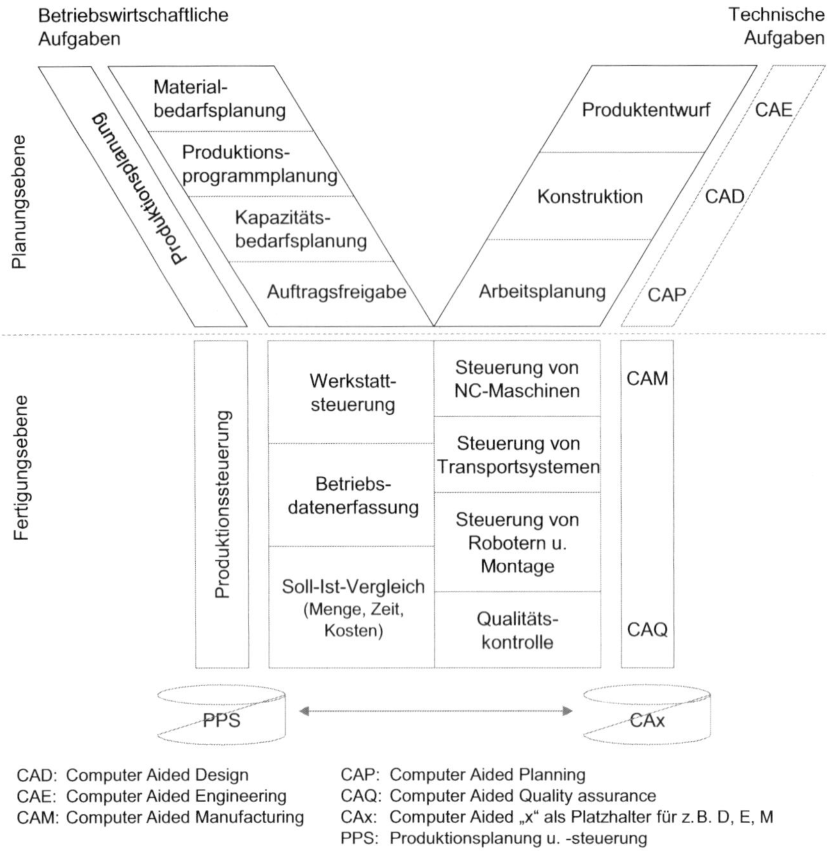


Bild 2-8: Informationssysteme in produzierenden Unternehmen[139]

Im technischen Bereich unterstützen IT-Systeme den Entwicklungs- und Herstellungsprozess der tatsächlichen Produkte (siehe Bild 2-8, rechter Ast). Der Fokus liegt

[138] Scheer et al. (2006), Prozessorientiertes Product Lifecycle Management, S. 4.

[139] In Anlehung an Scheer (1990), CIM : Computer Integrated Manufacturing, S. 2.

insbesondere auf den Bereichen der Konstruktion, der Erstellung von Arbeitsplänen sowie der Programmierung und Implementierung der Steuerprogramme (z.B. NC-Programme) für die jeweiligen Werkzeugmaschinen.[140] Im Gegensatz zu den betriebswirtschaftlichen Aufgabenstellungen sind diese Tätigkeiten nicht an einen Fertigungsauftrag gebunden. Dieser Tatsache geschuldet, liegt zwischen beiden Bereichen eine gewisse Trennung vor.

Nach SCHEER geht diese Trennung auf den Taylorismus zurück, der als Leitlinie für die aufbau- und ablauforganisatorische Gestaltung von Unternehmen eine funktionale Arbeitsteilung vorsieht.[141] Damit wird verständlich, warum die IT anfänglich nur zur Unterstützung von Teilaufgaben konzipiert und eingesetzt wurde (siehe Bild 2-9, linke Spalte).

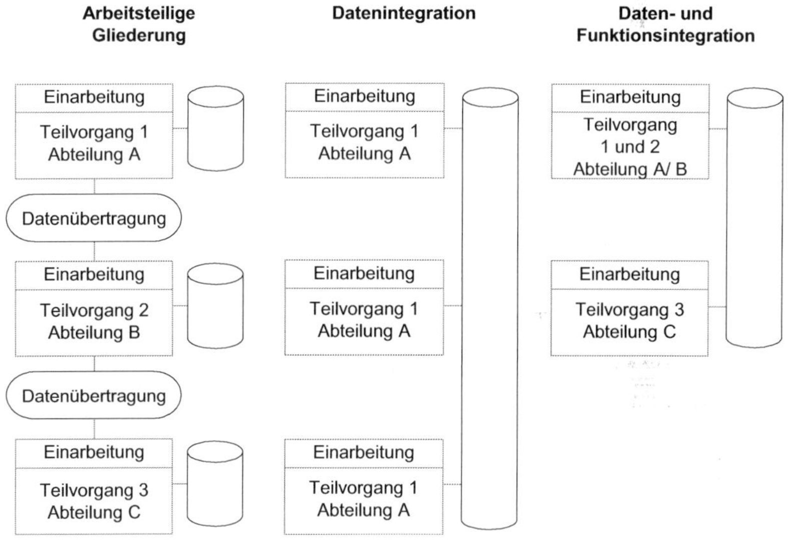


Bild 2-9: Integration funktionaler Arbeitsteilung durch IT[142]

Mit CIM wurde die Datenorganisation allmählich mit einer gemeinsamen Datenbasis unterlegt, so dass IT-Systeme auf Daten anderer IT-Systeme zugreifen konnten,

[140] Scheer et al. (2006), Prozessorientiertes Product Lifecycle Management, S. 4f.
[141] Scheer (1990), CIM : Computer Integrated Manufacturing, S. 3.
[142] Scheer (1990), CIM : Computer Integrated Manufacturing, S. 3.

wodurch die manuelle Dateneingabe obsolet wurde (siehe Bild 2-9, mittlere Spalte). Dieses Prinzip wurde zunächst innerhalb betrieblicher Teilbereiche wie beispielsweise im Rechnungswesen, der Produktionsplanung und -steuerung sowie in der Auftragsbearbeitung umgesetzt. Durch diese Maßnahme konnte nach SCHEER die Auftragsbearbeitungszeit im administrativen Bereich von drei Wochen auf drei Tage verkürzt werden.[143]

In einem weiteren Schritt sollte die Integration von Unternehmensbereichen entlang der Wertschöpfungskette stattfinden, um die Arbeitsteilung teilweise aufzuheben (siehe Bild 2-9, rechte Spalte). Ein wesentlicher Grund für Arbeitsteilung liegt nach SCHEER in der begrenzten Informationsverarbeitungskapazität des Menschen begründet, folglich ist der Mensch nur imstande, Teilausschnitte eines einheitlichen Vorgangs zu überblicken und zu bearbeiten. Da gemeinsame Datenbanken und immer leistungsfähigere IT-Systeme den Menschen dazu befähigen komplexe Arbeitspakete zu bewältigen, entfallen Gründe, die konsequente Arbeitsteilung weiterhin fortzuführen.[144]

Die durch CIM verfolgte Vision der Integration konnte nicht vollständig umgesetzt werden.[145] Als Grund wird weniger die Relevanz der Idee, sondern vielmehr die Komplexität der Thematik angeführt, die zur damaligen Zeit unterschätzt wurde. Dabei zeigte sich die Komplexität vor allem in der technologischen Umsetzung. So waren Hard- und Software zum damaligen Zeitpunkt nicht leistungsfähig genug, die gestellten Anforderungen zu erfüllen. Nach ABRAMOVICI und SCHULTE lassen sich folgende Gründe für den geringen Erfolg von CIM zusammenfassen:[146]

- Keine Verfügbarkeit von international akzeptierten Standards für IT-Systeme, Prozesse und Datenmodelle (insbesondere Schnittstellen zur Datenübertragung)
- Über 90% aller Aufgaben im Unternehmen waren nicht IT-unterstützt
- Fehlende Datenbanksysteme zur Integration von produktbezogenen und betriebswirtschaftlichen Daten
- Fehlende 3D-CAD-Datenmodelle als Basis für die Integration von IT-Systemen und Prozessen

---

[143] Scheer (1990), CIM : Computer Integrated Manufacturing, S. 4.

[144] Scheer (1990), CIM : Computer Integrated Manufacturing, S. 4.

[145] Abramovici/Schulte (2005), PLM - Neue Bezeichnung für alte CIM-Ansätze, S. 67f; Scheer (1990), CIM : Computer Integrated Manufacturing, S. 4.

[146] Abramovici/Schulte (2005), PLM - Neue Bezeichnung für alte CIM-Ansätze, S. 68f.

- Zu heterogene Systemumgebung in den Unternehmen (fehlende Vernetzungsmöglichkeiten von IT-Systemen und Unterstützung fertigungsspezifischer Systeme)

Zudem war CIM ein reiner IT-getriebener Ansatz, der nicht auf den Mitarbeiter einging. So fokussierte CIM weniger den Ansatz, die Kompetenzen der verschiedenen Unternehmensbereiche geschickt miteinander zu kombinieren oder die Zusammenarbeit zu fördern, sondern vielmehr Aufgaben und Funktionen durch Datenintegration auf weniger Mitarbeiter zu verteilen. Schließlich lag aus wirtschaftlicher Sicht der geringe Erfolg ebenfalls in den hohen Kosten für Hard- und Software begründet, deren Kosten-/ Nutzenverhältnis kaum vertretbar war. Das lag zum Teil auch daran, dass CIM vor allem auf die frühen Produktlebenszyklusphasen einging und der Nutzen sich erst in den späten Phasen zeigte. Folglich war es schwer, den wirtschaftlichen Nutzen für die einzelnen Unternehmensbereiche hervorzuheben.[147]

Trotz der geringen Erfolge wurden mit CIM eine Vision und der zukünftige Entwicklungsbedarf der IT, insbesondere im Bereich der Applikationssoftware, aufgezeigt. Vor diesem Hintergrund wurden in den 1990er Jahren für den betriebswirtschaftlichen Aufgabenbereich ERP-Systeme entwickelt (siehe Bild 2-8, linker Ast), die eine Vielzahl operativer und dispositiver Geschäftsprozesse eines Unternehmens in den Bereichen Finanz- und Rechnungswesen, Logistik, Vertrieb, Service Management, Produktion, Instandhaltung, Qualitätsmanagement und Human Resource unterstützen (vgl. Kapitel 2.5). ERP-Systeme sind durchgängige IT-Lösungen, die alle in den Geschäftsprozessen anfallenden Daten in einer zentralen Datenbank (z.B. Stammdaten wie Kunden, Lieferanten, Materialien oder Konditionen) ablegen und verwalten, um möglichst viele Prozesse miteinander kombinieren zu können. So löst beispielsweise die Buchung eines Warenausgangs eine direkte Verbuchung des Warenwertes auf einem entsprechenden Vorratskonto in der Buchhaltung aus, so dass Mengen- und Wertfluss stets ausgeglichen sind.[148]

Im technischen Bereich entwickelten sich verschiedene Applikationen, die zusammenfassend als CAx-Systeme bezeichnet werden. Das „CA" steht für „Computer Aided" und verweist darauf, dass CAx-Systeme Tätigkeiten mithilfe eines Computers unterstützen. Der Platzhalter „x" steht für eine Vielzahl von Akronymen, die den Einsatzbereich der jeweiligen Applikation näher spezifizieren. Nach VANJA ET AL. bezeichnet CAx den systematischen Einsatz und die konsequente Weiterentwicklung

147 Abramovici/Schulte (2005), PLM - Neue Bezeichnung für alte CIM-Ansätze, S. 67ff.
148 Jacob (2008), ERP Value : Signifikante Vorteile mit ERP-Systemen, S. 1f.

rechnerunterstützter Methoden, Vorgehensweisen und Werkzeugen für die Produktentstehung.[149]

Der bis heute wichtigste Evolutionsschritt von CAx-Systemen bildet die Definition von Bauteilen im dreidimensionalen Raum (3D) mit Hilfe von 3D-CAD-Systemen.[150] Mit der Einführung des 2D-CAD veränderte sich lediglich das Konstruktions*medium*, nicht aber die Konstruktions*methodik*.[151] Der Konstrukteur setzt sein bisheriges konventionelles Wissen der Zeichnungserstellung mit der ihm geläufigen Konstruktionssystematik am Bildschirm schrittweise um.[152] Der Rechner unterstützt ihn in wiederkehrenden klar abgrenzbaren Tätigkeiten, wie dem Eintragen der Bemaßung oder dem Schraffieren von Flächen. Erst mit dem Übergang zur 3D-CAD-Konstruktion folgte eine nach SPUR tief greifende Veränderung im Konstruktionsbereich.[153] Denn erst durch die Anpassung der Konstruktionsmethodik lassen sich die Vorzüge der 3D-Konstruktion realisieren.[154] Nach EIGNER und STELZER war es ein Irrtum zu glauben, dass mit dem Übergang zur 3D-Konstruktion automatisch die Produktivität im Unternehmen steigt, vielmehr mussten sich die Konstrukteure von den Werkzeugen und Funktionen im 2D-Bereich lösen und neue Ansätze erlernen.[155] In diesem Zusammenhang gibt das folgende Zitat die damalige Situation treffend wieder:

*„It seems that despite the tremendous effort to create 3D data, the resultant data can only be used for a narrow rage of applications. In other words, the value of the data is not as great as the labour to create it."*[156]

Die Basis von CAD-Systemen bilden mathematische Modelle, die mit einer Semantik und Syntax eine abstrakte aber dennoch unmissverständliche Beschreibung jedes physischen Objektes ermöglichen.[157] Nach KÖHLER und BECHTHOLD ist vor allem der Einsatz von 3D-CAD-Systemen heute Stand der Technik.[158] Digitale 3D-Modelle beinhalten wesentlich mehr Informationen als herkömmliche zweidimensionale Zeichnungen (digital oder auf Papier).[159] Gerade dieser Umstand bildet die Grundla-

[149] Vajna et al. (2009), CAx für Ingenieure, S. 1.
[150] Kief/Roschiwal (2007), NC/CNC Handbuch 2007/2008, S. 361.
[151] Arnold et al. (2005), Product Lifecycle Management beherrschen, S. 8.
[152] Spur (1993), Automatisierung und Wandel der betrieblichen Arbeitswelt, S. 125.
[153] Spur (1993), Automatisierung und Wandel der betrieblichen Arbeitswelt, S. 126.
[154] Sendler/Wawer (2008), CAD und PDM, S. 145.
[155] Eigner/Stelzer (2009), Product Lifecycle Management, S. 266.
[156] Toriya (2008), 3D Manufacturing Innovation, S. 2.
[157] Grieves (2006), Product Lifecycle Management, S. 46ff.
[158] Köhler/Bechthold (2006), Arbeitstechniken der parametrischen 3D-Konstruktion, S. 3.
[159] Arnold et al. (2005), Product Lifecycle Management beherrschen, S. 8.

ge, um Entwicklungszeiten bei gleichzeitig steigender Sicherheit von Produkten zu verkürzen. So haben sich in den letzten Jahren CAx-Systemen entwickelt, die nicht nur im Bereich der Konstruktion Anwendung finden, sondern ebenfalls Bereiche wie die Konzeptfindung, die virtuelle Untersuchung und Vorbereitung von Fertigungs- und Montagevorgängen oder die Simulation des modellierten Produktes hinsichtlich seiner strukturellen Eigenschaften oder Bewegungsabläufe unterstützen.[160] Folglich muss in einem 3D-CAD-Modell nicht nur die Geometrie beschrieben werden, sondern ebenfalls Topologien (Beziehungen zwischen beteiligten Geometrieelementen), Historie (Elemente, Operationen etc.), Element- bzw. Dateiattribute (Name, Version, Datum etc.) oder Anwendungsdaten (z.B. Berechnungen).[161]

In einem physischen Produkt stehen die einzelnen Elemente des Produktes in direkter oder indirekter Beziehung zueinander. Diese Zusammenhänge lassen sich ebenfalls mithilfe eines 3D-CAD-Systems abbilden. In einer 2D-Zeichnung liegen diese Beziehungen nur in logischer Form vor. Folglich kennen nur Fachkundige die Beziehungen zwischen den verschiedenen Elementen einer Konstruktion sowie die Strukturbeziehungen zur übergeordneten Baugruppe. Einige 2D-CAD-Systeme lassen zwar die Vergabe von Positionsnummern in Baugruppenzeichnungen zu, um beispielsweise Stücklisten abzuleiten, doch es ist nach EIGNER und STELZER unmöglich, die Struktur der Baugruppe auszulesen und die Art und Anzahl der enthaltenen Elemente zu ermitteln.[162] Aufgrund der Beziehungsinformationen zwischen den Elementen der Konstruktion darf beispielsweise die freie Modellierung aus der 2D-Konstruktion nicht mehr uneingeschränkt angewendet werden. Durch die Beziehungsinformation bzw. Parametrik und die dabei entstehenden Abhängigkeiten zu anderen Bauteilen wird der Lösungsraum für Änderungen in späteren Phasen der Produktentwicklung unter Umständen stark eingeschränkt. So können Änderungen an einer Baugruppe beispielsweise zu „Kollisionen“ zwischen den Bedingungen bzw. der Parametrisierung der Einzelteile führen. Diese Kollisionen müssen neu parametrisiert werden, damit sich die Einzelteile in der späteren Montage passend zu der Baugruppe montieren lassen. Daher werden Konstrukteure gezwungen, sich bei der Umstellung auf die 3D-Modellierung nicht nur auf die neue dreidimensionale Perspektive einzustellen, sondern die bereits erwähnte Konstruktionssystematik neu zu erlernen.[163]

---

[160] Köhler/Bechthold (2006), Arbeitstechniken der parametrischen 3D-Konstruktion, S. 3.
[161] Köhler/Bechthold (2006), Arbeitstechniken der parametrischen 3D-Konstruktion, S. 4.
[162] Eigner/Stelzer (2009), Product Lifecycle Management, S. 267.
[163] o.V. (2009), Flexibilität ist entscheidend, http://www.kem.de/1009460, Abruf am 20.03.2010.

Der Konstrukteur muss vor der Konstruktion untersuchen, inwieweit die Produktlogik der Erzeugnisse ex ante abgebildet werden kann, um eine möglichst optimale Verwendung der rechnerinternen Produktdaten sicherzustellen. Dafür muss vor der eigentlichen Modellbildung geklärt werden, welche Parameter maßgebend sind, um beispielsweise eine voll- oder teilautomatische Variantenkonstruktion komplexer Einzelteile oder Baugruppen durchzuführen.[164] Die voll- oder teilautomatische Variantenkonstruktion ist nur ein Beispiel, um den Nutzen einer 3D-Konstruktion sowie eine Veränderung der Konstruktionssystematik aufzuzeigen. Da die Konstruktionssystematik nicht Fokus dieser Arbeit ist, wird auf weitere Ausführungen verzichtet.

Insgesamt wird deutlich, dass sich die IT seit der Veröffentlichung von Moore´s Law bis zur Einführung von 3D-CAD-Systemen rasant verändert hat. Es wurden immer neue Möglichkeiten geschaffen, die Arbeit des Einzelnen zu vereinfachen und schließlich effizienter zu gestalten. Während sich in den betriebswirtschaftlichen Aufgabenbereichen IT-Systeme hin zu leistungsfähigen ERP-Systemen entwickelten, musste der technische Bereich auf die Einführung der 3D-Konstruktion warten, um eine ähnliche Durchgängigkeit von Daten entlang der verschiedenen Tätigkeitsfelder zu realisieren. Zum ersten Mal konnte das Arbeitsergebnis der Konstruktion, das 3D-Modell, außerhalb der üblichen Verwendungsbereiche sinnvoll genutzt werden. Als Voraussetzung mussten im 3D-Modell jedoch weit mehr Informationen abgelegt werden, als es bei 2D-Zeichnungen bzw. -Modellen üblich gewesen ist. Die Vielzahl an logisch verketteten Daten erforderte schließlich eine entsprechende Verwaltungssoftware, um die regelrechte Datenflut zu beherrschen.[165]

Beim ersten Einsatz von CAD-Systemen wurden sowohl CAD-Dateien als auch papierbasierte Zeichnungen mit Hilfe von IT-Systemen verwaltet. Alte Zeichnungen wurden eingescannt, um diese wie CAD-Dateien digital verwalten zu können. Diese Aufgaben übernahmen beispielsweise Dokumentenmanagement-Systeme oder CAD-Systeme, die für die Verwaltung von 3D-Konstruktionen erweitert wurden.[166] Zur Verwaltung der logischen Beziehungen zwischen Bauteilen wurde häufig die Applikationssoftware Excel der Firma Microsoft© genutzt. Obwohl Excel viele Anforderungen zur Verwaltung von Produkteigenschaften erfüllt, liegt der größte Nachteil darin, dass auf Daten in Excel-Dateien nicht unternehmensweit zugegriffen werden kann und diese nicht unternehmensweit verwaltet werden können.[167] Zudem

[164] Köhler/Bechthold (2006), Arbeitstechniken der parametrischen 3D-Konstruktion, S. 3.
[165] Eigner/Stelzer (2009), Product Lifecycle Management, S. 267.
[166] Eigner/Stelzer (2009), Product Lifecycle Management, S. 27.
[167] Grieves (2006), Product Lifecycle Management, S. 50.

wurde schnell deutlich, dass eine manuelle und dezentrale Verwaltung von Produktdaten einen enormen organisatorischen Aufwand erfordert und eine große Gefahr darin besteht, dass Daten und Informationen verloren gehen oder schwer aufzufinden sind.[168]

Dieser Umstand führte schließlich zur Entwicklung von Engineering Data Management (EDM)-Systemen.[169] Im Gegensatz zu File-Servern, die lediglich eine geordnete Dateiablage sicherstellen, stehen dem Anwender mit EDM-Systemen weit mehr Funktionen im Umgang mit Dateien und Daten zur Verfügung. Funktionen wie Benutzerverwaltung, Workflow-Management oder Versionierung unterstützen beispielsweise den Anwender dabei, Dateien vor unberechtigtem Zugriff oder Veränderungen zu schützen, anderen Anwendern zur Verfügung zu stellen oder die Änderungshistorie von Dateien nachzuvollziehen.[170]

Mit EDM-Systemen wird erstmalig eine Trennung von Nutzdaten und Metadaten vorgenommen. Die Speicherung von Nutzdaten (Dateien) erfolgt weiterhin in den File-Servern, während die Metadaten in einer separaten Datenbank hinterlegt werden.[171] Trotz dieser Verbesserung im Umgang mit Dateien und Daten wurde es erst mit PDMS möglich (siehe Kapitel 2.4), die Beziehungen zwischen den einzelnen Elementen einer Konstruktion IT-gestützt abzubilden und zu verwalten. So liegt nach Eigner und Stelzer der hauptsächliche Unterschied zwischen EDM und PDM darin, dass EDM-Systeme keine Zuordnung von Elementen zur Produktstruktur zulassen.[172]

***Zwischenfazit***

Die Entwicklung der IT zeigt, dass heute viele Unternehmensbereiche IT-Systeme einsetzen, um die Produktivität jedes Einzelnen zu erhöhen. Während IT-Systeme zunächst nur in Form von Insellösungen eingesetzt wurden, zeigte der CIM-Ansatz das hohe Potenzial einer integrierten IT im Unternehmen auf. Dieser wurde in den 1980er Jahren verfolgt und nur unbefriedigend umgesetzt. Dieser Umstand ist zum Teil der IT zuzuschreiben, die seit der Veröffentlichung von Moore's Law nicht leistungsfähig genug war, um die mit CIM verbundenen Visionen umzusetzen. Dennoch zeigte der geringe Erfolg Handlungsempfehlungen und Entwicklungsrich-

[168] Berliner Kreis/Wissenschaftliche Gesellschaft Produktionstechnik (2002), PLM, S. 3.
[169] Grieves (2006), Product Lifecycle Management, S. 50.
[170] Berliner Kreis/Wissenschaftliche Gesellschaft Produktionstechnik (2002), PLM, S. 3f.
[171] Berliner Kreis/Wissenschaftliche Gesellschaft Produktionstechnik (2002), PLM, S. 3.
[172] Eigner/Stelzer (2009), Product Lifecycle Management, S. 31.

tungen auf, die in den folgenden Jahren verfolgt wurden. So sind für den betriebswirtschaftlichen Bereich leistungsfähige ERP-Systeme entstanden, die heute nahezu die gesamte Auftragsabwicklung konsistent mithilfe der IT abbilden und Teile von Geschäftsprozessen automatisiert durchführen. In der Konstruktion ist es vor allem der Einführung von 3D-CAD-Systemen zu verdanken, dass Ergebnisdaten der Konstruktion transparenter und damit für andere Unternehmensbereiche sinnvoll nutzbar wurden. Zur Verwaltung der 3D-Modelldaten werden heute leistungsfähige PDMS eingesetzt, die nicht nur die Verwaltung der jeweiligen Dateien ermöglichen, sondern vielmehr die Abbildung beliebiger Beziehungen zwischen Dokumenten-, Produkt- und Projektdaten zulassen. Schließlich hat die IT für einen Wandel in bisherigen tayloristisch geprägten Arbeitsweisen gesorgt, dessen Auswirkungen im Folgenden näher betrachtet werden sollen.

#### 2.7.1.2 Notwendigkeit des Wandels der bestehenden Ordnung

Die dem veränderten Wettbewerbsumfeld und der IT geschuldeten neuen Rahmenbedingungen haben die Tätigkeiten des Ingenieurs maßgeblich beeinflusst. Immer mehr wird deren Rolle in der Entwicklung und Konstruktion von den eher kreativen Tätigkeiten mehr zum Administrieren, Kommunizieren und Informieren sowie zum teamorientierten Entscheiden verschoben. Zunehmend werden Entscheidungen in die Konstruktionsphase verlagert, so dass der Ingenieur viel stärker in den Planungs-, Beschaffungs- und Produktionsprozess involviert wird. Diese neuen Aufgaben können nur mit sehr großem Aufwand bewältigt werden, da die bisherigen Methoden und Prozesse nicht an die neuen Anforderungen angepasst sind.[173]

Umfang und Geschwindigkeit der Veränderung in Markt und Gesellschaft, insbesondere aber in der IT haben Dimensionen erreicht, die mit dem traditionellen Denken und dem entsprechenden Instrumentarium bisheriger Arbeitsweisen nur noch unzureichend bewältigt werden können.[174] Infolge der beschriebenen Wettbewerbssituation wird ein Paradigmenwechsel im unternehmerischen Denken notwendig.[175] Zukunftsführende Management-Philosophien werden nach BLEICHER immer dann bedeutsamer und gesuchter, wenn die mangelnde Kapazität zur Problembewältigung ideologische und geistige Krisen heraufzubeschwören scheint. Genau in dieser Situation führen verengte Perspektiven, mangelndes ganzheitliches Denken, einseitige Ausrichtung an materialistisch-utilitaristischen Zielgrößen und die

[173] Eigner/Stelzer (2009), Product Lifecycle Management, S. 3.
[174] Bleicher (2001), Das Konzept integriertes Management, S. 26.
[175] Bleicher (2001), Das Konzept integriertes Management, S. 114.

Kurzfristigkeit des Denkens dazu, die Ernsthaftigkeit und Konsistenz des sozialethischen Wollens und Verhaltens von Unternehmen und Managern infrage zu stellen.[176]

Diese Veränderung vollzieht sich nicht zum ersten Mal in der Geschichte. Schon mehrmals wurde das Wollen und Verhalten von Unternehmen und Managern infrage gestellt und ein Paradigmenwechsel vollzogen. Mit dem Übergang vom primären Wirtschaftssektor der Urproduktion zum sekundären Sektor der industriellen Produktion vollzog sich der erste Paradigmenwechsel. Heute ist ein Paradigmenwechsel hin zum tertiären Sektor der Dienstleistungen zu beobachten, wobei sich am Horizont bereits der quartäre Sektor der Wissensgesellschaft abzeichnet.[177]

Während in den ersten beiden Sektoren das physische Produkt im Mittelpunkt steht, gerät es in den sich entwickelnden Sektoren immer mehr in den Hintergrund. An diese Stelle treten immaterielle Güter in Form von Dienstleistungen und Wissen. Da unsere derzeitigen makro- und mikroökonomischen Vorstellungen vor allem auf Prinzipien beruhen, die den Umgang mit harten „physical assets" unterstellen, führt die zunehmende Bedeutung von „immaterial assets" langfristig zu neuen wirtschaftlichen Verhältnissen.[178]

Materielle Güter besitzen die Eigenschaft knapp zu sein. Diese Eigenschaft trifft für immaterielle Güter nicht zu. Folglich kann das Gesetz des abnehmenden Grenzzuwachses bzw. Grenznutzens – die Grundlage der meisten ökonomischen Analysen – nicht angewendet werden. Je mehr Wissen ein Unternehmen in der Lage ist, marktnah zu erschließen, desto größer ist der Nutzen. Im Falle von Produktideen und technischen Entwicklungen trifft diese Aussage beispielsweise uneingeschränkt zu. Schließlich liegt der Schlüssel zum Erfolg in der Wissensgesellschaft nicht mehr nur in der Zunahme der Produktion physischer Leistungen, sondern in der Geschwindigkeit der kumulativen Wissensverbreitung und -verarbeitung.[179] Obwohl BLEICHER mit immateriellen Gütern vor allem auf Dienstleistungen abzielt, lassen sich seine Ausführungen ebenfalls auf die produzierende Industrie übertragen, da infolge des zunehmenden IT-Einsatzes in Unternehmen das virtuelle Produkt immer mehr an Bedeutung gewinnt.

Unternehmen sind heutzutage in ein umfangreiches Informationsnetz eingebunden. Das Informationsnetz beschränkt sich nicht nur auf das eigene Unternehmen.

[176] Bleicher (2001), Das Konzept integriertes Management, S. 94.
[177] Bleicher (2001), Das Konzept integriertes Management, S. 113f.
[178] Bleicher (2001), Das Konzept integriertes Management, S. 114.
[179] Bleicher (2001), Das Konzept integriertes Management, S. 114f.

Vielmehr sind weitere Bereiche, die außerhalb des Unternehmens liegen, ebenfalls Teil der Wertschöpfungskette geworden.[180] Während in der Vergangenheit Partnerschaften langfristig eingegangen wurden, lädt nach EIGNER und STELZER das neue Wettbewerbsumfeld zum ständigen Wechsel von Partnerschaften im Produktentstehungsprozess ein. Als Folge der zunehmend weltweiten und unternehmensübergreifenden Arbeitsteilung nimmt die Komplexität in der Arbeitsorganisation stetig zu.[181] Unter Komplexität wird diejenige Eigenschaft von Systemen verstanden, in einer gegebenen Zeitspanne eine große Anzahl von verschiedenen Zuständen annehmen zu können, was deren geistige Erfassung und Beherrschung durch den Menschen erschwert.[182] Vor diesem Hintergrund werden bereichs- und unternehmensübergreifende Kommunikationstechnologien benötigt, die eine zielgerichtete Kommunikation zwischen Beteiligten verschiedener Zeitzonen und Kulturräume ermöglichen.[183] Schließlich dürfen Prozessverbesserungen nicht mehr nur einzelne Phasen des Wertschöpfungsprozesses betrachten, sondern müssen alle Phasen entlang des Produktlebenszyklus mit einschließen.[184]

Aufgrund der anhaltenden Auflösung bestehender lokaler Geschäftsabläufe und Infrastrukturen zu einem durchgehenden IT-gestützten Geschäftsprozess ergibt sich die Notwendigkeit und der Bedarf hinsichtlich eines übergreifenden Lösungsansatzes für die Integration von Daten, Prozessen und dem Anwender Mensch. Aus dieser Situation heraus hat sich das PLM als Lösungsansatz entwickelt.[185] Die Begriffsvielfalt von PLM sorgt immer wieder für Verwirrung. Zum einen liegt dies an der zeitlichen Entwicklung der Systeme, zum anderen an den unterschiedlichen Marketingstrategien der IT-Systemanbieter.[186] Daher sollen im Folgenden verschiedene Definitionen vorgestellt werden, um ein für diese Arbeit gültiges Verständnis abzuleiten.

#### 2.7.1.3 PLM-Definition aus Sicht der Wissenschaft

Neue Ansätze und Konzepte werden kaum mehr ex ante definiert. Vielmehr resultieren sie aus der Entwicklung verschiedener Strömungen, die jeweils ihre eigene Sichtweise auf die Realität einnehmen.[187] Der Begriff PLM wurde in der

---

[180] Feldhusen/Gebhardt (2007), Product Lifecycle Management für die Praxis, S. 14.

[181] Eigner/Stelzer (2009), Product Lifecycle Management, S. 14.

[182] Bleicher (2001), Das Konzept integriertes Management, S. 31.

[183] Eigner/Stelzer (2009), Product Lifecycle Management, S. 14.

[184] Berliner Kreis/Wissenschaftliche Gesellschaft Produktionstechnik (2002), PLM, S. 2.

[185] Berliner Kreis/Wissenschaftliche Gesellschaft Produktionstechnik (2002), PLM, S. 2.

[186] Berliner Kreis/Wissenschaftliche Gesellschaft Produktionstechnik (2002), PLM, S. 2.

[187] Grieves (2006), Product Lifecycle Management, S. 29.

Literatur zum ersten Mal zu Beginn des 21. Jahrhunderts verwendet.[188] Das Akronym wurde schnell zum Modewort und erregte in kürzester Zeit große Aufmerksamkeit. Prominent hervorgehoben wurde PLM durch den Artikel „There's a new App in Town" vom IT-Wirtschaftsmagazin CIO im Jahre 2003.[189] Doch analog zum ERP musste sich das Verständnis von PLM erst entwickeln.[190] Bis heute hat sich keine einheitliche Definition von PLM etablieren können, dennoch lassen sich aus den verschiedenen Ansätzen PLM zu definieren, Gemeinsamkeiten identifizieren, die im Kern auf ein einheitliches Verständnis hindeuten.

Nach ARNOLD ET AL. ist PLM ein integrierendes Konzept zur IT-gestützten Organisation aller Informationen über Produkte und deren Entstehungsprozess, über den gesamten Produktlebenszyklus hinweg, so dass die Informationen immer aktuell an den relevanten Stellen im Unternehmen zur Verfügung stehen.[191] Auf den ersten Blick erscheint PLM als reines IT-Thema, was es jedoch nicht ist. Obwohl die IT eine essenzielle Rolle spielt, liegt der Fokus mehr auf einer organisatorischen und informationstechnischen Vernetzung des Unternehmens innerhalb verschiedener Abteilungen, über Bereichs- und Geschäftsfelder sowie über Unternehmensgrenzen hinweg. Es existiert keine universelle PLM-Lösung, vielmehr müssen Unternehmen auch unter Einbezug von Lieferanten und Kunden einen individuellen Ansatz erarbeiten.[192] Mit PLM wird eine Gesamtsicht einschließlich aller IT-Lösungen eingenommen. Daher wirken sich Veränderungen im Unternehmensumfeld (z. B. strukturelle Veränderungen in der Organisation oder in Geschäftsprozessen), in den verwendeten Technologien (z.B. in der IT-Infrastruktur) oder nicht zuletzt im Produktprogramm auf die Ziele und Umsetzung von PLM aus. Die Entwicklung von PLM ist daher niemals endgültig abgeschlossen, sondern vielmehr ein stetiger Prozess. PLM ist schließlich eine kontinuierliche Aufgabe mit strategischer Bedeutung für das Unternehmen.[193]

ABRAMOVICI ET AL. sehen in PLM die ganzheitliche Gestaltung und Verwaltung des Produktlebens, wobei alle Aspekte und Einflüsse, die während des Produktlebens auftreten, rechtzeitig und angemessen berücksichtigt werden. Der Produktlebenszyklus beginnt mit einer Idee, einem Kundenauftrag oder einem Marktbedürfnis. Der Zyklus endet mit dem Rückführen oder Entsorgen des Produktes, nachdem das

[188] Stark (2005), Product Lifecycle Management, S. 15.
[189] Stackpole (2003), There's a New APP in Town zitiert nach Grieves (2009), Back to the Future, S. 41.
[190] Grieves (2006), Product Lifecycle Management, S. 32.
[191] Arnold et al. (2005), Product Lifecycle Management beherrschen, S. 13f.
[192] Arnold et al. (2005), Product Lifecycle Management beherrschen, S. 23.
[193] Arnold et al. (2005), Product Lifecycle Management beherrschen, S. 15.

Produkt getestet, hergestellt, genutzt und gewartet wurde. Dabei schließt PLM sowohl physische Produkte als auch immaterielle Güter in die Betrachtung mit ein.[194]

Für EIGNER ET AL. hingegen ist PLM ein Managementkonzept, welches alle Daten-, Informations- und Dokumentationsflüsse, bezogen auf ein Produkt, über den gesamten Produktlebenszyklus beschreibt und integriert. Dabei werden unter dem gesamten Produktlebenszyklus alle Phasen verstanden, von der ersten Idee über Konstruktion und Produktion bis hin zum Vertrieb und Recycling. Im Fokus steht die Betrachtung aller relevanten Daten und Informationen zu einem Produkt. Um dieser Anforderung gerecht zu werden, muss im Umfeld von PLM das Prinzip der Ganzheitlichkeit verfolgt werden. Unter Ganzheitlichkeit verstehen EIGNER ET AL. das Zusammenwirken von Unternehmen, Zulieferern, Kunden und Partnern sowie die Aufhebung der klassischen Trennung von Fachbereichen wie beispielsweise Mechanik, Elektrik/Elektronik und Software.[195] PLM bildet in diesem Zusammenhang den funktionalen und administrativen Backbone eines Unternehmens.[196]

PLM ist für FELDHUSEN und GEBHARD eine wissensbasierte Unternehmensstrategie für alle Prozesse und deren Methoden hinsichtlich der Produktentwicklung von der Produktidee bis hin zum Recycling.[197] PLM beschränkt sich nicht ausschließlich auf das Management von Daten- und Informationsflüssen im Unternehmen, sondern fokussiert ebenfalls das Produkt als wesentlichen Komplexitätstreiber.[198]

GÖRG verbindet mit dem Begriff PLM alle nötigen Aktivitäten, die dazu dienen, die Produkte eines Unternehmens über ihren gesamten Lebenszyklus zu verwalten, von der ersten Produktidee bis zur Einstellung der Produktion. PLM wird von GÖRG als betriebswirtschaftliches Konzept bezeichnet, das neben anderen Konzepten wie dem Customer Relationship Management (CRM), Supply Chain Management (SCM) oder ERP Anwendung findet. Das PLM-Konzept beschränkt sich dabei nicht nur auf Funktionen wie Stücklistenverwaltung, Dokumentenverwaltung oder Änderungs- und Freigabewesen, sondern betrachtet ebenfalls Funktionalitäten aus vor- und nachgelagerten Phasen des Produktlebenszyklus. In der vorgelagerten Phase befinden sich beispielsweise Marktstudien, der Bereich Aftermarket Service lässt sich den nachgelagerten Phasen zuordnen.[199]

---

[194] Abramovici et al. (2007), Product Lifecycle Management, S. 165.
[195] Eigner et al. (2007), Produktlebenszyklus mit Unterbrechungen, S. 583.
[196] Eigner/Stelzer (2009), Product Lifecycle Management, S. 2.
[197] Feldhusen/Gebhardt (2007), Product Lifecycle Management für die Praxis, S. 20.
[198] Feldhusen/Gebhardt (2007), Product Lifecycle Management für die Praxis, S. 20.
[199] Görg (2006), Product Lifecycle Management : Ein Überblick, S. 6.

Grieves als englischsprachiger Autor sieht PLM als "...an integrated, information-driven approach compromised of people, processes / practices and technology to all aspects of a product's life, from its design through manufacture, deployment and maintenance – culminating in the product's removal from service and final disposal. By trading product information for wasted time, energy, and material across the entire organization and into the supply chain, PLM drives the next generation of lean thinking."[200]

Saaksvuori und Immonen sehen PLM als "...a systematic, controlled concept for managing and developing product and product related information. It offers management and control of the product process and the order-delivery process, the control of product related information throughout the product lifecycle, from the initial idea to the scrap yard. PLM is a collaborative backbone allowing people throughout extended enterprises to work together more effectively."[201]

Für Scheer et al. ist PLM die Möglichkeit, eine ganzheitliche Betrachtung der Produktentwicklung einzunehmen. Dabei zielt PLM nicht nur auf die Integration der technischen Daten und Prozesse ab, sondern ermöglicht ebenfalls eine Vernetzung und Korrelation von technischen Daten und betriebswirtschaftlichen Kenngrößen. Damit soll zum einen eine wirtschaftlich-effiziente Entwicklung sichergestellt und zum anderen das Alignment von Produktentwicklung und Markteinführung herbeigeführt werden. Mit der Kombination ERP-PLM wird schließlich die ursprüngliche Vision des CIM realisiert. Durch diese Konstellation lassen sich die Integration der betriebswirtschaftlichen Logistikkette und eine vollständige Prozessabbildung der technischen Forschungs-, Entwicklungs- und Fertigungskette umsetzen. Mit der Integration der beiden Prozessketten wird schließlich die Umsetzung einer ganzheitlichen informationstechnischen Unterstützung der industriellen Geschäftsprozesse möglich.[202]

Für Stackpole ist PLM "... an integrated, information-driven approach to all aspects of a product's life, from its design through manufacture, deployment and maintenance - culminating in the product's removal from service and final disposal. PLM software suites enable accessing, updating, manipulating and reasoning about product information that is being produced in a fragmented and distributed environment.

[200] Grieves (2006), Product Lifecycle Management, S. 39.

[201] Saaksvuori/Immonen (2005), Product Lifecycle Management, S. 2f.

[202] Scheer et al. (2006), Prozessorientiertes Product Lifecycle Management, S. 8f.

Another definition on PLM is the integration of business systems to manage a product's life cycle."[203]

STARK definiert PLM als "...the business activity of managing a company's products all the way across their life cycles, from the very first idea for a product all the way through until it is retired and disposed of, in the most effective way. PLM aims to maximise the value of current and future products for both customers and shareholders."[204]

Schließlich ist PLM nach SCHUH ET AL. ein ganzheitlicher Ansatz zur unternehmensweiten Verwaltung und Steuerung aller Produktdaten und Prozesse des gesamten Lebenszyklus entlang der erweiterten Logistikkette – von der Entwicklung und Produktion über den Vertrieb bis hin zur Wartung. Ziel dabei ist es, den Produktentstehungsprozess ganzheitlich durch konsistente Methoden, Modelle und Werkzeuge zu unterstützen sowie die Produktivität dieses Prozesses in seiner Gesamtheit zu erhöhen. Zur Unterstützung dieses Ansatzes existieren IT-basierte PLM-Lösungen, die mit ihren Funktionen die Umsetzung des PLM-Ansatzes in großen Teilen erst ermöglichen.[205]

***Zwischenfazit***

Die Menge an Definitionen bestätigt zunächst die Aussage, dass noch keine allgemeingültige Definition des Begriffes PLM existiert. Weiterhin wird deutlich, dass PLM kein IT-System ist. Vielmehr ist die IT ein Bestandteil von PLM. In jeder Definition wird der Produktlebenszyklus hervorgehoben, mit dem ein zeitlicher Betrachtungsbereich definiert wird. In den jeweiligen Definitionen wird der Beginn des Produktlebenszyklus zeitlich nicht einheitlich zugeordnet, wohingegen das Ende stets mit dem Recycling des Produktes bezeichnet wird. Neben dem Produktlebenszyklus bildet die Fokussierung des Produktes eine weitere wesentliche Gemeinsamkeit aller Definitionen. Insbesondere werden Daten und Informationen hervorgehoben, die in Zusammenhang mit dem Produkt stehen. Die ganzheitliche Betrachtung des Unternehmens sowie die Integration von Wertschöpfungsstufen, auch außerhalb des Unternehmens im Sinne einer engen Kollaboration, bildet eine weitere Gemeinsamkeit. Die interne Sichtweise bezieht sich insbesondere auf die Integration der betriebswirtschaftlichen und technischen Aufgabenbereiche, die sich seit dem

[203] Stackpole (2003), There's a New APP in Town, S. 94.
[204] Stark (2007), Global Product, S. 115.
[205] Schuh et al. (2008), PLM/PDM 2008/2009 Marktspiegel Business Software, S. 10.

Taylorismus weitgehend unabhängig voneinander entwickelten. Während nahezu alle Autoren die Integration auf die durch den Taylorismus zurückgehende Arbeitsteilung beziehen, hebt EIGNER ebenfalls die Integration der Disziplinen Mechanik, Elektrik / Elektronik und Software hervor. Schließlich zielt PLM darauf ab, durch Steigerung der Effizienz und Effektivität in der Produktentstehung die Wettbewerbsfähigkeit von Unternehmen zu stärken.

#### 2.7.1.4 PLM-Definition aus Sicht der PLM-Softwareanbieter

Heute sind am Markt mehr als 50 IT-Lösungen zu finden, die von den jeweiligen Herstellern selbst als PLM-System bezeichnet werden.[206] Der Begriff PLM-System ist dahin gehend verwirrend, da mit dem Begriff System oftmals gedanklich ein IT-System verbunden wird. Wie bereits gezeigt wurde, handelt es sich bei PLM nicht um ein IT-System. PLM wird durch IT unterstützt. Daher sind PLM-Systeme eher als PLM-unterstützende IT-System zu verstehen.

Die hohe Anzahl der am Markt befindlichen PLM-unterstützenden IT-Systeme ist letztlich jedoch erneut die Folge einer fehlenden allgemeingültigen Definition von PLM, die sich in diesem speziellen Fall auf die IT niederschlägt. Im Mai 2004 kamen verschiedene PLM-Softwareanbieter (Dassault Systèmes, IBM PLM Solutions, PTC, SAP, Siemens PLM) anlässlich des sender\circle IT-Forum in Liebenstein zusammen, um unter anderem ein gemeinsames Verständnis von PLM zu erarbeiten. Das Ergebnis bilden vier Thesen, die im Kern das Verständnis von PLM aus Sicht dieser Softwareanbieter wiedergeben. Die folgenden Thesen werden als Liebensteiner Thesen verbreitet.[207]

(1) PLM ist ein Konzept, keine (in sich abgeschlossene) Lösung

(2) Zur Umsetzung/Realisierung eines PLM-Konzeptes werden Lösungskomponenten benötigt. Dazu zählen CAD, CAE, CAM, Virtual Reality (VR), PDM und andere Applikationen für den Produktentstehungsprozess

(3) Auch Schnittstellen zu anderen Anwendungsbereichen wie ERP, SCM oder CRM sind Komponenten eines PLM-Konzeptes

(4) PLM-Softwareanbieter offerieren Komponenten und/oder Dienstleistungen zur Umsetzung von PLM-Konzepten

[206] Schuh et al. (2008), PLM/PDM 2008/2009 Marktspiegel Business Software, S. 64.

[207] Sendler (2009), Das PLM-Kompendium, S. 27f.

Mit der ersten These stimmen die PLM-Softwareanbieter der herrschenden Meinung aus der Wissenschaft zu und bestätigen, dass PLM kein IT-System ist. Dennoch werden die PLM-unterstützenden IT-Systeme weiterhin als PLM-Systeme bezeichnet und vermarktet. In der zweiten und dritten These werden die wesentlichen IT-Systeme in der Produktentstehung aufgezählt. Dabei wird deutlich, dass die Softwareanbieter PLM hauptsächlich als Strategie verstehen, die mit Hilfe von IT umgesetzt wird. Schließlich wird in der vierten These die wachsende Bedeutung der PLM-Softwareanbieter, insbesondere deren Beratungsleistung im Rahmen der PLM-Einführung hervorgehoben.[208]

***Zusammenfassung***

Für PLM lassen sich grundsätzlich zwei Sichtweisen identifizieren. Die eine Sichtweise wird von der Wissenschaft geprägt, die andere Sichtweise stammt von den PLM-Softwareanbietern. Die wesentlichen Gemeinsamkeiten liegen zum einen darin, dass beide Sichtweisen PLM nicht als IT-System verstehen und zum anderen, dass PLM eine ganzheitliche Sichtweise auf das Unternehmen einnimmt. Im Gegensatz zur wissenschaftlichen Sichtweise gehen die PLM-Softwareanbieter mehr auf die IT-Systeme entlang des Produktentstehungsprozesses ein und weniger auf die Gestaltung von Aufbau- und Ablauforganisation im Zusammenspiel mit der IT. Obwohl die Liebensteiner Thesen nur ein grobes Verständnis von PLM abbilden, ist dennoch hervorzuheben, dass die führenden PLM-Softwareanbieter es geschafft haben, sich auf ein gemeinsames Verständnis von PLM zu einigen. Im Folgenden soll nun ein für diese Arbeit gültiges Verständnis sowie eine Definition von PLM vorgestellt werden.

In dieser Arbeit wird ein enges Verständnis von PLM zugrunde gelegt. PLM ist daher kein eigenständiger Managementansatz. Vielmehr ist PLM ein fester Bestandteil eines Managementansatzes und unterstützt die Realisierung der dort definierten Unternehmensziele. Im Mittelpunkt von PLM stehen das Produkt und die im Umfeld des Produktes anfallenden Daten und Informationen. Der Begriff Produkt steht weniger für das physische Ergebnis am Ende der Produktion, sondern vielmehr als Attraktor, in dem alle Daten und Informationen konvergieren. Der abstrakte Produktbegriff dient demnach als Hülle, um die im Produktlebenszyklus anfallenden Daten und Informationen zuordnen zu können. Ein weiteres wesentliches Element von PLM ist der Produktlebenszyklus. Mit dem Produktlebenszyklus wird der Wirkungsbereich von PLM beschrieben. So wird mit PLM einerseits eine ganzheitli-

[208] Sendler (2009), Das PLM-Kompendium, S. 28.

che Sichtweise auf die Wertschöpfungs- und Logistikkette eingenommen und andererseits werden durch PLM die verschiedenen Disziplinen (Mechanik, Elektrik/Elektronik, Software, Hydraulik, Pneumatik etc.) integrativ betrachtet. Die Umsetzung der Integration erfolgt durch Prozessgestaltung. Dabei werden sowohl Geschäftsprozesse als auch unterstützende Prozesse in die Betrachtung miteinbezogen. Einen wesentlichen Stellhebel bildet in diesem Zusammenhang der Einsatz von leistungsfähigen IT-Systemen. Es werden sowohl IT-Systeme für eine konsistente Datenhaltung als auch IT-Systeme für die unterstützende Durchführung von Prozessschritten eingesetzt. Schließlich lässt sich für diese Arbeit folgende PLM-Definition ableiten:

**Definition PLM:**

PLM ist Bestandteil eines Managementkonzeptes zur integrierten Gestaltung von Aufbauorganisation, Ablauforganisation sowie IT innerhalb und außerhalb eines Unternehmens, entlang des gesamten Produktlebenszyklus. Ausgehend vom Produkt erfolgt die Integration sowohl in den Bereichen der Wertschöpfungs- und Logistikkette als auch innerhalb der verschiedenen Engineering-Disziplinen (Mechanik, Elektrik/Elektronik, Software, Hydraulik, Pneumatik etc.). Die Integration wird dabei in vielen Teilen erst durch leistungsfähige IT-Systeme möglich.

### 2.7.2 Ziele und Nutzen von PLM

Der Ursprung einer unternehmerischen Tätigkeit liegt der Vision. Die Vision wird von BLEICHER als generelle Leitidee interpretiert, die in den verschiedensten Dimensionen des Normativen, Strategischen und Operativen zu konkretisieren ist.[209] Dabei besitzen Visionen szenarischen Charakter. Im Gegensatz zu rational-synthetischen Trends, die beispielsweise zu alternativen Zukunftskonstellationen führen, sind Visionen einzigartig und damit auch von höherer subjektiver Verbindlichkeit.[210] Die Definition einer Vision bildet in diesem Zusammenhang den Ausgangspunkt, um im zweiten Schritt die unternehmensspezifischen Ziele abzuleiten. Diese Ziele bilden schließlich den Ansatzpunkt, um einerseits PLM-spezifische Ziele zu definieren und andererseits den Nutzen zu bewerten.

Einige Stimmen behaupten, PLM sei eine Neuauflage der CIM-Philosophie und somit vom Kern und Ziel her eigentlich nichts wirklich Neues. Andere behaupten, dass PLM nur ein neuer Name für PDM ist, um PDMS besser vermarkten zu können.

[209] Bleicher (2001), Das Konzept integriertes Management, S. 99.
[210] Bleicher (2001), Das Konzept integriertes Management, S. 100.

Doch beide Behauptungen gehen nach SENDLER an der Sache vorbei.[211] Aus den verschiedenen Definitionen heraus lassen sich die mit PLM verfolgten Ziele sowie die durch PLM realisierbaren Nutzenpotenziale nur erahnen. Daher sollen im Folgenden diese beiden Punkte beschrieben werden, um ein detailliertes Verständnis über die Ziele und den Nutzen von PLM zu erlangen. Gerade dieses Verständnis von PLM ist notwendig, um die Probleme sowie die Gründe des geringen Erfolgs von PLM-Einführungsprojekten nachzuvollziehen.

#### 2.7.2.1 Ziele von PLM

PLM ist ein Ansatz, um die Realisierung übergeordneter Unternehmensziele zu unterstützen. Der Ziel-Begriff beschreibt in diesem Zusammenhang einen Soll-Zustand, den es zu erreichen gilt. Für das PLM lassen sich zwei Arten von Zielen unterscheiden: externe und interne Ziele. Übergeordnete Unternehmensziele sind externe Ziele und werden in der Regel von der Unternehmensstrategie vorgegeben. Grundsätzlich gilt es, das PLM hinsichtlich dieser Ziele auszurichten. Interne Ziele werden von externen Zielen abgeleitet und beschreiben einen konkreten Zustand, der sich durch die PLM-Lösung realisieren lässt. Interne Ziele lassen sich als strategische PLM-Ziele interpretieren, da diese Ziele einen Bestandteil der PLM-Strategie bilden und damit den Lösungsraum für die Gestaltung von PLM im Unternehmen aufspannen.[212] Nach FELDHUSEN werden interne Ziele nach produktbezogenen Zielen, prozessbezogenen Zielen sowie organisationsbezogenen Zielen unterscheiden.[213]

In 2009 führte ABRAMOVICI ET AL. in Zusammenarbeit mit der der Firma IBM zum dritten Mal die Studie „Benefits of PLM“ in der Automobilindustrie durch. In Form von Experteninterviews wurden verschiedene Aspekte von PLM erörtert. In Bild 2-10 werden die Antworten auf die Frage nach den mit PLM verfolgen externen Zielen abgebildet.[214] Auf den ersten Blick wird deutlich, dass Unternehmen vor allem die Technologieführerschaft durch PLM anstreben. Weitere wichtige Ziele sind die Produktion umweltfreundlicher Produkte, hohe Kundenbindung, Time-to-Market, Kostenführerschaft sowie die Fokussierung auf Kernkompetenzen. Im Gegensatz dazu wird die Diversifikation durch PLM weniger verfolgt.

---

[211] Sendler (2009), Das PLM-Kompendium, S. 20.

[212] Die Begriffe PLM-Strategie und PLM-Lösung werden im späteren Verlauf dieser Arbeit näher erläutert. Da diese Begriffe für dieses Kapitel nicht weiter relevant sind, wird an dieser Stelle auf eine detaillierte Erläuterung verzichtet.

[213] Feldhusen/Gebhardt (2007), Product Lifecycle Management für die Praxis, S. 22.

[214] Abramovici et al. (2010), Benchmarkstudie 2009: Benefits of PLM

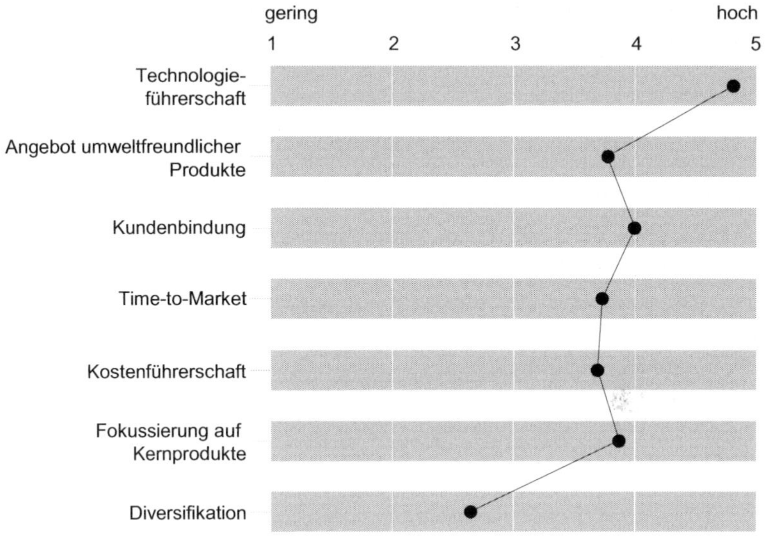


Bild 2-10: Durch PLM verfolgte externe Ziele nach ABRAMOVICI ET AL.[215]

*Technologieführerschaft* bedeutet, sich im Wettbewerb durch technologisch hochwertige, am Kundennutzen orientierte Produkte zu differenzieren.[216] Anstatt sich mit inkrementellen Innovationen zu begnügen, werden durch intensive und konsequente Entwicklungs- und Forschungstätigkeit Anstrengungen unternommen, um radikale Innovationen zu realisieren.[217] Die Produkte von Technologieführern sind aus technologischer Sicht den Konkurrenzprodukten stets einen Schritt voraus.[218] Technologieführer genießen daher den Ruf von Pionierunternehmen. Sie können schneller als die Konkurrenz Produktionserfahrung aufbauen und Herstellkosten senken. Es besteht die Chance, Normen, Standards oder einen eigenen Namen für die neue Technologie zu definieren oder Markteintrittsbarrieren durch Erlangung

215 Abramovici et al. (2010), Benchmarkstudie 2009: Benefits of PLM

216 Gausemeier et al. (2009), Zukunftsorientierte Unternehmensgestaltung, S. 99.

217 Pepels (2006), Produktmanagement : Produktinnovation, Markenpolitik, Programmplanung, Prozessorganisation, S. 56.

218 Gaubinger et al. (2009), Praxisorientiertes Innovations- und Produktmanagemen, S. 50.

institutioneller Schutzregelungen (z.B. Patente) zu schaffen.[219] Schließlich fehlt es an Alternativprodukten, so dass ein Wettbewerb zunächst außen vor bleibt.

*Technologieführerschaft am Beispiel der Audi AG*

Die Audi AG wirbt mit dem Slogan „Vorsprung durch Technik". Dieser Satz verdeutlicht, dass die Audi AG bei ihren Kunden als Technologieführer wahrgenommen werden möchte. Seit der Vorstellung des Audi quattro auf dem Genfer Auto-Salon im März 1980 hat die Audi AG den Markt für Serienfahrzeuge mit Allradantrieb geprägt. Der Audi quattro wird ebenfalls als Urquattro bezeichnet und war seinerzeit das erste Straßenfahrzeug, das mit permanentem Allradantrieb in größeren Stückzahlen produziert wurde (siehe Bild 2-11). Obwohl andere Hersteller heute Serienfahrzeuge mit Allradantrieb anbieten, wird der Begriff „quattro" häufig synonym für ein allradgetriebenes Fahrzeug verwendet. Dieses Beispiel verdeutlicht, wie Technologieführer einen eigenen Namen für Entwicklungen gestalten und im Markt durchsetzen können.

Bild 2-11: Audi quattro (Urquattro)[220]

Die Realisierung *umweltfreundlicher Produkte* bildet ein weiteres Ziel, das Unternehmen mit PLM verfolgen. Die umweltgerechte Produktgestaltung soll umweltschädliche Auswirkungen von Produkten bei Herstellung, Gebrauch und Entsorgung

[219] Pepels (2006), Produktmanagement : Produktinnovation, Markenpolitik, Programmplanung, Prozessorganisation, S. 56.

[220] Bildquelle: Audi AG

verringern.[221] Unternehmen müssen eine Vielzahl von Gesetzen und Vorschriften beachten (z.B. RoHS[222], REACH[223]), um die Erlaubnis zu erhalten, Industriegüter überhaupt am Markt anbieten zu können. So muss beispielsweise jedes Produkt, von der Maschine bis zum Spielzeug, seit dem 1. Januar 1995 ein CE-Kennzeichen tragen, um in der Europäischen Union (EU) verkauft oder auf Messen ausgestellt zu werden. Lediglich Lebensmittel und wenige andere sind von dieser Regelung ausgeschlossen.[224] Mit PLM lässt sich die Umsetzung der vielfältigen Umwelt-Anforderungen, die sich von Land zu Land unterscheiden, unterstützen.

Der Begriff *Kundenbindung* bezeichnet das regelmäßige Wiederkaufverhalten von Kunden. Dieses Verhalten begründet sich auf eine positive Einstellung des Kunden gegenüber dem Unternehmen.[225] Die positiven Einstellungen lassen sich dabei im Falle von PLM auf das Produkt und die Zufriedenheit des Kunden mit dem Produkt zurückführen. Die Kundenzufriedenheit wird dabei nicht erst in der Produktnutzungsphase beeinflusst, sondern beginnt bereits mit dem ersten Kontakt des Kunden zum Unternehmen. In der heutigen Zeit findet der erste Kontakt von Kunden und Unternehmen beispielsweise über das Internet statt. Vor diesem Hintergrund muss durch PLM der Informationstransfer über das aktuelle Produktprogramm sowie alle produktrelevanten Daten im Internet sichergestellt werden, um den potenziellen Kunden die Suche nach Produkten zu erleichtern und ihn umfassend zu informieren. Findet der Kunde sich auf der Internetpräsenz nicht auf Anhieb zurecht, wird er Internetseiten von Wettbewerbern aufsuchen und wohlmöglich dort Produkte kaufen. Während der Nutzungsphase wird die Kundenzufriedenheit durch das Produkt selbst geprägt. Mit PLM lässt sich beispielsweise das Anforderungsmanagement IT-basiert unterstützen, um alle relevanten Kundenanforderungen systematisch zu identifizieren sowie die Umsetzung im Produkt sicherzustellen.

Die Fähigkeit, neue Produkte schneller als der Wettbewerber auf den Markt zu bringen (*Time-to-Market*) ist einer der wichtigsten Stellhebel, um den Erfolg eines Unternehmens zu begünstigen. Unabhängig vom Produkt ist es immer nur dem Ersten im Markt möglich, Premiumpreise vom Kunden zu verlangen. So zeigen Studien, dass Unternehmen, die Produkte vor Wettbewerbern in den Markt einführen, einen Marktanteil von bis zu 70% realisieren können.

221 Klüppel/Deutsches Institut für Normung (2006), Umweltmanagement, S. 83.
222 Restriction of Harardous Substances Dirctive
223 Registration, Evaluation, Authorisation and Restrictioin of Chemicals
224 Für mehr Informationen siehe www.ce-richtilinien.eu
225 Albers/Herrmann (2007), Handbuch Produktmanagement, S. 848.

*Folgen einer lange Time-to-Market am Beispiel HP und Compaq*

Anfang des Jahres 2000 wurde von Hewlett-Packard (HP) ein PDA[226] mit dem Namen Jornada in den Markt eingeführt. Kurz nach der Markteinführung folgte die Firma Compaq mit ihrem Konkurrenzprodukt iPaq (siehe Bild 2-12). Während der iPaq sich im Gegensatz zum Jornada durch ein Farbdisplay sowie einen schnelleren Prozessor auszeichnete, wurden vom Jornada am Ende des Jahres 350.000 Stück mehr verkauft als vom iPaq. Der höhere Absatz lag vor allem darin begründet, dass HP den Jornada ca. sechs Monate vor dem iPaq einführte.[227]

HP Jornada 568 Compaq iPaq H3600

Bild 2-12: Vergleich Jornada und iPaq[228]

Besonders im Bereich von Computerhardware ist seit Jahren eine zunehmende Verkürzung des betriebswirtschaftlichen Produktlebenszyklus zu beobachten. In diesem Zusammenhang zeigt eine Studie der Firma Hewlett-Packard (HP), dass eine um einen Monat verspätete Markteinführung eines neuen Computers zu einer Reduzierung des Verkaufsvolumens von bis zu einem Drittel führte.[229] In diesem Zusammenhang wird durch PLM das Ziel verfolgt Prozesse effizienter zu gestalten, um Produkte schneller entwickeln und produzieren zu können.

226 PDA: Personal Digital Assistent (kompakter, tragbarer Computer)
227 Lewis/Wong (2004), How to Be the First in Market, S. 3.
228 Bildquelle: Hewlett-Packard (HP)
229 Lewis/Wong (2004), How to Be the First in Market, S. 1f.

Ein weiteres mit PLM verfolgtes Ziel ist die *Kostenführerschaft*. Mit diesem Ziel wird eine der drei Wettbewerbsstrategien nach PORTER verfolgt und basiert auf der Grundidee, dass ein Unternehmen einen Wettbewerbsvorteil besitzt, wenn die Kosten zur Erbringung des Leistungsangebots im Vergleich zum Wettbewerber niedriger ausfallen. PORTER begründet diese Strategie damit, dass ein Unternehmen in einem Preiskrieg mit Wettbewerbern immer noch Profit erwirtschaftet, wenn sich Wettbewerber bereits in der Verlustzone befinden.[230] Nach GRANT sind niedrige Kosten ein wesentliches Alleinstellungsmerkmal, um sich vom Wettbewerb abzuheben. Besonders in den 1980er und 1990er Jahren wurden verschiedene Ansätze verfolgt, um die Effizienz im Unternehmen zu steigern und damit Kosten zu reduzieren. Einer der bekanntesten Ansätze dieser Zeit ist der Lean Production Ansatz für die Produktionsorganisation, die in Europa vor allem durch WOMACK[231] und JONES verbreitet wurde.[232]

Schließlich bildet die *Fokussierung auf Kernprodukte* das letzte Ziel, das Unternehmen mit PLM zu erreichen versuchen. Erfolgreiche Unternehmen verfügen in der Regel über besondere Fähigkeiten, Fertigkeiten und Technologien, die durch langjährige Erfahrungen sowie kollektive Lernprozesse entstanden sind und vom Kunden als einzigartig wahrgenommen werden. Diese Eigenschaften sind nur mit hohem Aufwand von Wettbewerbern imitierbar und werden als Kernkompetenzen eines Unternehmens bezeichnet. Diese Kernkompetenzen spiegeln sich letztlich in den Produkten wider, die ein Unternehmen am Markt anbietet.

Anstatt sich auf Kernkompetenzen zu konzentrieren, sind in den letzten Jahren immer wieder Bestrebungen zu beobachten Produkte in neue Märkte einzuführen und Unternehmensstrukturen sowohl auf der Absatz- als auch auf der Einkaufsseite international auszurichten. Diese Form der expansiven Unternehmenspolitik führt jedoch unweigerlich zu einer Konfrontation mit neuen Kundenanforderungen. Nur in den seltensten Fällen ist davon auszugehen, dass die Anforderungen der neuen Märkte durch die bereits bestehenden Produkte und Vertriebskanäle vollumfänglich erfüllt werden.[233] Wird das Produktprogramm um Produkte erweitert, die von den Kernkompetenzen des Unternehmens keinen Gebrauch machen, lassen sich die zuvor beschriebenen Vorteile nicht mehr realisieren. Im schlimmsten Fall werden die erhofften Vorteile der Expansion durch den Aufwand überkompensiert, der sich

---

230 Porter (1998), Competitive advantage, S. 12.

231 Für weitere Informationen zum Thema Lean Production siehe Womack et al. (2006), The machine that changed the world

232 Grant (2002), Contemporary strategy analysis : concepts, techniques, applications, S. 252.

233 Schuh (2005), Produktkomplexität managen, S. 49.

durch den Aufbau neuer Kernkompetenzen ergibt. Im Umkehrschluss stehen Unternehmen plötzlich im Wettbewerb mit anderen Unternehmen, die bereits diese Kernkompetenzen besitzen. In diesem Zusammenhang muss PLM durch Bereitstellung von Daten und Informationen sowie die intensive Zusammenarbeit der Unternehmensbereiche die Entscheidungsfindung für neue Produkte unterstützen.

*Fokussierung auf Kernprodukte bzw. -kompetenzen am Beispiel SONY*

Eine wichtige Kernkompetenz der Firma SONY liegt in der Miniaturisierung. SONY bietet eine Vielzahl unterschiedlicher Produkte, von Stereoanlagen über Fernseher bis zur Handycam am Markt an, die im Gegensatz zum Wettbewerb kleiner und leichter sind. Die Miniaturisierung der Produkte schafft dem Kunden Wert und bildet die Grundlage zur Schaffung von Kundenzufriedenheit. Erfolgreiche Unternehmen sind in der Lage, durch ihre Kernprodukte Kundenwert zu schaffen und dadurch ihre Kunden besser und schneller zufriedenzustellen als der Wettbewerber.[234]

Mit *Diversifikation* wird die Tatsache beschrieben, dass Unternehmen in mehreren, unterschiedlichen Geschäftsfeldern tätig sind.[235] Die Douglas Holding AG ist ein deutscher Einzelhandelskonzern, der vor allem mit dem Verkauf von Parfümerieprodukten in Zusammenhang gebracht wird. Neben dem Parfümeriegeschäft unterhält das Unternehmen Vertriebslinien für Bücher (Thalia, buch.de, bol.de), Schmuck und Uhren (Christ-Juweliere), Kleidung (AppelrathCüpper) sowie Süßwaren (Hussel).[236] Da die Diversifikation mehr in den Bereich strategischer Entscheidungen fällt, lässt sich mit PLM die Entscheidungsfindung nur begrenzt unterstützen. Damit wird verständlich, dass Unternehmen die Diversifikation nicht vorrangig mit PLM in Verbindung bringen.

### 2.7.2.2 Realisierbare Nutzenpotenziale durch PLM

Im folgenden Kapitel soll gezeigt werden, welche Nutzenpotenziale sich durch PLM realisieren lassen, um die Erreichung der zuvor beschriebenen externen Ziele zu unterstützen. Grundlegend basieren die Nutzenpotenziale auf den Ansätzen *Datenkonsistenz* und *Virtualität*. Sowohl die Datenkonsistenz als auch die Virtualität lassen sich in diesem Zusammenhang als hinreichende Bedingungen für die Realisierung von PLM-Nutzenpotenzialen interpretieren. Vor diesem Hintergrund sollen im

[234] Hinterhuber et al. (2003), Kundenzufriedenheit durch Kernkompetenzen, S. 1.
[235] Hungenberg/Wulf (2006), Grundlagen der Unternehmensführung, S. 137.
[236] Für mehr Informationen zur Douglas Holding AG siehe: http://www.douglas-holding.de

Folgenden zunächst beide Ansätze näher erläutert werden, um anschließend den Zusammenhang zwischen externen Zielen und PLM-Nutzenpotenzialen aufzuzeigen. Die folgenden Ausführungen erheben keinen Anspruch auf Vollständigkeit. Vielmehr soll ein grundlegendes Verständnis für die mit PLM realisierbaren Nutzenpotenzialen vermittelt sowie deren Einfluss auf die Realisierung externer Ziele aufgezeigt werden.

**Datenkonsistenz**

Noch heute ist in Unternehmen zu beobachten, dass aufgrund der arbeitsteiligen Aufgabenbearbeitung jeder Funktionsbereich über einen eigenen Datenbestand als Arbeitsgrundlage verfügt. So liegen Produktinformationen mehrfach und meist unabhängig voneinander abgespeichert an verschiedenen Stellen im Unternehmen vor. Im Falle von Änderungen resultieren redundante, inkonsistente und meist fehlerhafte Datenbestände, da der Bezug zwischen den verteilten Daten und dem aktuellen Produktstatus verloren geht. PLM strebt in diesem Zusammenhang nach Datenkonsistenz.[237]

Der Begriff Datenkonsistenz stammt ursprünglich aus dem Bereich Datenbanken und bezeichnet die Freiheit von Widersprüchen in einer Datenbank. Es existieren zwei Möglichkeiten, Widersprüche zu erzeugen: zum einen bei der Dateneingabe, zum anderen bei der Durchführung von Transaktionen. Widersprüche bzw. Inkonsistenzen bei der Dateneingabe treten auf, wenn falsche Daten beispielsweise durch Tippfehler eingegeben werden. Im zweiten Fall, der Transaktion, werden Daten eingefügt, verändert, gelöscht oder abgefragt. Solche Transaktionen können über mehrere Schritte erfolgen, wobei am Ende der Transaktion der Datenbestand weiterhin widerspruchsfrei vorliegen muss.[238]

Datenkonsistenz bildet die essenzielle Grundlage für jede Art der Zusammenarbeit, innerhalb und besonders außerhalb des Unternehmens. Mit PLM findet eine Systematisierung des Austauschs von Daten und Informationen unternehmensinterner und unternehmensübergreifender Abteilungen entlang des Produktentstehungsprozesses statt, um Datenkonsistenz und schließlich die Zusammenarbeit sicherzustellen. Durch die Zusammenarbeit unterschiedlicher Unternehmen mit einer gemeinsamen Zielsetzung werden wertschöpfungsorientierte Netzwerke mit Zulieferern, Kunden und Partnern geschaffen, die insgesamt die Time-to-Market verringern. Engineeringpartner werden früher als bisher in die Produktentwicklung

[237] Arnold et al. (2005), Product Lifecycle Management beherrschen, S. 21.
[238] Steiner (2009), Relationale Datenbanken, S. 102.

einbezogen und können auf diese Weise ihr Wissen bereits in den Anfangsphasen einbringen. Gemeinsames Zeitmanagement, Abstimmung von Tätigkeiten, Reduzierung von Wartezeiten, hohe Transparenz von Entscheidungsprozessen und Synchronisation innerhalb des Produktionsnetzwerkes sind weitere Faktoren, die eine Reduzierung der Time-to-Market ermöglichen.[239]

Oft sind dezentrale, stammdatengeführte IT-Lösungen anzutreffen, die nicht unternehmensweit abgestimmt sind und damit der Zusammenarbeit entgegenstehen. Diese Situation wird durch heterogene IT-Systemlandschaften in den Bereichen Produktentwicklung sowie Auftragsabwicklung verschlechtert. Die Folgen zeigen sich durch redundante Daten sowie Eingabefehler aufgrund manueller Schnittstellen. Darüber hinaus existiert nur selten ein klarer Prozess zur Datenpflege, um eine durchgängig hohe Datenqualität sowie die Einhaltung unternehmensweiter Qualitätsrichtlinien sicherzustellen. Das Bewusstsein, dass qualitativ hochwertige Produktstammdaten die Voraussetzung für eine erfolgreiche Optimierung von Kerngeschäftsprozessen bildet, wird mit dem PLM geschaffen.[240]

### Virtualität

Seit Einführung der 3D-Konstruktion sind virtuelle Produkte heute Stand der Technik. Die Vorteile der Virtualisierung liegen jedoch nicht primär in der 3D-Konstruktion selbst, sondern vielmehr in den Anwendungen, die durch die 3D-Konstruktion (3D-Produktmodelle) erst möglich werden. Ein wesentlicher Stellhebel zur Effizienzsteigerung bildet Virtual Reality (VR).

Durch VR lässt sich der Umgang mit der Produkt- und Prozesskomplexität maßgeblich erleichtern,[241] indem mit Hilfe von Computern ein realitätsgetreues Abbild der Wirklichkeit geschaffen wird. Der Anwender kann die neue Wirklichkeit mit verschiedenen Technologien betrachten. Die einfachste und am häufigsten verwendete Technologie ist der Computermonitor. Die im Computer generierte neue Wirklichkeit wird in diesem Zusammenhang als virtuelle Realität bezeichnet. In dieser virtuellen Realität lassen sich nicht nur Objekte, sondern ebenfalls Prozesse abbilden. So kann mit VR-Technologien nahezu der gesamte Lebenszyklus eines Produktes virtuell abgebildet werden, um bereits in frühen Phasen der Produktentstehung das zukünftige Produkt sowie Prozesse effizient auszulegen. EIGNER und STELZER sehen insbesondere in der *Virtuellen Produktentstehung* (VPE) ein immen-

---

[239] Scheer et al. (2006), Prozessorientiertes Product Lifecycle Management, S. 17.

[240] Scheer et al. (2006), Prozessorientiertes Product Lifecycle Management, S. 24.

[241] Eigner/Stelzer (2009), Product Lifecycle Management, S. 21f.

ses Potenzial, Entwicklungszeiten zu verkürzen und die Produktqualität zu erhöhen. Unter VPE werden alle Verfahren verstanden, die zur Definition von Produkten und den dazugehörigen Produktionsressourcen, der Verifikation und Validierung auf Basis rechnerinterner Modelle und deren grafischer Visualisierung dienen. VPE verfolgt den integrativen PLM-Ansatz und verknüpft konsequent die Produktentstehung mit der IT. Auf diese Weise werden Mitarbeiter kontinuierlich vernetzt und integriert sowie hinsichtlich der Abstimmung, Analyse und Konkretisierung der Entwicklungsergebnisse durch die IT unterstützt.[242] In jedem Anwendungsfall, in dem das reale Produkt hätte genutzt werden müssen, tritt an diese Stelle das virtuelle Produkt. So müssen Modelle, die das Design bzw. die äußere Form des zukünftigen Produktes repräsentieren, nicht mehr aus Lehm oder Holz hergestellt werden, sondern es lassen sich fotorealistische virtuelle Produktmodelle generieren und auf einem Computermonitor oder anderen Medien visualisieren. In Bild 2-13 wird beispielhaft die Visualisierung einer Produktionsanlage im virtuellen Raum (CAVE) aufgezeigt.

Bild 2-13: Virtual Reality am Beispiel einer Produktionsanlage im CAVE[243]

[242] Eigner/Stelzer (2009), Product Lifecycle Management, S. 47f.
[243] Bildquelle: RWTH Aachen

Der Begriff CAVE steht als Abkürzung für CAVE Automatic Virtual Environment und bezeichnet einen Raum, in dem 3D-Abbildungen möglich werden.

Die Visualisierung von physischen Objekten und Abläufen in einer virtuellen Welt legt ein immenses Potenzial frei.[244] Schon in der Natur ist die Beobachtung Ausgangspunkt aller Erkenntnisse. Die Wahrnehmung ist die Voraussetzung für jede koordinierte Handlung.[245] Insbesondere die visuelle Wahrnehmung spielt in diesem Zusammenhang eine entscheidende Rolle.[246] Unternehmen können die VR-Techniken insbesondere in funktionalen Bereichen nutzen, um durch virtuelle Aufbereitung den Verständnisprozess zu erleichtern bzw. zu beschleunigen. So lassen sich beispielsweise der Bewegungsablauf und die Funktionsweise einer Maschine mit Bildern weit schneller und nachvollziehbarer präsentieren als umständliche Instruktionstexte.[247] Dieser Sachverhalt soll an einem Beispiel verdeutlicht werden.

In Bild 2-14 wird beispielhaft die 2D-Zeichnung eines Objektes aus drei unterschiedlichen Perspektiven abgebildet. Zur Verdeutlichung der unterschiedlichen Perspektiven werden in den einzelnen Zeichnungen sowohl die aktuell eingenommene Perspektive als auch die beiden anderen Perspektiven aufgezeigt. Zunächst lässt sich feststellen, dass die drei Zeichnungen identisch sind.

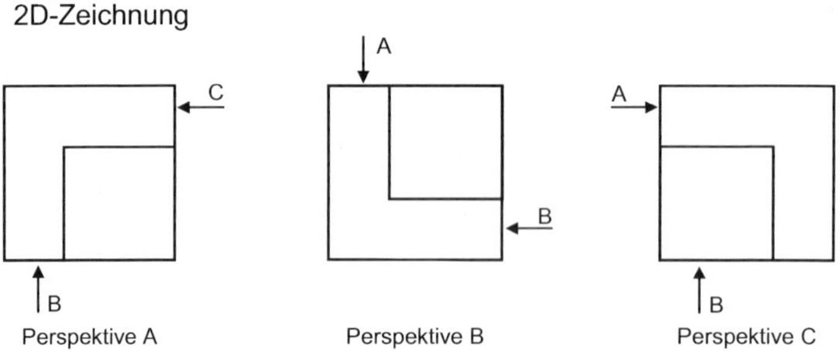


Bild 2-14: Interpretation von 2D-Zeichnungen

Der jeweiligen Perspektive geschuldet liegt die Zeichnung in den beiden anderen Perspektiven jeweils um 90° versetzt vor. Geübte Personen, insbesondere Konstruk-

[244] Eigner/Stelzer (2009), Product Lifecycle Management, S. 21f.
[245] Kebeck (1997), Wahrnehmung, S. 11f.
[246] Müller (2007), Die Kraft der Bilder, S. 59.
[247] Sachs-Hombach (2004), Bild - Bildwahrnehmung - Bildverarbeitung, S. 187.

teure, sind in der Lage, sich aus den drei Zeichnungsobjekten ein dreidimensionales Bild vorzustellen.

Die Vorteile von virtuellen Produkten zeigen sich im Bereich Prototypen und Produkttests. Ein Prototyp ist die erste physische Umsetzung eines späteren Produktes. Prototypen werden ebenfalls als Versuchsmodell oder Entwurfsmuster bezeichnet. Prototypen sind keine Produkte, sondern werden zur Evaluierung von Produkteigenschaften hergestellt und eingesetzt.[248] Prototypen werden nicht unter Serienbedingungen hergestellt, vielmehr ist jeder Prototyp eine Einzelanfertigung und im Gegensatz zum Serienprodukt mit entsprechend überproportionalen Herstellkosten verbunden. In der Automobilindustrie werden beispielsweise Prototypen genutzt, um Crash-Tests durchzuführen, die mit hohen Kosten verbunden sind. Neben den Kosten, wird die Time-to-Market zusätzlich durch den Zeitaufwand der Prototypenherstellung verzögert. In diesem Zusammenhang kann durch die Verwendung von virtuellen Produktmodellen (DMU) sowie computergestützten Simulationen eine Kosten- und Zeitreduzierung von bis zu 30% realisiert werden.[249] In Bild 2-14 wird beispielhaft eine Schweiß-Simulation aufgezeigt.

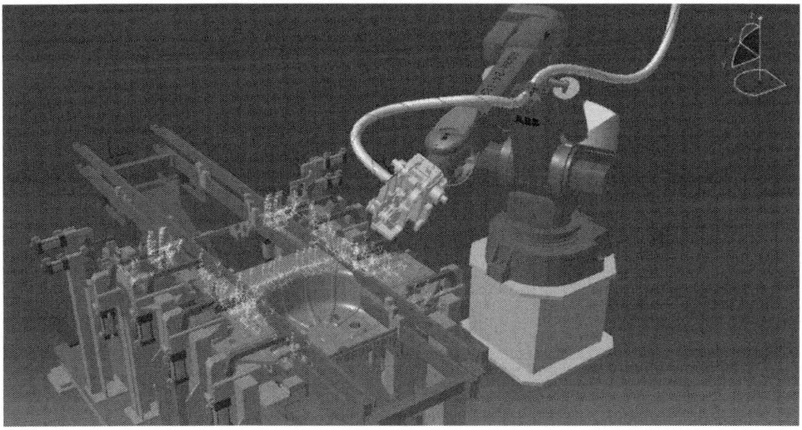

Bild 2-15: Digital Mock-Up am Beispiel eines Schweißroboters[250]

[248] Gebhardt (2007), Generative Fertigungsverfahren, S. 245.
[249] Ziegler (2006), Virtuelle Prototypen, S. 98.
[250] Bildquelle: Dassault Systèmes - Delmia

Mit dem DMU soll das Programm zur Steuerung des Schweißroboters simuliert werden. Auf diese Weise lässt sich überprüfen, ob Fehler im Programm vorliegen. Fehler zeigen sich beispielsweise dadurch, dass der Roboter mit dem Werkstück kollidiert oder Schweißpunkte nicht gesetzt werden. Mit der vollständigen Digitalisierung des Produktlebenszyklus können laut Schätzungen des Fraunhofer-Instituts sogar bis zu 35% an Kosten eingespart werden.[251] Dies ist vor allem darauf zurückzuführen, dass durch Simulationen weniger physische Produktversuche bzw. Crash-Tests durchgeführt werden müssen. Auf diese Weise lassen sich nicht nur Kosten, sondern ebenfalls Zeiten einsparen.

In Bild 2-16 wird das 3D-Modell aus Bild 2-14 abgebildet. In diesem Bild wird schnell deutlich, dass es sich um einen Quader handelt, an dem an der unteren Ecke ein quadratisches Stück entnommen wurde. Für die richtige Interpretation des Bildes ist keine Erfahrung notwendig, so dass sich die Geometrieinformationen des zukünftigen Produktes über die Konstruktion hinaus ebenfalls in anderen Bereichen entlang der Wertschöpfungsstufen nutzen lassen.

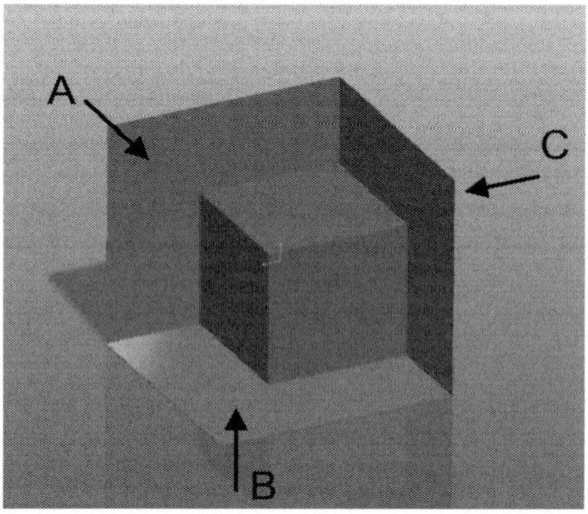


Bild 2-16: 3D-Modell aus Bild 2-14

[251] Scheer et al. (2006), Prozessorientiertes Product Lifecycle Management, S. 20.

### Beitrag von PLM-Nutzenpotenzialen zur Zielerreichung

Mit dem Verständnis über Datenkonsistenz und Virtualität sollen die sich daraus ergebenden Nutzenpotenziale in diesem Kapitel weiter detailliert werden. Grundlegend zeigen sich die Nutzenpotenziale in den Dimensionen Effizienz und Effektivität. *Effizienz* beschreibt in dieser Arbeit die Fähigkeit, Tätigkeiten schneller durchzuführen. Im Gegensatz dazu beschreibt der Begriff *Effektivität,* eine Tätigkeit fehlerfrei durchzuführen. Effizienz und Effektivität können unabhängig voneinander adressiert werden, wobei in der Regel eine Erhöhung beider Faktoren gewünscht wird. In Tabelle 2-1 wird beispielhaft die Abhängigkeiten zwischen externen Zielen und den mit PLM realisierbaren Nutzenpotenzialen qualitativ aufgezeigt.

Tabelle 2-1: Abhängigkeit zwischen externen und internen PLM-Zielen

| Externe PLM-Ziele (Auszug) | Nutzenpotenziale von PLM (Auszug) | | | | |
|---|---|---|---|---|---|
| | Verkürzung von Suchzeiten | Beherrschung von Änderungen | Effizienz durch Simulationen | Effektivität durch Wissensakkumulation | Effektivität in der Zusammenarbeit |
| Technologieführerschaft | ● | ● | ● | ● | ● |
| Umweltfreundliche Produkte | ◑ | ● | ◑ | ● | ◑ |
| Kundenbindung | ◑ | ● | ◑ | ● | ● |
| Time-to-Market | ● | ● | ● | ● | ● |
| Kostenführerschaft | ● | ● | ● | ● | ● |
| Fokussierung auf Kernkompetenzen | ◑ | ● | ◑ | ● | ◑ |

Legende: ●: Hohe Abhängigkeit ◑: Mittlere Abhängigkeit

Mit der Detaillierung der Nutzenpotenziale soll beispielhaft aufgezeigt werden, wie die Erreichung der externen Ziele unterstützt wird. Dabei erheben die folgenden

Ausführungen keinen Anspruch auf Vollständigkeit. Vielmehr soll ein grundlegendes Verständnis hinsichtlich der Nutzenpotenziale vermittelt werden.

### Verkürzung von Suchzeiten

Heutige Datenbanken bieten weit mehr Funktionen an als das reine Abspeichern von Dateien. So sind moderne IT-Systeme für das PDM in der Lage, neben den Daten des 3D-Modells ebenfalls Metadaten konsistent zu verwalten. Metadaten sind Objekte einer Datenbank, mit deren Hilfe Dateien bzw. Datenobjekte näher beschrieben werden. Auf diese Weise können Datenobjekten Attribute wie Name, Erstellungsdatum oder Relationen zu anderen Datenobjekten zugeordnet werden. Eine Suche nach Datenobjekten muss nun nicht mehr nur nach Dateinamen erfolgen, vielmehr können ebenfalls Attribute zur Suche genutzt werden. So können Datenobjekte z.B. mit gleichem Attributinhalt (z.B. Erstellungsdatum) aus der gesamten Datenbank herausgefiltert werden. Darüber hinaus lassen sich leistungsfähige Suchalgorithmen einsetzen, damit der Anwender nicht mehr eine exakte Bezeichnung oder Zeichenkette für die Suche nach einem Datenobjekt kennen muss. Vielmehr lassen sich Suchbegriffe verwenden, die dem eigenen subjektiven Empfinden bzw. Wortschatz entsprechen.[252] Schließlich ist nach ABRAMOVICI die schnelle Suche nach Bauteilen dafür verantwortlich, dass sich die Wiederverwendung von Bauteilen erhöht und damit ein höherer Gleichteileanteil im Produkt realisiert wird.[253]

### Beherrschung von Änderungen

Änderungen im Produkt sind unvermeidbar und bedeuten Innovation und Fortschritt.[254] Unternehmen des Maschinenbaus stehen häufig vor der Situation, dass Maschinen zwar standardisiert sind, mit Varianten angereichert werden, aber dennoch ein hoher Anteil an kundenindividuellen Anpassungen je Auftrag erforderlich wird.[255] Kundenindividuelle Anpassungen sind in der Regel mit Änderungen an Bauteilen oder Baugruppen und letztlich mit Änderungen an Zeichnungen bzw. dem 3D-Modell verbunden. Da die Zeichnung bzw. das 3D-Modell Ausgangspunkt und Basis für weitere Dokumente und Daten (z.B. Prüfprotokolle, Arbeitsplan, NC-Programm) bildet, müssen im Falle einer Änderung nicht nur die Zeichnungen bzw. 3D-Modelle, sondern weitere Daten und Dokumente angepasst werden. Werden die

[252] Sugiki/Matsubara (2008), A product retrieval system robust to subjective queries, S. 152f.

[253] Abramovici et al. (2004), Benefits of PLM, S. 60.

[254] Arnold et al. (2005), Product Lifecycle Management beherrschen, S. 143.

[255] Scheer et al. (2006), Prozessorientiertes Product Lifecycle Management, S. 21.

Daten und Dokumente nicht angepasst, treten spätestens beim Kunden Fehler auf, da das Produkt nicht den geforderten Spezifikationen entspricht. Es ist unwichtig, in welchem Bereich Fehler entlang des Produktlebenszyklus auftreten: die Korrektur der Fehler ist stets mit Kosten verbunden, die hätten vermieden werden können. Daher ist für SCHEER der Änderungsprozess eine zentrale Kostenschraube im Unternehmen. Dieser Standpunkt wird durch folgendes Zitat bestätigt, das vor allem für Unternehmen der Investitionsgüterindustrie zutrifft:

*„Wer die Änderungen beherrscht, beherrscht den Markt."*[256]

Das Änderungsmanagement beinhaltet die Organisation, Durchführung sowie Dokumentation (1) eines Änderungsvorgangs, (2) der Summe aller Änderungsmaßnahmen im Rahmen des Änderungsvorlaufs und (3) der Änderungsdurchführung.[257] Im Rahmen von PLM bzw. auf Basis der Datenkonsistenz wird das Änderungsmanagement durch leistungsfähige IT unterstützt. Vor allem wird durch die IT die Steuerung des Änderungsprozesses vorgenommen, um die Einhaltung aller Prozessschritte zu erzwingen. Nur auf diese Weise lässt sich sicherstellen, dass die zur Änderung notwendigen Schritte von den beteiligten Personen eingehalten und durchgeführt werden. Durch den integrativen Ansatz von PLM wird die Steuerung um weitere IT-gestützte Funktionen wie z.B. das Dokumentenmanagement ergänzt. Mit dem Dokumentenmanagement steht die Möglichkeit von digitalen Unterschriften zur Verfügung, so dass ein papiergestützter Änderungsablauf zugunsten kürzerer Prozesszeiten und höherer Transparenz sowie Durchgängigkeit ersetzt werden kann.[258] Ein weiterer Vorteil von Dokumentenmanagement-Systemen liegt im Aufbau von Beziehungsstrukturen zwischen beliebigen Dokumenten. Für das Änderungsmanagement lassen sich solche Beziehungsstrukturen nutzen, um logische Abhängigkeiten zwischen Dokumenten abzubilden und diese Dokumente im Falle von Änderungen automatisiert zu identifizieren. Logische Abhängigkeiten liegen dann vor, wenn die Daten eines Dokumentes als Eingangsdaten zur Erstellung eines weiteren Dokumentes genutzt werden. Wird das Ur-Dokument verändert, lassen sich alle weiteren Dokumente automatisiert sperren, um eine weitere Verwendung zu vermeiden.[259]

---

[256] Scheer et al. (2006), Prozessorientiertes Product Lifecycle Management, S. 21.
[257] o.V., DIN 199-4
[258] Arnold et al. (2005), Product Lifecycle Management beherrschen, S. 141.
[259] Scheer et al. (2006), Prozessorientiertes Product Lifecycle Management, S. 9.

**Effizienz durch Simulationen**

Durch Nutzung von Computersimulationen wird die Ergebnisqualität entlang der gesamten Wertschöpfungskette und damit die Effektivität jedes einzelnen Unternehmensbereichs erhöht. Computersimulationen werden im Zusammenhang mit VR genutzt, um wesentliche Phasen des Produktlebenszyklus in einer virtuellen Realität nachzubilden. Durch numerische Methoden wie z.B. die Finite Elemente Methode (FEM) oder Strömungsanalysen (CFD[260]) lassen sich Bauteile im Rahmen einer Anwendung testen, ohne dass ein physischer Prototyp vorliegen muss. Neben den beschriebenen Effizienzvorteilen ergeben sich ebenfalls Effektivitätsvorteile. Diese Vorteile zeigen sich in deutlich reduzierten Kosten in beispielsweise Entwicklung und Fertigung.

In der Entwicklung können Bauteile im Rahmen der 3D-Konstruktion so ausgelegt und durch Computersimulationen (z.B. FEM) optimiert werden, dass weniger physische Prototypen benötigt werden, um die Produkttests zu bestehen (siehe Bild 2-17).[261]

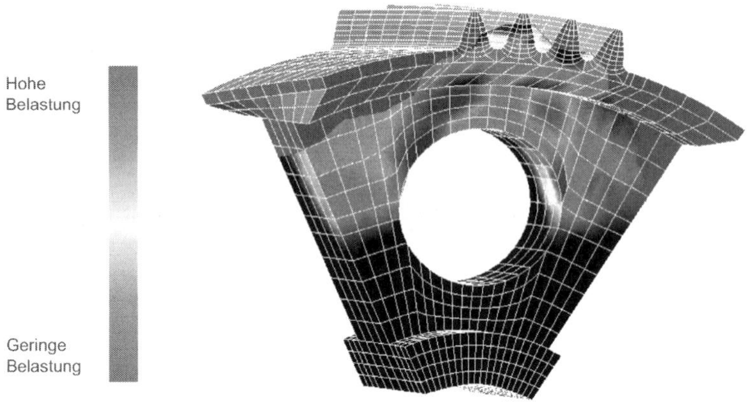


Bild 2-17: Festigkeitsuntersuchung eines Zahnrads[262]

[260] CFD = Computational Fluid Dynamics; für weiter Informationen siehe Ferziger/Peri´c (2008), Numerische Strömungsmechanik

[261] Krause/Berliner Kreis (2007), Innovationspotenziale in der Produktentwicklung, S. 129.

[262] Bildquelle: WZL Aachen

Werden Bauteile für die Fertigung freigegeben, erfolgt im nächsten Schritt die Erstellung von Fertigungsdokumenten in der Arbeitsvorbereitung. Die Fertigungsdokumente lassen sich anschließend für Fertigungssimulationen (z.B. Simulation des NC-Programms) nutzen, um die Qualität bzw. Fehlerfreiheit der Fertigungsdokumente zu überprüfen bzw. sicherzustellen. In beiden Beispielen wird deutlich, dass Computersimulationen die Unternehmensbereiche dabei unterstützen, Fehler in deren Arbeitsergebnis zu vermeiden bzw. zu reduzieren.

Computersimulationen gehen nicht originär auf PLM zurück. Schon vor PLM wurden Computersimulationen genutzt, um die beschriebenen Effektivitätsvorteile zu realisieren. Allerdings wurden die Simulationsmethoden isoliert und problemspezifisch für einzelne Fragestellungen eingesetzt. Die Verknüpfung von verschiedenen Computersimulationen fand mehrheitlich manuell durch die Anwender statt. Mit PLM kam die Idee auf, die verschiedenen Computersimulationen zu integrieren. So wurde in den letzten Jahren zunehmend an der Durchgängigkeit verschiedener Computersimulationen gearbeitet, um die Effektivität nochmals zu erhöhen.[263] Mit modernen IT-Lösungen müssen die Ergebnisse einer Computersimulation nicht mehr manuell aufbereitet werden, um in einer weiteren Computersimulation genutzt zu werden. Vielmehr lassen sich die verschiedenen Computersimulationen verknüpfen, um das Produkt bzw. das Bauteil ganzheitlich zu optimieren.

**Effektivität durch Wissensakkumulation**

Wissen gehört zu einer der wichtigsten Erfolgsdeterminanten eines Unternehmens. Die Fähigkeit Wissen aufzubauen und das Wissen sinnvoll zu verwenden, stellt Unternehmen stets aufs Neue vor eine große Herausforderung. Wissen basiert in der Regel auf der richtigen Interpretation von Daten und Informationen. Als Voraussetzung müssen Daten bzw. Informationen vorliegen, um Wissen ableiten zu können. Ein Kernelement von PLM ist die Schaffung einer konsistenten Datenbasis für den gesamten Produktlebenszyklus. Folglich sind Unternehmen bei Umsetzung des PLM-Ansatzes in der Lage, ebenfalls die Wissensakkumulation zu unterstützen. Insbesondere Daten aus der Produktnutzungsphase tragen dazu bei, Fehler im Produkt zukünftig zu vermeiden.

Fehler, die während der Nutzungsphase auftreten, können schwerwiegende Folgen nach sich ziehen. Sind beispielsweise Personen- oder Sachschäden auf Fehler im Produkt zurückzuführen, werden Unternehmen in die rechtliche Verantwortung

[263] Krause/Berliner Kreis (2007), Innovationspotenziale in der Produktentwicklung, S. 129.

gezogen. Dabei spielt der Fehler im Produkt eine geringere Rolle. Vielmehr müssen die Folgen, die auf den Produktfehler zurückgehen, rechtlich verantwortet werden. Tritt ein Produktfehler ohne Personen- oder Sachschäden auf, so fällt dieser Fall in den Bereich der Gewährleistung. In der Regel wird das fehlerhafte Produkt vom Unternehmen ersetzt bzw. repariert, um die Kundenzufriedenheit nicht weiter zu belasten. Die Gründe und Ursachen, die zu dem Fehler im Produkt führen, sind vor dem Hintergrund von PLM zu erfassen, zu analysieren und Verbesserungsmaßnahmen abzuleiten. Tritt ein Personen- oder Sachschaden durch Fehler im Produkt auf, wird dieser Sachverhalt im Rahmen der Produkthaftung nach § 823 BGB behandelt. In vielen Fällen der Produkthaftung muss nicht der Geschädigte beweisen, dass der Schaden durch Fehler im Produkt entstanden ist. Vielmehr muss sich der Hersteller selbst entlasten und nachweisen, dass der Personen- oder Sachschaden nicht auf Fehler im Produkt zurückzuführen ist. Im Falle einer Verurteilung des Herstellers sind in der Regel Schadensersatzansprüche in Millionenhöhe sowie ein weltweiter Imageverlust zu erwarten. Daher sollten Unternehmen die Wissensakkumulation besonders für sicherheitsrelevante Produkte auf die Nutzungsphase ausdehnen bzw. fokussieren.[264]

Ein weiterer Stellhebel zur Wissensakkumulation liegt in der Antizipation von Kosten, die über den gesamten Produktlebenszyklus anfallen. Die Lebenszyklusrechnung (Life Cycle Costing, LCC) nimmt den integrativen Gedanken von PLM auf und betrachtet Kosten, die neben der Produktentstehung ebenfalls in der Nutzungsphase sowie für die Entsorgung anfallen. Das Wissen über die zukünftig anfallenden Kosten kann in der Produktentwicklung dazu beitragen, das Produkt sowie ausgewählte Prozesse derart auszulegen, dass eine Kostenexplosion ex post vermieden wird.[265]

Zusammenfassend lässt sich festhalten, dass die Qualität von Entscheidungen durch die Umsetzung des PLM-Ansatzes erhöht wird. Besonders die durch PLM geforderte Datenkonsistenz und die damit verbundene Möglichkeit der Daten- und Informationsvernetzung bildet die Basis, um Daten und Informationen entlang des gesamten Produktlebenszyklus zu erfassen und bedarfsgerecht im Unternehmen zur Verfügung zu stellen.[266]

---

264 Eigner/Stelzer (2009), Product Lifecycle Management, S. 14.
265 Liu et al. (2008), An intelligent system for estimating full product Life Cycle Cost, S. 98f.
266 Stark (2005), Product Lifecycle Management, S. 47.

### Effektivität in der Zusammenarbeit

Die Zusammenarbeit mit anderen Unternehmen eröffnet die Möglichkeit, Ressourcendefizite auszugleichen.[267] Dabei muss die Zusammenarbeit nicht unbedingt unternehmensübergreifend erfolgen, selbst durch die Zusammenarbeit mit unternehmenseigenen nationalen und internationalen Standorten lassen sich Vorteile schaffen. Zusammenarbeit kann vertikal und horizontal erfolgen. Während sich die horizontale Zusammenarbeit in einer Vorwärts- oder Rückwärtsintegration von Wertschöpfungsstufen zeigt, werden mit einer vertikalen Integration ähnliche Kompetenzen zusammengeführt.[268]

Im Zusammenhang mit PLM wird die Zusammenarbeit besonders in den Bereichen Entwicklung und Produktion betrachtet. Denn es zeigt sich immer mehr, dass Produkte nicht mehr nur an einem Standort entwickelt und produziert werden. Vielmehr sind verschiedene Standorte bei der Entwicklung bzw. Produktion eines Produktes beteiligt, die jeweils ihre Expertise ins Produkt mit einbringen. Ein wesentlicher Stellhebel für eine erfolgreiche Zusammenarbeit liegt in der Kommunikation. Wesentlich für die teamorientierte Kommunikation ist die zielgerichtete Bereitstellung von Daten und Informationen, die für die Entscheidungsfindung und damit für den zukünftigen Geschäftserfolg wichtig sind. Nicht die Masse an Informationen ist entscheidend, sondern es kommt darauf an, die richtigen Informationen sinnvoll aufzubereiten und dort zu präsentieren, wo diese benötigt werden.[269]

### *Zusammenfassung*

In diesem Kapitel wird gezeigt, welche Ziele mit PLM verfolgt werden und welche Nutzenpotenziale sich durch PLM realisieren lassen, um die Ziele zu erreichen. Eine eindeutige Beziehung zwischen Zielen und Nutzenpotenzialen existiert nicht. Vielmehr lassen sich die Ziele durch die Kombination verschiedener Nutzenpotenziale realisieren. Gerade dieser Umstand führt dazu, dass die Einführung von PLM im Unternehmen ex ante nicht eindeutig ist und sich erfolgreiche PLM-Projekte selten auf andere Unternehmen übertragen lassen.

---

[267] Wiendahl et al. (2005), Erfolgreich kooperieren, S. 1.

[268] Zentes (2005), Kooperationen, Allianzen und Netzwerke, S. 392f.

[269] Eigner/Stelzer (2009), Product Lifecycle Management, S. 4.

## 2.8 Verhandlung

Verhandlungen sind Teil des menschlichen Alltags. Politiker verhandeln beispielsweise über Resolutionen in diplomatischen Angelegenheiten, Arbeitgeber und Arbeitnehmer führen Tarif-Verhandlungen über Löhne und Gehälter, Händler verhandeln bzw. feilschen über Verkaufspreise. In jeder der beschriebenen Situationen versuchen die Verhandelnden, ihre Interessen und Ziele durchzusetzen.[270]

Nach AUHAGEN wird der Begriff Verhandlung in der neueren Fachliteratur kaum definiert, sondern als bekannt vorausgesetzt. In älteren Publikationen wird Verhandlung zwar definiert, aus den Definitionen lässt sich jedoch kein einheitliches Verständnis ableiten. In diesem Zusammenhang wird Verhandlung beispielsweise als Zweckgespräch interpretiert, um durch Wechselrede mit einem oder mehreren Partnern zu einer Vereinbarung oder zu einem Leistungsaustausch zu kommen. In einem anderen Fall wird Verhandlung als Besprechung wahrgenommen, die Elemente einer Auseinandersetzung, eines Kampfes sowie Entscheidungen beinhaltet.[271]

Nach ERBACHER geht der Begriff Verhandlung ursprünglich auf das „vor-handeln" zurück. In diesem Sinn ist die Verhandlung als Tätigkeit zu verstehen, die über den Zeitraum des Verhandelns hinausgeht. Das Ergebnis einer Verhandlung bestimmt vor diesem Hintergrund das zukünftige Handeln der Verhandlungspartner. Auf einem Basar verhandeln beispielsweise Käufer und Verkäufer über die Menge an Ware und Geld, die füreinander ausgetauscht werden sollen. Im Anschluss führen die Beteiligten das Verhandlungsergebnis, die Übergabe einer bestimmten Menge von Ware und Geld, durch.[272]

Zwischenmenschliche Entscheidungsfindungsprozesse werden ebenfalls als Verhandlung bezeichnet, wenn sich die Entscheidung nicht durch einen Akteur alleine treffen lässt.[273] Verhandlung ist in diesem Zusammenhang als ein Prozess zu verstehen, in dem in Konflikt stehende Akteure versuchen, ein gemeinsames Ergebnis zu erarbeiten.[274] Dabei stellt sich die Frage, wie Verhandlungssituationen charakterisiert werden können und wie sich eine Verhandlung auszeichnet. In der Regel liegt eine Verhandlungssituation immer dann vor, wenn (mindestens) zwei Akteure mit unterschiedlichen (nicht unbedingt überschneidungsfreien) Interessen und Zielvor-

---

[270] Erbacher (2010), Grundzüge der Verhandlungsführung, S. 19.
[271] Auhagen/Bierhoff (2003), Angewandte Sozialpsychologie, S. 89.
[272] Erbacher (2010), Grundzüge der Verhandlungsführung, S. 21.
[273] Thompson (2009), The mind and heart of the negotiator, S. 2.
[274] Tries/Reinhardt (2008), Konflikt- und Verhandlungsmanagement, S. 313.

stellungen aufeinandertreffen und ihre jeweiligen Interessen und Zielvorstellungen durch das Verhandlungsergebnis positiv beeinflussen wollen.[275]

[275] Pfetsch (2006), Verhandeln in Konflikten : Grundlagen - Theorie - Praxis, S. 15.

# 3 Bestehende Ansätze zur Einführung von PLM und Forschungsbedarf

Der Erfolg von PLM blieb lange aus, da die PLM-Einführung in der Vergangenheit lange nicht gewürdigt und berücksichtigt wurde. So konnten weder PLM noch die 3D-Konstruktion ihren Nutzen richtig entfalten. Vielmehr zeigen die Praxis und die Literatur, dass sich die Einführung von 3D durchaus als ein wirtschaftlicher Flop herausstellen kann. So hält sich ebenfalls heute noch das Vorurteil, dass die Einführung von 3D oder PLM mit immensen Kosten und der jahrelangen Anpassung von IT-Lösungen verbunden sind, ohne dass tatsächlich irgendein positiver Fortschritt im Unternehmen erkennbar wird. So ist es nach SENDLER und WAWER vor allem die Aufgabe des Managements, die Auswahl und Einführung, Implementierung und der Rollout von PLM zu verantworten.[276]

## 3.1 Einführung von PLM im Unternehmen

PLM ist kein reines IT-Projekt, sondern eine Harmonisierung von IT und Prozessen. Den größten Nutzen ziehen Unternehmen aus IT-Investitionen, wenn die betroffenen Geschäftsprozesse gemeinsam mit der IT betrachtet bzw. gestaltet werden. In einer Studie der Harvard Business School wurden börsengehandelte US-Unternehmen im Zeitraum von 1960-2005 betrachtet und Unternehmenskennzahlen wie beispielsweise Umsatz, Gewinn oder Marktkapitalisierung analysiert. Aus den Analyseergebnissen geht hervor, dass seit Mitte der 1990er Jahre die Kluft zwischen Top-Unternehmen und weniger erfolgreichen Unternehmen immer größer wurde. Weniger erfolgreiche Unternehmen werden aus dem Markt gedrängt, so dass in nahezu allen Branchen immer mehr eine zunehmende Marktkonzentration beobachtet wird.[277] Damit widerspricht die Realität der neoklassischen volkswirtschaftlichen Sichtweise, dass sich Wettbewerb in einem dauerhaften stationären Gleichgewichts-

---

[276] Sendler/Wawer (2008), CAD und PDM, S. 27.

[277] McAfee/Brynjolfsson (2008), Investion in the IT That Makes a Competitive Difference, S. 98.

zustand befindet. Vielmehr zeigt sich die von SCHUMPETER'S beschriebene „Schöpferische Zerstörung", die Wettbewerb als dynamischen Prozess auffasst, dessen Triebkraft auf dem technologischen Wandel basiert.[278] Vor diesem Hintergrund wurde zeitgleich zur Marktkonzentration ein Anstieg in IT-Investitionen bei denjenigen Unternehmen beobachtet, die im Zuge der Marktkonzentration als Gewinner hervorgingen. Dies zeigt für MCAFEE, wie wichtig der Einsatz effektiver Technologien für die Wettbewerbsfähigkeit ist.[279]

In einer von dem Marktforschungsunternehmen GARTNER durchgeführten Studie gaben 73% der befragten Unternehmen an, dass ein Upgrade auf SAP ERP 6.0 von der IT-Organisation im Unternehmen initiiert und gesponsert wurde. In weniger als der Hälfte der Fälle wurde eine Wirtschaftlichkeitsbetrachtung durchgeführt. Die Motivation für ein Upgrade basierte mehr auf der Tatsache, dass zukünftig keine Wartungsleistungen mehr für die aktuelle SAP-Version angeboten werden. Die Verfügbarkeit neuer Funktionalitäten wurde nur an dritter Stelle als Motivation genannt. Die Auswirkungen des Upgrades auf laufende Geschäftsprozesse wurden nur unbefriedigend betrachtet. Aus Sicht des Vorstandes ist das Upgrade ein notwendiges IT-Projekt ohne signifikanten Nutzen. Die IT-Organisation wird ohnehin oftmals nur als Funktionsbereich verstanden, um den Betrieb sicherzustellen und weniger, um interne Prozesse zu verbessern.[280] In diesem Beispiel wird deutlich, dass verschiedene Gründe für den bisher geringen Erfolg von PLM-Einführungsprojekten verantwortlich sind.

### 3.1.1 Anforderungen an ein Vorgehen zur Einführung von PLM

Mangelnde Planung, fehlende Abstimmung und ineffiziente Einführungsstrategien lassen ca. 50% aller PLM-Projekte schon in der Einführungsphase scheitern.[281] Nach BATENBURG ET AL. und MCAFEE liegen die Probleme nicht vordergründig in der Technik bzw. in der IT begründet, sondern vielmehr in der Projektorganisation.[282] In diesem Zusammenhang zeigt eine Studie von DELOITTE, dass nur 8% von 650 befragten Unternehmen aus Nordamerika und Europa PDM- bzw. PLM-Lösungen einsetzen. 51% der befragten Unternehmen sind bereits PDM-/PLM-Projekte

278 Schumpeter, zitiert nach Emes (2004), Unternehmergewinn, S. 131f.

279 Koll (2008), Wettbewerbsvorteile durch IT gibt es nur durch standardisierte Geschäftsprozesse; McAfee/Brynjolfsson (2008), Investion in the IT That Makes a Competitive Difference, S. 99.

280 Koll (2008), IT-Chefs berechnen zu selten den Business Case für SAP-Upgrades.

281 Böhler (2008), PLM-Start zur Chefsache machen, S. 64.

282 Batenburg et al. (2006), PLM roadmap: stepwise PLM implementation, S. 335; McAfee (2003), When Too Much IT Knowledge Is a Dangerous Thing, S. 83.

angegangen, doch nur wenige Bestandteile der PLM-Lösung wurden erfolgreich im Unternehmen umgesetzt.[283] Nach ARNOLD ET AL. werden neben den genannten Gründen für das Scheitern von PLM-Projekten insbesondere die Dauer der Einführung und die damit einhergehende langfristige Bindung von Ressourcen, vor allem von Mitarbeitern, angegeben.[284]

Die ökonomischen negativen Folgen von fehlerhaften PLM-Projekten lassen sich am Beispiel von Airbus und Boeing aufzeigen. Sowohl das Unternehmen Airbus als auch das Unternehmen Boeing sind in der Luft- und Raumfahrtbranche tätig. Gemeinsam bilden diese beiden Unternehmen die weltweit größten Hersteller von Passagierflugzeugen. Sowohl Airbus als auch Boeing starteten in der Vergangenheit Entwicklungsprojekte, um energieeffiziente Flugzeuge am Markt anbieten zu können. Beide Unternehmen wollten die Betriebskosten ihrer Flugzeuge, insbesondere den Treibstoffverbrauch, senken. Während Boeing mit dem Dreamliner versuchte, das Gewicht des Flugzeugs durch partiellen Einsatz von kohlenstofffaserverstärktem Kunststoff (CFK) zu reduzieren, ging Airbus einen anderen Weg. Mit dem A380 sollte im Gegensatz zu Boeing ein Großraumflugzeug entwickelt werden, um die Betriebskosten auf mehrere Passagiere im Sinne von Skaleneffekten umzulegen.

Der Start der Entwicklungsprojekte begann kurz hintereinander. Beide Unternehmen hofften, dem Wettbewerber Marktanteile durch einen früheren Markteintritt abnehmen zu können. In 2006 gab Airbus bekannt, dass sich die Entwicklung verzögert und der A380 frühestens mit zweijähriger Verspätung ausgeliefert werden könne. Die durch die Verspätung entgangenen Gewinne wurden von Airbus selbst mit sechs Milliarden US$ beziffert. Als Grund gab Airbus an, dass Versionsprobleme im CAD-Umfeld zu den Verzögerungen führten, die durch den Wechsel des CAD-Systems auftraten. Zu dieser Zeit führte Airbus den Wechsel von CATIA V4 auf die Version V5 durch. Während Konstrukteure in Deutschland mit der Version V4 arbeiteten, nutzten die Konstrukteure in Frankreich bereits die neue Version V5. Während der Montage stellte sich heraus, dass die Kabel für das Infotainment im Sitz zu kurz waren und nicht vom hinteren Teil des Flugzeugs in den vorderen Teil reichten. Diese und andere Fehler konnten schließlich darauf zurückgeführt werden, dass Airbus den Datenaustausch zwischen den beiden Versionen nicht adäquat

[283] Deloitte (2005), Mastering Innovation : Exploiting Ideas for Profitable Growth, S. 6.
[284] Arnold et al. (2005), Product Lifecycle Management beherrschen, S. 39.

umsetzte. Boeing verbuchte in 2006 das erfolgreichste Geschäftsjahr seit der Gründung.[285]

Neben mangelnder Planung, fehlender Abstimmung sowie einer ineffizienten Einführungsstrategie existieren noch weitere Gründe, die zum Misserfolg von PLM-Projekten beitragen. In diesem Zusammenhang kann die Einführung von PLM mit der Einführung von ERP-Lösungen verglichen werden. In beiden Fällen werden sowohl Prozesse als auch IT gemeinsam gestaltet und umgesetzt. Während sich ERP-Lösungen auf den Auftragsabwicklungsprozess fokussieren, erstreckt sich PLM über alle Prozesse im Unternehmen. Daher können die Probleme im Rahmen von ERP-Projekten teilweise auf die Einführung von PLM übertragen werden.[286] Vor diesem Hintergrund lassen sich die Gründe für das Scheitern von PLM-Projekten in folgende Punkte zusammenfassen:

- Fehlendes Verständnis der Thematik
- Probleme in der Projektorganisation
- Fehlende Transparenz über die IT
- Geringe Integration der Mitarbeiter

#### 3.1.1.1 Fehlendes Verständnis der Thematik

Eine wesentliche und zwingende Voraussetzung für das Gelingen von komplexen Projekten ist das Verständnis der vorliegenden Thematik. Die Vielzahl an Definitionen in Kapitel 2.7 zeigt, dass PLM weder von der Wissenschaft noch von der Praxis konsistent durchdrungen ist. Dies mag zum einen daran liegen, dass PLM im Vergleich zu ERP eine relativ junge Thematik ist.[287] Zum anderen sind die Möglichkeiten und Nutzenpotenziale stark an die Leistungsfähigkeit der IT gebunden. Da sich die IT stetig weiterentwickelt und die Leistungsfähigkeit sich nahezu alle 18 Monate verdoppelt,[288] unterliegt das Verständnis von PLM bislang einem stetigen Wandel. Schließlich steht der mit PLM einhergehende integrative Gedanke im Gegensatz zur traditionellen Denkweise der Arbeitsteilung, so dass ein Umdenken

---

[285] Duvall/Bartholomew (2007), PLM: Boeing's Dream, Airbus Nightmare, http://www.baselinemag.com/c/a/Projects-Processes/PLM-Boeings-Dream-Airbus-Nightmare/, Abruf am 28.04.2007; Tomovic et al. (2009), Meauring the Impact of Product Lifecycle Management, S. 55f.

[286] Grieves (2006), Product Lifecycle Management, S. 274.

[287] Grieves (2006), Product Lifecycle Management, S. 252.

[288] Vgl. Bild 2-7

erforderlich ist. Trotzdem starten PLM-Initiativen, wobei in der Regel die traditionelle Denkweise bestehen bleibt.[289]

Der Einstieg in PLM erfolgt häufig technikzentriert über das Produktdatenmanagement. Bestehende IT wird nur ergänzt, anstatt einen übergeordneten integrativen Ansatz zu verfolgen.[290] Die fehlende Einsicht, dass es sich bei PLM nicht primär um ein IT-Projekt, sondern um ein Organisationsprojekt handelt, führt schließlich dazu, dass die Potenziale nicht vollständig realisiert werden.[291] Erst das Wissen sowie das Verständnis über Abläufe zwischen verschiedenen Unternehmensbereichen und Abteilungen befähigt die an dem PLM-Projekt Beteiligten, den integrativen Ansatz von PLM tatsächlich umzusetzen. Ohne das ganzheitliche Verständnis werden die Aufwände im Unternehmen lediglich umverteilt bzw. Effizienzvorteile in einem Bereich durch Mehraufwand in einem anderen Unternehmensbereich substituiert.[292] Das Projektteam muss daher in der Lage sein, die Unternehmensprozesse und die IT vor dem Hintergrund der Unternehmens- bzw. Geschäftsstrategie systematisch zu verknüpfen.[293] Nur dann lassen sich sowohl die Prozesse als auch die IT anforderungsgerecht im Sinne von PLM gestalten.[294]

Weiterhin trägt das fehlende Verständnis dazu bei, dass die Projektmitglieder sowie die an der Einführung von PLM beteiligten Mitarbeiter unterschiedliche Vorstellungen hinsichtlich der Projektziele besitzen. Obwohl die Ziele zu Beginn des Projektes artikuliert werden, führt das fehlende und schließlich uneinheitliche Verständnis dazu, dass die Interpretation der Projektziele sich im Projektteam unterscheidet. So agieren die Teammitglieder nach eigenen Vorstellungen, anstatt gemeinsam an einer übergreifenden Lösung zu arbeiten.[295]

Schließlich führt ein falsches oder fehlendes Verständnis dazu, dass für das PLM-Projekt ex ante keine realistischen bzw. missverständliche Ziele formuliert werden. So werden Anforderungen an die PLM-Lösung gestellt, die nicht realisiert werden können. Vor diesem Hintergrund wird sich ein anfänglicher Projekterfolg im Zeitverlauf nicht fortführen lassen. Zusätzliche Ressourcen und Investitionen können in diesem Zusammenhang ebenfalls nicht zur Zielerreichung beitragen.

[289] Stark (2005), Product Lifecycle Management, S. 384.
[290] Böhler (2008), PLM-Start zur Chefsache machen, S. 64.
[291] Höning/Suter (2009), Die 5 Gründe, warum ERP-Projekte scheitern, http://www.computerwoche.de/1906344, Abruf am 06. Mai 2010.
[292] Grieves (2006), Product Lifecycle Management, S. 250.
[293] Grieves (2006), Product Lifecycle Management, S. 250.
[294] Stark (2005), Product Lifecycle Management, S. 338.
[295] Stark (2005), Product Lifecycle Management, S. 336.

Vielmehr werden die Projekte abgebrochen bzw. durch zusätzliche Investitionen wird wie im Fall Airbus und Boeing der entstandene Schaden behoben.

#### 3.1.1.2 Probleme in der Projektorganisation

Die Einführung von PLM betrifft das gesamte Unternehmen, es fallen hohe Investitionen an, und das Projekt ist langfristig ausgerichtet. Alle drei Merkmale fordern die Einbindung der Unternehmensleitung bzw. deren uneingeschränkte Zustimmung zum Projekt. Oftmals wird die Komplexität sowie das Ausmaß von PLM-Projekten unterschätzt bzw. nicht verstanden. Alleine die Einbindung verschiedener Unternehmensbereiche führt unweigerlich zu Konflikten in Verantwortlichkeiten zwischen Unternehmensbereich und Projektteam. In diesem Zusammenhang muss das Projektteam direkt von der Unternehmensleitung mit Verantwortlichkeiten ausgestattet werden, um die Durchführung von notwendigen Aufgaben sicherzustellen,[296] oder die Unternehmensleitung muss selbst dem Projekt vorstehen.[297] Ohne die notwendigen Rechte Entscheidungen treffen zu können, verzögern sich Entscheidungen und in letzter Instanz das Projekt, da die jeweiligen Mitarbeiter die Entscheidungen auf höherer Ebene einholen und erneut rechtfertigen müssen.[298]

Mitarbeiter werden in der Regel an den Ergebnissen gemessen, die im Tagesgeschäft erzielt werden. Die Einführung von PLM ist im Allgemeinen nicht Bestandteil des Tagesgeschäftes, so dass Mitarbeiter in einen Interessenskonflikt geraten. Mitarbeiter müssen abwägen, ob die zur Verfügung stehende Arbeitszeit für das PLM-Projekt oder für das Tagesgeschäft genutzt werden soll. Da der einzelne Mitarbeiter durch die Einführung von PLM im ersten Augenblick nicht profitiert, ist davon auszugehen, dass die Mitarbeiter eher dem Tagesgeschäft nachgehen.[299] Daher müssen Mitarbeiter für ein solches Projekt vom Tagesgeschäft befreit werden.

Alleine diese beiden Beispiele zeigen, dass PLM-Projekte eine eigene Aufbauorganisation benötigen, die sowohl die Kompetenzen als auch die Verantwortlichkeiten der an der Einführung von PLM beteiligten Mitarbeiter klar definiert und vom Tagesgeschäft abgrenzt. Vor allem die Verantwortlichkeiten müssen klar definiert und mit der nötigen Verbindlichkeit von der Unternehmensleitung eingefordert werden, um die entstehenden Konflikte unter Mitarbeitern im Ansatz zu vermeiden.

---

[296] Stark (2005), Product Lifecycle Management, S. 384.

[297] Grieves (2006), Product Lifecycle Management, S. 248.

[298] Grieves (2006), Product Lifecycle Management, S. 251.

[299] Arnold et al. (2005), Product Lifecycle Management beherrschen, S. 39.

### 3.1.1.3 Fehlende Transparenz über die IT

Am Markt sind PLM-unterstützende IT-Systeme von verschiedenen Softwareanbietern erhältlich. Die Produkte der Softwareanbieter unterscheiden sich dabei nicht nur hinsichtlich des Funktionsumfangs, sondern ebenfalls hinsichtlich der jeweiligen Funktionsausprägung. Vor diesem Hintergrund klassifiziert beispielsweise die AberdeenGroup die verschiedenen Softwareanbieter bzw. deren IT-Produkte nach den Kriterien *Value Delivered* und *Market Readiness* (siehe Bild 3-1).

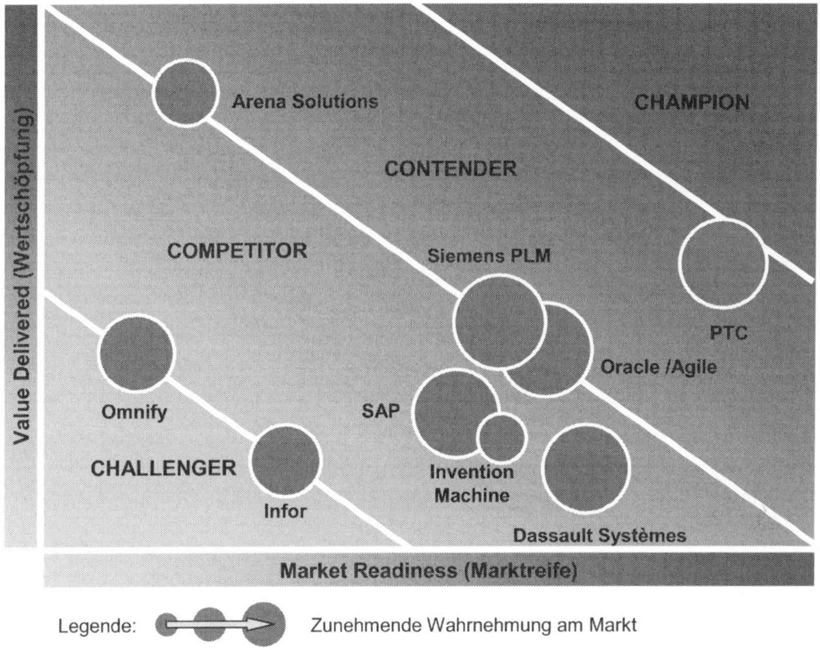


Bild 3-1: PLM Solution AXIS for Hardgoods Manufacturer[300]

Zur Ermittlung der Value Delivered (Geleistete Wertschöpfung) wurden im Rahmen einer Studie verschiedene Unternehmen hinsichtlich der Zufriedenheit mit dem jeweiligen PLM-unterstützenden IT-System befragt. Die Market Readiness (Erfüllung von Marktanforderungen) wurde ebenfalls durch eine Studie erhoben. In diesem Fall

[300] AberdeenGroup (2009), Product Lifecycle Management (PLM) Solutions AXIS, S. 3.

mussten die Softwareanbieter ihre Produkte im Hinblick auf die Erfüllung von Marktanforderungen bewerten.[301] Nach Einordnung von PLM-Anbietern in die beschriebenen Achsen wird deutlich, dass sowohl die Anwender als auch die Softwareanbieter selbst zwischen den verschiedenen PLM-unterstützenden IT-Systemen unterscheiden. Während die Produkte der Unternehmen Siemens PLM (ehemals UGS) und Oracle / Agile ähnlich bewertet werden, liegen signifikante Unterschiede zwischen den Produkten der Unternehmen Parametric Technology Corporation (PTC) und Dassault Systems vor, sowohl aus Sicht der Anwender als auch aus Sicht der Unternehmen selbst. Diese Unterschiede im Funktionsumfang, insbesondere in der Funktionsausprägung, erschwert die Auswahl eines für ein Unternehmen adäquaten PLM-unterstützenden IT-Systems.

#### 3.1.1.4 Geringe Integration der Mitarbeiter

Mit der Einführung von PLM ist nach ARNOLD ET AL. eine Änderung der Arbeitsumgebung in den betroffenen Bereichen verbunden, da PLM-Projekte in bestehende Abläufe und Strukturen eingreifen.[302] Das Thema PLM ist daher nicht nur ein technokratischer Prozess, sondern vielmehr ein Veränderungsprozess, bei dem ebenfalls soziologische Aspekte beachtet werden müssen. In diesem Zusammenhang fühlen sich nach BORN Mitarbeiter häufig bedroht, da Veränderungen mit dem Verlust von bekannten Arbeitsabläufen, Gewohnheiten sowie Besitzständen einhergehen. Besonders die Angst Besitzstände bzw. Verantwortung abgeben zu müssen oder aufgrund von veränderten Abläufen den Arbeitsplatz zu verlieren führt dazu, dass sich Mitarbeiter wenig motiviert für das Projekt engagieren bzw. das Projekt boykottieren. Vor diesem Hintergrund sind nach BORN unter anderem diese psycho-sozialen Faktoren dafür verantwortlich, dass Projektzeiten und Budgets überschritten werden. Trotzdem findet dieser Aspekt in vielen Projekten nur wenig Beachtung.[303]

Weitere, die Mitarbeiter betreffende Möglichkeiten für das Scheitern von PLM-Projekten liegen in innerbetrieblichen Streitigkeiten, die aus verschiedenen Gründen bestehen können. Zum einen basieren Streitigkeiten auf persönlichen Differenzen zwischen Mitarbeitern. Zum anderen lassen sich Streitigkeiten auf unterschiedliche Interessenslagen zwischen den Abteilungen zurückführen. Dies ist beispielsweise dann der Fall, wenn durch die veränderten Abläufe Abteilungen zusätzliche Aufgaben durchführen müssen, deren Nutzen sich jedoch in anderen Abteilungen zeigt. In

301 AberdeenGroup (2009), Product Lifecycle Management (PLM) Solutions AXIS, S. 8.
302 Arnold et al. (2005), Product Lifecycle Management beherrschen, S. 193.
303 Born (2001), Mehr Erfolg bei Softwareimplementierungen, S. 3.

diesem Zusammenhang ist verständlich, warum die Abteilung bzw. deren Mitarbeiter sich nicht positiv für das PLM-Projekt aussprechen.[304]

Ist der Projektleiter hinsichtlich seiner Durchsetzungsfähigkeit zu schwach, so wird die Führung des Teams zur Hauptaufgabe und nicht das Erarbeiten von Inhalten.[305] In diesem Zusammenhang zeigt MICHALK auf, dass der Rolle des Projektleiters eine wichtige Funktion im Team zukommt. Neben fachlichen und administrativen Aufgaben sowie der Budgetverantwortung muss der Projektleiter schnelle Entscheidungen treffen und deren Umsetzung in den Fachabteilungen durchsetzen können. Verschiedene Untersuchungen und Studien zeigen, dass „starke“ Projektleiter erwartungsgemäß Projekte erfolgreich abschließen. Zu einem starken Projektleiter gehört insbesondere Sozialkompetenz, darunter fallen vor allem hohes Interaktionsvermögen, Problemlösekapazität, konstruktive Kreativität sowie kooperatives Führungsvermögen.[306]

Diese Beispiele zeigen, dass die Einführung von PLM eine Aufgabe ist, die nicht allein durch Logik, wissenschaftlich-technische Argumente oder Sachzwänge erfüllt werden kann. Vielmehr müssen in diesem Zusammenhang soziologische Aspekte in die Aufgabenstellung miteinbezogen werden, die unter Umständen eine optimale Gestaltung einer PLM-Lösung aus wissenschaftlich-technischer Sicht im Wege stehen.

### 3.1.2 Vorgehensweisen aus der Forschung und Praxis

Das vorangegangene Kapitel zeigt, dass es sich bei der Einführung von PLM um eine komplexe Aufgabe handelt. Um die Komplexität zu verringern, sind in den vergangenen Jahren verschiedene Vorgehensweisen entwickelt worden, die Einführung von PLM zu strukturieren und dem Anwender auf diese Weise ein Hilfsmittel bereitzustellen. Es lassen sich Ansätze aus der Forschung sowie Ansätze aus der Praxis unterscheiden. Im Folgenden sollen verschiedene Vorgehensweisen vorgestellt werden, um auf dieser Basis den Forschungsbedarf herzuleiten.

#### 3.1.2.1 Evolutionäres PLM-Vorgehensmodell nach ARNOLD ET AL.

Das evolutionäre PLM-Vorgehensmodell entstand im Rahmen des vom Bundesministerium für Wirtschaft und Arbeit geförderten Verbundprojektes PLM4KMU. Das Ziel des Projektes lag in der Entwicklung eines generischen Vorgehensmodells für die

304 Stark (2005), Product Lifecycle Management, S. 335.

305 Stark (2005), Product Lifecycle Management, S. 336.

306 Michalk (2005), Angewandte Organisationsentwicklung in mittelständischen Unternehmen, S. 98f.

Umsetzung von PLM bei klein- und mittelständischen Unternehmen (kmU).[307] Die Basis des Vorgehensmodells bildet ein Spiralmodell, das im Grundgedanken auf das Boehm'sche Spiralmodell der Softwareentwicklung zurückgeht (siehe Bild 3-2).

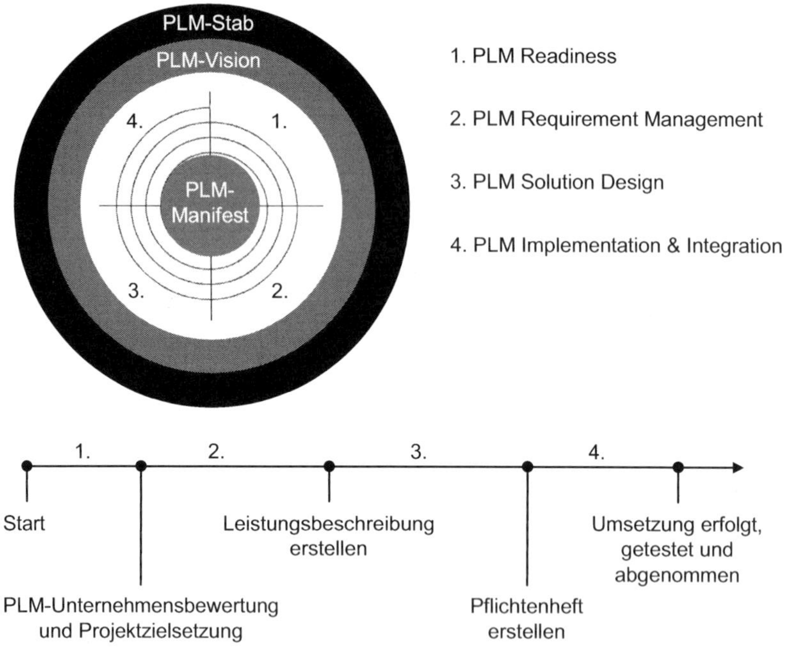


Bild 3-2: Evolutionäres PLM-Vorgehensmodell nach ARNOLD ET AL.[308]

Das Spiralmodell besteht sowohl aus dynamischen als auch statischen Bestandteilen. Zu den statischen Bestandteilen gehören:[309]

- *PLM-Stab*: Mit dem PLM-Stab wird eine institutionelle Stelle im Unternehmen gefordert, die unabhängig vom operativen Tagesgeschäft agieren kann. Der PLM-Stab bildet die Grundvoraussetzung für die organisatorische Integration von PLM im Unternehmen.

[307] Arnold et al. (2005), Product Lifecycle Management beherrschen, S. 9.
[308] Arnold et al. (2005), Product Lifecycle Management beherrschen, S. 11.
[309] Arnold et al. (2005), Product Lifecycle Management beherrschen, S. 40ff.

- *PLM-Vision*: Die PLM-Vision beschreibt den Idealzustand von PLM im Unternehmen und legt auf übergeordneter Ebene die langfristigen Ziele fest, die mit PLM realisiert werden sollen.
- *PLM-Manifest*: Im PLM-Manifest werden alle Modelle, Tätigkeiten und Beschlüsse für die Nachvollziehbarkeit dokumentiert. Darüber hinaus bildet das PLM-Manifest die Grundlage zur Kommunikation mit internen und externen Projektpartnern sowie zur späteren Systemimplementierung.

Neben den statischen Bestandteilen beinhaltet das Vorgehensmodell ebenfalls dynamische Bestandteile, die sich über die gesamte Projektphase erstrecken. Dabei handelt es sich um: [310]

- *PLM-Readiness* (die Bewertungs- und Zielsetzungsphase):
  Zu Beginn der PLM-Einführung wird die aktuelle Situation von PLM im Unternehmen bewertet, um Potenziale aufzuzeigen, die als Zielsetzung für das jeweilige PLM-Projekt definiert werden. In diesem Zusammenhang kommen Reifegradmodelle zum Einsatz, die den aktuellen Entwicklungsstand von PLM im Unternehmen abbilden und von dem sich Handlungsempfehlungen ableiten lassen.
- *PLM Requirement Management* (Phase der Leistungsbeschreibung):
  Diese Phase wird mit dem Ziel durchgeführt, die Anforderungen an das PLM im Unternehmen formal festzuhalten. Die Anforderungen werden in Form eines Lastenheftes formuliert.
- *PLM Solution Design* (Phase der Pflichtenhefterstellung):
  In dieser Phase findet die Abstimmung zwischen dem Unternehmen als Auftraggeber und einem Projektpartner, dem Auftragnehmer, statt. Da mit dem Vorgehensmodell die PDMS-Einführung im Fokus steht, findet in dieser Phase die Übersetzung des Lastenheftes unter Berücksichtigung der IT in das Pflichtenheft statt.

[310] Arnold et al. (2005), Product Lifecycle Management beherrschen, S. 45ff.

- *PLM Implementation & Integration* (Phase der Umsetzung):
  Mit dieser Phase wird PLM im Unternehmen implementiert und das PDMS in Betrieb genommen. Insbesondere findet in diesem Zusammenhang die Anpassung des IT-Systems an die Anforderungen des Unternehmens statt. Schließlich werden die Ergebnisse mit den zuvor definierten Zielen abgeglichen.

Das evolutionäre PLM-Vorgehensmodell ist als Meta-Modell zu verstehen, das zunächst keine konkreten Handlungsschritte zur Einführung, sondern vielmehr das generelle Vorgehen mit unterschiedlich bewährten Hilfsmitteln aufzeigt. Sowohl die Hilfsmittel als auch verschiedene Leithefte zu PLM-spezifischen Themen wie beispielsweise Konfigurationsmanagement, Dokumentenmanagement oder Änderungsmanagement werden von ARNOLD ET AL. aufgezeigt und beschrieben. Unter Anwendung der Hilfsmittel sowie der Leithefte lassen sich unter Berücksichtigung des Vorgehensmodells konkrete Handlungsschritte ableiten. Auf diese Weise wird dem Anspruch eines generischen, auf ein Unternehmen anpassbaren Vorgehensmodells Rechnung getragen.[311]

#### 3.1.2.2 PDMS-Einführung nach FELDHUSEN und GEBHARDT

Unternehmen haben sich bereits mit den Schwerpunkten von PLM und seiner rechnerunterstützten Umsetzung durch ein PDMS auseinandergesetzt. Doch stellen FELDHUSEN UND GEBHARDT fest, dass die Unternehmen oftmals die Bedeutung und das Ausmaß von teilweise tief greifenden Auswirkungen von PLM-Projekten ex ante nicht erkennen. Vor diesem Hintergrund entwickeln sie ein Vorgehensmodell zur strategischen und operativen Planung, Umsetzung und Bewertung von PLM. Im Mittelpunkt des Vorgehensmodells stehen ein Modell zur Reifegradmessung der PLM-Fähigkeit eines Unternehmens sowie die Entwicklung einer erfolgreichen PLM-Strategie.[312] FELDHUSEN UND GEBHARDT schließen sich der Auffassung von ARNOLD ET AL. an und stellen den Einsatz sowie die Einführung eines PDMS in den Mittelpunkt.[313]

Das Vorgehensmodell besteht aus zwei Lösungsbausteinen. Mit dem ersten Lösungsbaustein wird die Einführung eines PDMS adressiert. Die PDMS-Einführung erfolgt

---

[311] Arnold et al. (2005), Product Lifecycle Management beherrschen, S. 40.
[312] Feldhusen/Gebhardt (2007), Product Lifecycle Management für die Praxis, S. 5f.
[313] Feldhusen/Gebhardt (2007), Product Lifecycle Management für die Praxis, S. 57.

in vier einzelnen Arbeitsschritten, die durch konkrete Handlungsanweisungen oder durch den Einsatz entsprechender Hilfsmittel beschrieben werden (siehe Bild 3-3).[314]

Im ersten Schritt erfolgt die Definition der mit dem Projekt verbundenen Ziele. Die Ergebnisse werden in einer Anforderungsliste bzw. in einem Lastenheft festgehalten. Im Anschluss daran wird im zweiten Schritt die Ist-Analyse durchgeführt. In diesem Zusammenhang werden Schwachstellen identifiziert und Verbesserungsmaßnahmen vorgeschlagen, um vor diesem Hintergrund das Soll-Konzept abzuleiten. Mithilfe des Soll-Konzeptes lassen sich schließlich verschiedene Umsetzungsszenarien erarbeiten. In einem weiteren Schritt werden weitere Modelle zur Unterstützung der eigentlichen Umsetzung erstellt bzw. ergänzt. Schließlich findet in der letzten Phase die eigentliche Umsetzung des Soll-Konzeptes statt. Das Vorgehen ist nicht hierarchisch, sondern vielmehr iterativ zu gestalten, um z. B. auf dynamische Rahmenbedingungen und Anforderungen in der Umsetzungsphase einzugehen.

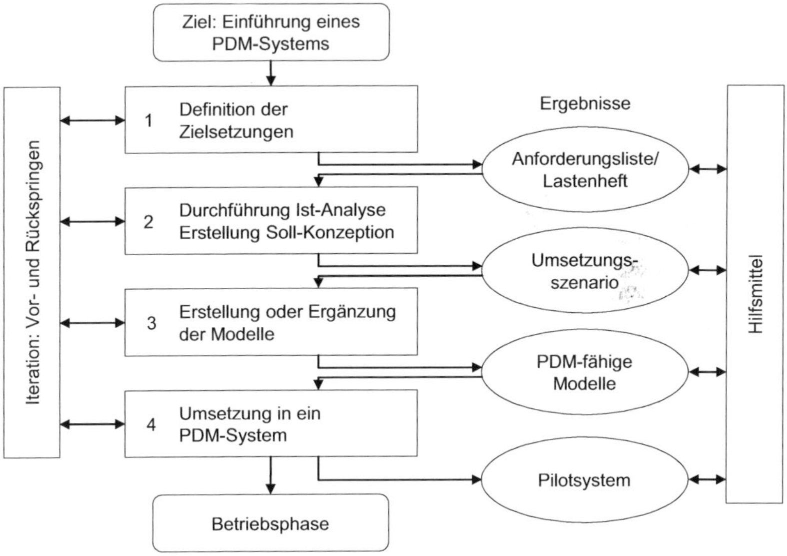


Bild 3-3: Vorgehen der PDMS-Einführung nach FELDHUSEN UND GEBHARDT[315]

[314] Feldhusen/Gebhardt (2007), Product Lifecycle Management für die Praxis, S. 103.

Im Rahmen des Vorgehensmodells gehen FELDHUSEN und GEBHARDT insbesondere auf die Projektorganisation sowie den Projektablauf ein. Vor diesem Hintergrund werden z. B. die verschiedenen Rollen in der Projektorganisation sowie deren Hauptaufgaben aufgezeigt und im Kontext erläutert. Die Projektorganisation definiert Kompetenzen und Verantwortlichkeiten, um den Projektablauf sicherzustellen. Der Projektablauf gliedert sich in eine Untersuchungs- und eine Umsetzungsphase. Während in der Untersuchungsphase die Ziele definiert und die Voraussetzungen für die PLM-Einführung überprüft werden, findet in der Umsetzungsphase die Erarbeitung von fehlenden Strukturen und Prozessen statt, um die Voraussetzungen für die PLM-Einführung zu erfüllen und schließlich die PLM-Lösung pilothaft umzusetzen. Am Ende des Projektablaufs liegt eine PLM-Lösung vor, die entsprechend den Unternehmensanforderungen zu bewerten ist.

Mit dem zweiten Lösungsbaustein wird ein Vorgehen vorgestellt, um die PLM-Lösung anforderungsgerecht zu bewerten. Für die Bewertung stellen FELDHUSEN und GEBHARDT eine Capability Scorecard (CSC) vor, die in den Anwendungsvoraussetzungen der Balanced Scorecard nach KAPLAN und NORTON[316] ähnelt (siehe Bild 3-4).[317] Die CSC besteht aus fünf Perspektiven (finanzielle Perspektive, Produktperspektive, Prozessperspektive, IT-Perspektive, Organisations- bzw. Rollenperspektive), um eine möglichst ganzheitliche Bewertung vornehmen zu können. Insgesamt ist die CSC eine methodische Vorgehensweise zur Bewertung der augenblicklichen PDMS-Fähigkeit eines Unternehmens, welche sowohl PLM-strategische Ziele als auch deren spezifische PDMS-Einflussgrößen sowie bestehende Wechselwirkungen berücksichtigt.[318]

Die PDMS-Fähigkeit beschreibt in diesem Zusammenhang den PDMS-Reifegrad eines Unternehmens. Analog zu ARNOLD ET AL. wird damit der aktuelle Entwicklungsstand von PLM im Unternehmen aufgezeigt. So lässt sich die CSC in verschiedenen Situationen nutzen: Einerseits, um während der PLM-Einführung die Veränderung der PDMS-Fähigkeit aufzuzeigen und damit den Projektablauf im Sinne eines Controllings zu überwachen. Andererseits lässt sich die am Ende des Projektablaufs resultierende PLM-Lösung hinsichtlich der Zielerreichung überprüfen.[319] Insgesamt wird mit dem Vorgehensmodell ein iterativer Ansatz im Sinne eines Regelkreises vorgestellt, in dem das eigentliche Vorgehen durch die CSC unterstützt

[315] Feldhusen/Gebhardt (2007), Product Lifecycle Management für die Praxis, S. 104.
[316] Kaplan/Norton (2009), The balanced scorecard : translating strategy into action.
[317] Feldhusen/Gebhardt (2007), Product Lifecycle Management für die Praxis, S. 189.
[318] Feldhusen/Gebhardt (2007), Product Lifecycle Management für die Praxis, S. 189.
[319] Feldhusen/Gebhardt (2007), Product Lifecycle Management für die Praxis, S. 241f.

wird. Auf diese Weise lässt sich die PLM-Einführung nicht nur überwachen, sondern ebenfalls dokumentieren.

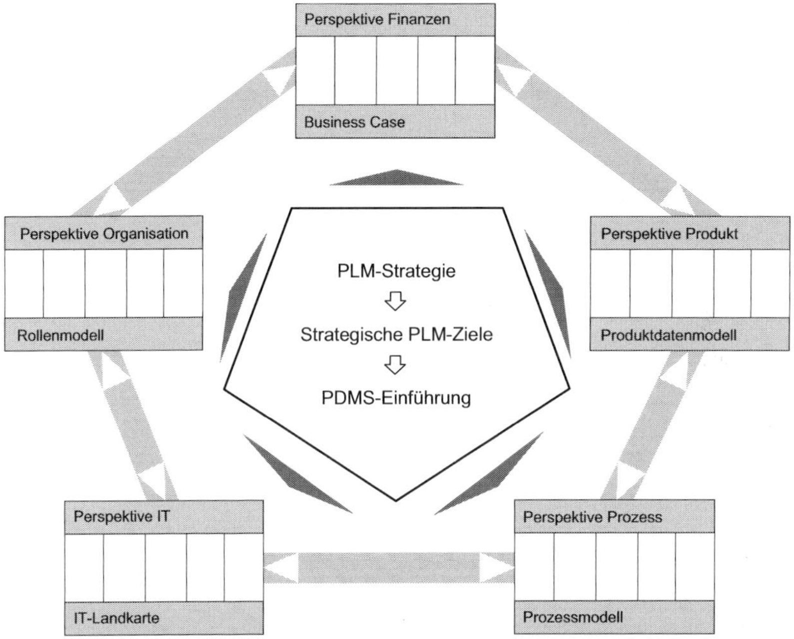


Bild 3-4: Capability Scorecard (CSC) nach FELDHUSEN und GEBHARDT[320]

### 3.1.2.3 Prozessorientiertes Rahmenwerk zur PLM-Einführung nach SCHUH ET AL.

Ein Prozess wird verschiedentlich als eine endliche Menge von Aktivitäten verstanden, die in einer strukturierten Form in Beziehung zueinanderstehen. Ein Prozess wird ausgeführt, um ein bestimmtes Ziel zu erreichen. In einem Unternehmen lassen sich verschiedene Prozesse identifizieren, die in Summe auf die Realisierung der Unternehmensziele ausgerichtet sind. Da Prozesse entlang des gesamten Produktlebenszyklus zu finden sind, wählen SCHUH ET AL. einen prozessorientierten Ansatz, um PLM im Unternehmen zu umzusetzen.[321] Mit dem prozessorientierten Rahmenwerk

[320] Feldhusen/Gebhardt (2007), Product Lifecycle Management für die Praxis, S. 191.

[321] Schuh et al. (2008), Process oriented Framework to Support PLM Implementation, S. 211.

geben die Autoren den Unternehmen eine Orientierung, um die Zusammenhänge zwischen den Elementen einer PLM-Lösung zu erkennen und aktiv zu gestalten (siehe Bild 3-5).

Das prozessorientierte Rahmenwerk für die PLM-Einführung besteht aus sieben Elementen. (1) Mit dem ersten Element, der PLM-Definition, werden die Rahmenbedingungen und Anforderungen der PLM-Lösung festgelegt. In diesem Zusammenhang ist insbesondere die Produktspezifikation hervorzuheben, da das Produkt die Grundlage von PLM bildet.

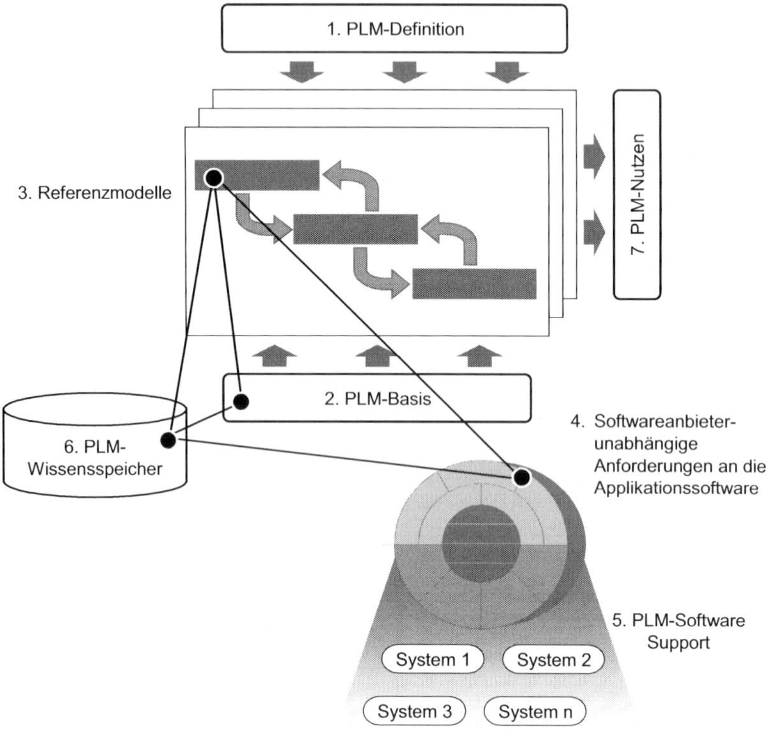


Bild 3-5: Prozessorientierte PLM-Einführung nach SCHUH ET AL.[322]

[322] Schuh et al. (2008), Process oriented Framework to Support PLM Implementation, S. 212.

(2) Das zweite Element, das PLM-Fundament, adressiert die Produktstruktur. Da die Produktstruktur alle Daten und Informationen entlang des gesamten Produktlebenszyklus miteinander in Beziehung setzt, bildet die Produktstruktur ein eigenständiges Element des Rahmenwerks. (3) Mit dem dritten Element stehen die Unternehmensprozesse im Mittelpunkt. Vor diesem Hintergrund werden von SCHUH ET AL. verschiedene Referenzprozesse zur Verfügung gestellt, von denen die unternehmensspezifischen Prozesse abgeleitet werden sollen. Ein Referenzprozess unterscheidet sich von einem „normalen" Prozess dadurch, dass sich die logische Abfolge von Tätigkeiten in Referenzprozessen in der industriellen Praxis bereits bewährt hat. (4) Im Rahmen des vierten Elements werden die Vorbereitungen zur IT-Auswahl getroffen. Dafür stellen SCHUH ET AL. ein PLM-Funktionsmodell zu Verfügung, um die Funktionslandschaft von aktuellen PLM-unterstützenden IT-Systemen transparent abzubilden. Mit dieser Übersicht lässt sich eine Zuordnung von Funktionen zu Prozessen durchführen, um die relevanten Funktionen zur Umsetzung der PLM-Lösung zu identifizieren. (5) Im Anschluss an die Vorbereitungen zur IT-Auswahl findet die eigentliche IT-Auswahl statt. Erneut stellen SCHUH ET AL. eine Übersicht von Softwareanbietern zur Verfügung, die ihre PLM-unterstützenden IT-Systeme entsprechend dem PLM-Funktionsmodell abbilden. (6) Mit dem sechsten Element wird gezeigt, dass Mitarbeiterschulungen notwendig sind, um den Prozess sowie die mit dem Prozess verbundene IT zu beherrschen. Besonders im Hinblick auf die IT sind Schulungen relevant, um das volle Potenzial bzw. den Funktionsumfang der jeweiligen Software nutzen zu können. (7) Schließlich gilt es die mit der PLM-Einführung verbundenen Ziele und Nutzenpotenziale zu definieren, die bei der Gestaltung der PLM-Lösung zu beachten sind.

Im Gegensatz zu ARNOLD ET AL. und FELDHUSEN und GEBHARDT werden von SCHUH ET AL. Referenzprozesse zur Verfügung gestellt, an denen sich Unternehmen bei der Erarbeitung einer PLM-Lösung orientieren können. Darüber hinaus gibt das PLM-Funktionsmodell eine Orientierung, um die Möglichkeiten von PLM-unterstützenden IT-Systemen im Rahmen der Prozessgestaltung adäquat zu berücksichtigen.

#### 3.1.2.4 VDMA-Leitfaden für unternehmensspezifische PLM-Konzepte

Eine wichtige Voraussetzung für die Umsetzung von PLM ist die eindeutige Analyse und Beschreibung von Randbedingungen, die Einfluss auf die Umsetzung von PLM besitzen. Vor diesem Hintergrund wurde durch den Verband Deutscher Maschinen- und Anlagenbau (VDMA) ein Arbeitskreis gegründet, dessen Mitarbeiter aus Unternehmen des Maschinen- und Anlagenbaus, der IT-Systemberatung sowie der

Softwareanbieter stammen. Im Rahmen dieses Arbeitskreises ist ein Leitfaden entstanden, der Unternehmen dazu befähigen soll, sich mit dem Thema PLM auseinanderzusetzen. Der Leitfaden besteht aus verschiedenen Elementen, die in der Summe den Weg zur Erstellung eines PLM-Konzeptes aufzeigen. Im Mittelpunkt des Leitfadens steht ein Phasenmodell des Produktlebenszyklusmanagements (siehe Bild 3-6). Eine Phase beschreibt in diesem Zusammenhang eine Menge aus mindestens zwei Prozessen, die thematisch zusammenhängen.[323]

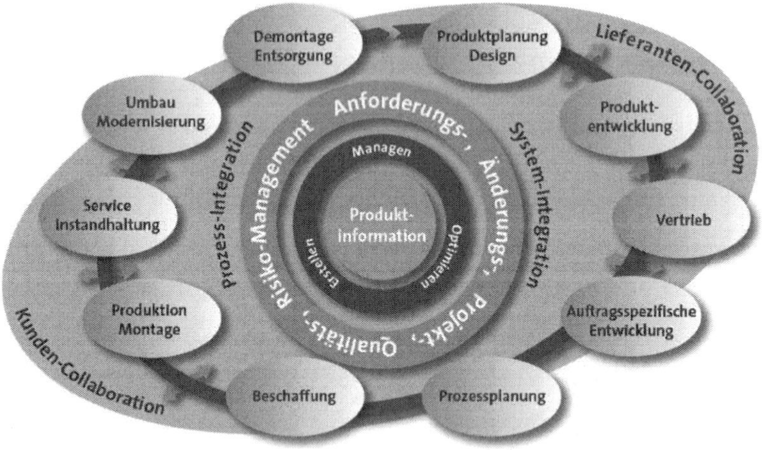


Bild 3-6: Phasenmodell des Produktlebenszyklusmanagements[324]

Die Erstellung eines PLM-Konzeptes erfolgt in folgenden acht Schritten:[325]

1) Ausgangsbedingungen festlegen

2) Phasen bestimmen

3) PMWs[326] für jede Phase zuordnen

4) Ist-Analyse-Stufe der PMWs für jede Phase bestimmen

[323] VDMA (2008), Leitfaden zur Erstellung eines unternehmensspezifischen PLM-Konzeptes, S. 4ff.
[324] VDMA (2008), Leitfaden zur Erstellung eines unternehmensspezifischen PLM-Konzeptes, S. 7.
[325] VDMA (2008), Leitfaden zur Erstellung eines unternehmensspezifischen PLM-Konzeptes, S. 12ff.
[326] PMW steht für Prozesse, Methoden, Werkzeuge

5) Referenz für die PMWs für jede Phase bestimmen (optional)

6) Zielstufe der PMWs für jede Phase festlegen

7) Entscheidungsvorlage erstellen

8) Entscheiden und Umsetzungsprogramm aufsetzen

(1) Im ersten Schritt werden die Rahmenbedingungen beispielsweise im Hinblick auf einen Technologiewechsel, Vorschriften zum Umweltschutz oder Automatisierung von Prozessen festgelegt. (2) Im zweiten Schritt erfolgt die Auswahl von Phasen, die mit PLM adressiert werden sollen. (3) Anschließend erfolgt im dritten Schritt die Auswahl von relevanten Prozessen, Methoden und Werkzeugen (PMW) pro Phase. Der Leitfaden liefert 27 Steckbriefe für verschiedene PMWs. Die Steckbriefe beinhalten neben einer Beschreibung des Prozesses, der Methode oder des Werkzeugs ebenfalls Informationen, um den Umsetzungsstand des jeweiligen PMWs im Sinne eines Reifegrads zu erfassen. (4) Die Erfassung des Ist-Zustandes wird schließlich im vierten Schritt durchgeführt. (5) Mit der Erfassung des Ist-Zustandes lässt sich der Soll-Zustand definieren. (6) Der Soll-Zustand kann entweder eigenständig aus Sicht des Unternehmens oder in Anlehnung an einen Referenzzustand ermittelt werden. Als Referenz von PMWs lässt sich beispielsweise der Umsetzungszustand bzw. Reifegrad des jeweiligen PMWs (Zielstufe) von Wettbewerbern definieren. (7) Im siebten Schritt lässt sich aus der Differenz zwischen Ist- und Soll-Zustand der Aufwand, eine Kosten-/Nutzenabschätzung sowie Abhängigkeiten zwischen PMWs identifizieren. Die Schritte sechs und sieben werden iterativ durchgeführt, um ein adäquates Kosten-/Nutzenverhältnis der PLM-Lösung zu erhalten. (8) Schließlich folgt im letzten Schritt die Entscheidung für die Umsetzung der PLM-Lösung sowie die Erarbeitung des Umsetzungsprogramms.

Der Mehrwert dieses Leitfadens liegt vor allem in der Phasenbeschreibung sowie in den PMW-Steckbriefen. Die Phasenbeschreibung erfolgt mit Hilfe von Prozessstammblättern, die Auskunft über die in einer Phase vorkommenden Prozesse, Prozessbeteiligten sowie Prozess-Ziele geben. Mit der Verknüpfung von PLM-Phase und PMW-Steckbrief wird deutlich, welche Prozesse, Methoden und Werkzeuge sich prinzipiell in den einzelnen Prozessen anwenden lassen.

#### 3.1.2.5 Einführung von PDM nach STARK

Das Product Data Management ist nach STARK eines der wichtigsten Elemente einer PLM-Lösung. Unabhängig von der PLM-Strategie bilden die Gestaltung des PDM sowie die Einführung des PDMSs die wesentlichsten Herausforderungen von PLM-Projekten.[327] STARK schlägt vor, die Einführung von PDM in vier Schritten durchzuführen:[328]

- Project Start-up (Projektbeginn)
- Preparing to select a PDM solution (Vorbereitungen zur Auswahl einer PDM-Lösung)
- Selecting a PDM solution (Auswahl einer PDM-Lösung)
- Implementation and use of PDM (Implementierung bzw. Umsetzung und Nutzung des PDMs)

In der ersten Phase, dem Project Start-up, gilt es, die an der PDM-Einführung beteiligten Mitarbeiter in das Projekt zu integrieren. In diesem Zusammenhang werden die Mitarbeiter über die mit dem Projekt verbundenen Ziele, den Weg der Zielerreichung sowie deren Beitrag zum Projekt informiert. Das Ziel dieser Phase liegt darin, die Mitarbeiter hinsichtlich des Nutzens von PLM bzw. PDM zu überzeugen.[329]

In der zweiten Phase werden die Anforderungen an das PDM definiert. Anforderungen lassen sich nach STARK von den Prozessen ableiten, die durch das PDM adressiert werden. Insbesondere werden in diesem Zusammenhang der Entwicklungsprozess, die Unternehmensziele, die Anwender sowie die vorhandene IT-Landschaft als Anspruchsgruppen fokussiert.[330]

In Anschluss an die Anforderungsdefinition findet die Auswahl der PDM-Lösung statt. Dabei werden in der Regel Softwareanbieter eingeladen, um an einem Benchmark teilzunehmen. Im Rahmen des Benchmarks müssen die Softwareanbieter mithilfe der eigenen PDMS Aufgaben erfüllen. Anhand der Benchmarkergebnisse wird schließlich ein Softwareanbieter bzw. ein PDMS ausgewählt.[331]

In der letzten Phase erfolgt die Umsetzung des PDMS im Unternehmen. Die Umsetzung erfordert den Aufbau der IT-Architektur, die Konfiguration des PDMS sowie die Migration der Daten aus den alten IT-Systemen. Darüber hinaus müssen

[327] Stark (2005), Product Lifecycle Management, S. 233.
[328] Stark (2005), Product Lifecycle Management, S. 383ff.
[329] Stark (2005), Product Lifecycle Management, S. 383ff.
[330] Stark (2005), Product Lifecycle Management, S. 388f.
[331] Stark (2005), Product Lifecycle Management, S. 398.

die verschiedenen Anwender geschult werden, um das PDMS überhaupt nutzen zu können.[332]

STARK beschreibt die PDM-Einführung sehr umfassend, ohne jedoch konkret auf Methoden zur Unterstützung des Vorgehens einzugehen. Vielmehr werden die einzelnen Tätigkeiten aus Sicht der Praxis beschrieben, um auf die jeweiligen Schwierigkeiten und Hindernisse hinzuweisen.

#### 3.1.2.6 PLM-Einführungsplanung nach EIGNER und STELZER

Die PLM-Einführungsplanung nach EIGNER und STELZER basiert auf der Vorgehensweise nach VDI2219. Die VDI-Richtlinie 2219 bezieht sich auf das Themengebiet „Informationsverarbeitung in der Produktentwicklung, Einführung und Wirtschaftlichkeit von EDM/ PDMS“ und wird von den Autoren als Bezugsrahmen für die Einführungsplanung genutzt (siehe Bild 3-7).[333]

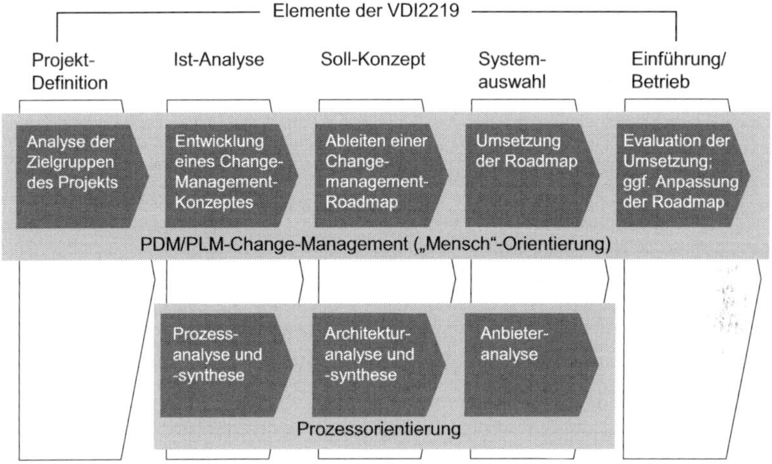


Bild 3-7: PLM-Einführungsplanung nach EIGNER und STELZER[334]

In der ersten Phase, der *Projekt-Definition*, wird die Notwendigkeit von PLM im Unternehmen bzw. in Abstimmung mit Lieferanten und Kunden erörtert. Im Falle

[332] Stark (2005), Product Lifecycle Management, S. 401ff.
[333] Eigner/Stelzer (2009), Product Lifecycle Management, S. 385.
[334] Eigner/Stelzer (2009), Product Lifecycle Management, S. 393.

einer in der Regel positiven Entscheidung findet ebenfalls in dieser Phase die Bildung des Projektteams bzw. Kernteams statt. Weiterhin werden in dieser Phase die Definition des groben Projektumfangs, ein erster Projektplan sowie eine erste Abschätzung von Kosten und Nutzen durchgeführt.[335]

Im Anschluss an die Projekt-Definition folgt die *Ist-Analyse*. Im Rahmen der Ist-Analyse werden die Schwachstellen im Unternehmen identifiziert, um vor diesem Hintergrund Ziele für das PLM-Projekt ableiten zu können. Insbesondere treten in diesem Zusammenhang Prozesse hervor, die durch PLM bzw. IT unterstützt werden sollen. Dabei stellen EIGNER und STELZER heraus, dass bei der Prozessaufnahme und deren Gestaltung „Übersetzer" das Projektteam ergänzen müssen, die zwischen der Sprache und dem Verständnis der IT und den Fachbereichen vermitteln.[336]

In der *Soll-Konzept-Phase* wird ausgehend vom bisher ermittelten Ist-Zustand, ergänzt um unternehmensspezifische strategische Vorgaben, eine PLM-Soll-Lösung definiert. EIGNER und STELZER stellen hierfür eine PLM-Matrix vor, mit der die Erarbeitung der PLM-Lösungen unterstützt wird. Am Ende der Phase liegt ein unternehmensspezifisches Gesamtkonzept vor, das ebenfalls in einem stufenweise realisierbaren Projektplan abgebildet ist.[337]

In der vierten Phase findet die *IT-Systemauswahl* statt. Die IT-Systemauswahl erfolgt nach EIGNER und STELZER in sieben Schritten. Im Wesentlichen werden zunächst die Anforderungen an das IT-System aus dem Soll-Konzept abgeleitet. Anschließend findet ein Benchmark von verschiedenen Softwareanbietern statt. Auf Basis der Benchmarkergebnisse und unter Berücksichtigung des Investitionsvolumens wird die Entscheidung für ein PLM-unterstützendes IT-System getroffen.[338]

Schließlich finden in der letzten Phase die *Einführung* und der *Betrieb* statt. Dabei werden das IT-System und die Zielumgebung aufeinander abgestimmt, da PLM-unterstützende IT-Systeme in der Regel offene Systeme sind, die nach den Bedürfnissen des Unternehmens entsprechend angepasst und weiter entwickelt werden. Im Anschluss an die Einführung erfolgt der Betrieb im Tagesgeschäft. In diesem Zusammenhang ist zu prüfen, ob die ex ante definierten Ziele von PLM erfüllt werden.[339]

---

[335] Eigner/Stelzer (2009), Product Lifecycle Management, S. 394f.
[336] Eigner/Stelzer (2009), Product Lifecycle Management, S. 369ff.
[337] Eigner/Stelzer (2009), Product Lifecycle Management, S. 399ff.
[338] Eigner/Stelzer (2009), Product Lifecycle Management, S. 406ff.
[339] Eigner/Stelzer (2009), Product Lifecycle Management, S. 408f.

Neben dem technischen Aspekt der PLM-Einführung gehen EIGNER und STELZER ebenfalls auf den Menschen ein. So liegt eine wichtige Ursache für die unzureichende Umsetzung von PLM darin begründet, dass bei der Einführung von PLM die von der Veränderung betroffenen Menschen bzw. deren Verhalten nicht ausreichend berücksichtigt werden. Obwohl die Integration des Menschen stets mit Schwierigkeiten verbunden ist, müssen diese Aspekte nach EIGNER und STELZER betrachtet werden. Vor diesem Hintergrund ist die Einführung einer neuen Technologie immer gleichzeitig mit der Anpassung nicht nur der technischen, sondern vor allem der sozialen Systeme verbunden. Für einen nachhaltigen Erfolg eines Projektes müssen daher grundsätzlich die Bereiche Technik, Organisation und Mensch berücksichtigt und in Einklang miteinander gebracht werden.[340]

***Zusammenfassung***

In diesem Kapitel wird deutlich, dass verschiedene Ansätze zur Einführung von PLM existieren. In Rahmen dieser Arbeit werden Ansätzen aus der Forschung sowie Ansätzen aus der Praxis vorgestellt. Dabei wird deutlich, dass die verschiedenen Ansätze teilweise unterschiedliche Schwerpunkte verfolgen.

In jedem Projekt treten Entscheidungssituationen auf, die nicht trivial zu lösen sind. Insbesondere sind die gegenläufigen Ziele der an der Entscheidung beteiligten Personen dafür verantwortlich, dass Entscheidungen nicht ad hoc getroffen werden. Die Einführung von PLM betrifft das gesamte Unternehmen. Darüber hinaus werden ebenfalls Lieferanten und Kunden mit in die Gestaltung der PLM-Lösung eingebunden. Alleine dadurch zeigt sich, dass unterschiedliche Interessen aufeinandertreffen. Trotz dieses Umstands wird in den vorgestellten Ansätzen zur PLM-Einführung der Verhandlungsaspekt von keinem der Autoren adressiert. Obwohl verschiedenen Methoden aufgezeigt werden, um die Gestaltung der PLM-Lösung zu unterstützen, gehen die Methoden mehr auf inhaltliche Aspekte und weniger auf die Mitarbeiter ein.

## 3.2 Forschungsbedarf

Die Einführung von PLM verläuft nur selten erfolgreich. Häufig werden PLM-Projekte abgebrochen, da Zeiten und Budget signifikant überschritten werden. In Kapitel 3.1 wird aufgezeigt, dass verschiedene Gründe für das Überschreiten von

[340] Eigner/Stelzer (2009), Product Lifecycle Management, S. 411.

Zeiten und Budgets bzw. für das Scheitern der Projekte verantwortlich sind. Eine adäquate Vorgehensweise zur erfolgreichen Einführung von PLM muss folglich Maßnahmen beinhalten, um den genannten Gründen entgegen zu treten. In diesem Zusammenhang lassen sich aus den Gründen konkrete Anforderungen ableiten, die an eine Vorgehensweise zur Einführung von PLM zu stellen sind.

Ein wesentlicher Grund für das Scheitern von PLM-Projekten ist das fehlende Verständnis der Thematik. Obwohl PLM das gesamte Unternehmen adressiert, sind es die Projektmitglieder, die für die Definition von PLM-Zielen, der PLM-Lösung sowie der Umsetzung dieser Lösung verantwortlich sind. Daher müssen gerade diese Personen über ein umfassendes Wissen und Erfahrung über die mit PLM adressierten Themen sowie deren Zusammenhänge verfügen. Ansätze zur Einführung von PLM müssen zunächst ein grundlegendes Verständnis von PLM vermitteln sowie systematisch die einzelnen Schritte aufzeigen, die zur Erarbeitung und Umsetzung einer PLM-Lösung notwendig sind. Die Forderung nach einem einheitlichen Verständnis der Thematik sowie dem strukturierten Vorgehen zur Gestaltung einer PLM-Lösung soll im Folgenden mit dem Begriff *Standardisierung* bezeichnet werden.

PLM greift in die Ablauf- und Aufbauorganisation von Unternehmen ein. Mit der Anforderung nach *Prozessorientierung* wird die gemeinsame Gestaltung von Ablauf- und Aufbauorganisation adressiert. Die Prozessorientierung bezieht sich zum einen auf die im Unternehmen herrschenden Tätigkeiten und Abläufe, zum anderen auf die Verantwortlichkeiten und Kompetenzen zur Durchführung von Aufgaben. Das Vorgehen zur Einführung von PLM muss in diesem Zusammenhang aufzeigen, wie PLM-relevante Prozesse identifiziert und Verantwortlichkeiten sowie Kompetenzen neu verteilt werden, um einen reibungsfreien Prozessablauf zu gewährleisten.

PLM wird durch den Einsatz von IT erst effizient umsetzbar. Die Heterogenität der am Markt erhältlichen PLM-unterstützenden IT-Systeme führt jedoch dazu, dass Unternehmen die Anforderungen an die eigene PLM-Lösung kennen müssen, um ein adäquates PLM-unterstützendes IT-System auszuwählen. Alle Anforderungen seitens der Unternehmen können mit den heute am Markt verfügbaren Produkten der Softwareanbieter nicht erfüllt werden. Vor allem eine vollständige Datenkonsistenz lässt sich derzeit nicht umsetzen, da die Softwareanbieter ihre jeweiligen patentierten Datenformate aus ökonomischen Gründen nicht oder nur zum Teil für andere Unternehmen freigeben. So müssen Unternehmen bei der Wahl eines PLM-unterstützenden IT-Systems abwägen, inwieweit die Anforderungen aus dem PLM-Konzept heraus von dem Produkt des jeweiligen Softwareanbieters erfüllt werden müssen und welche Anforderungen durch andere Maßnahmen realisiert werden sollen. In diesem Zusammenhang muss das Vorgehen zur Einführung von PLM den technologischen Aspekt adressieren. Diese Anforderung soll mit dem Begriff *Technikorientierung* bezeichnet werden.

Neben den Prozessen und der Technik ist der Mensch der wichtigste Bestandteil einer PLM-Lösung. Eine PLM-Lösung ist kein Selbstzweck, sondern vielmehr ein Hilfsmittel, um die Mitarbeiter in ihren Tätigkeiten zu unterstützen. Vor diesem Hintergrund müssen ebenfalls die Anforderungen der Mitarbeiter in der Gestaltung der PLM-Lösung berücksichtigt werden. Insbesondere müssen soziologische Faktoren adressiert werden, die das Verhalten von Menschen im Umgang mit Veränderungen betrachtet. Da mit PLM in der Regel eine Veränderung von Gewohnheiten einhergeht, müssen die Auswirkungen dieser Veränderungen im Rahmen der Gestaltung der PLM-Lösung miteinbezogen werden. So soll verhindert werden, dass die Mitarbeiter sich gegen die PLM-Lösung aussprechen bzw. die Anwendung boykottieren. Diese Anforderung wird im Folgenden mit dem Begriff *Mitarbeiterintegration* bezeichnet.

Auf die Anforderungen der Mitarbeiter im Rahmen der Gestaltung einer PLM-Lösung einzugehen bedeutet, sich an den Vorstellungen der jeweiligen Mitarbeiter zu orientieren. Da mit PLM das gesamte Unternehmen adressiert wird, treffen in diesem Zusammenhang eine Vielzahl unterschiedlicher Menschen und Vorstellungen im Hinblick auf die PLM-Lösung, insbesondere der Prozessgestaltung, aufeinander. Die unterschiedlichen und zum Teil gegenläufigen Vorstellungen gehen darauf zurück, dass die verschiedenen Unternehmensbereiche unterschiedliche Ziele verfolgen. Diese Unterschiede führen schließlich dazu, dass Entscheidungssituationen keine oder nur mangelhafte Ergebnisse liefern. Dies ist vor allem dann der Fall, wenn die Mitarbeiter in der Interaktion zu keinem Konsens finden. Die Folgen solcher Situationen sind ähnlich den Folgen im Bereich Mitarbeiterintegration und zeigen sich im Boykott, in mangelnder Motivation oder in Resignation. Im letzten Fall werden Entscheidungen nur einseitig getroffen, Effizienzvorteile werden durch eine Verlagerung von Tätigkeiten substituiert, und es entstehen nach der Einführung von PLM mehr Probleme, als eigentlich beseitigt werden. Daher muss der Prozess der Entscheidungsfindung hervorgehoben und als eigenständiger Punkt in einer Vorgehensweise zur Einführung von PLM systematisiert werden. Diese Anforderung wird im Folgenden als *verhandlungsorientiert* bezeichnet.

Zusammenfassend muss eine Vorgehensweise zur erfolgreichen Einführung von PLM die Aspekte Standardisierung, Prozessorientierung, Technikorientierung, Mitarbeiterintegration sowie die Verhandlungsorientierung berücksichtigen. Die in diesem

Kapitel vorgestellten Vorgehensweisen lassen sich anhand dieser fünf Kriterien bewerten. Diesbezüglich wird in dieser Arbeit eine qualitative Bewertung vorgenommen, um das Defizit sowohl aus Forschungs- als auch aus Praxissicht aufzuzeigen (siehe Tabelle 3-1).

Tabelle 3-1: Bewertung der Ansätze zur Einführung von PLM

Legende:
● Voll erfüllt
◑ Teilweise erfüllt
○ Nicht erfüllt

| Vorgehensweise zur Einführung von PLM aus Forschung und Praxis | Bewertungskriterien: Standardisierung | Prozessorientierung | Technikorientierung | Mitarbeiterintegration | Verhandlungsorientiert |
|---|---|---|---|---|---|
| Evolutionäres Vorgehensmodell nach Arnold et al. (2005) | ● | ◑ | ◑ | ○ | ○ |
| PDMS-Einführung nach Feldhusen und Gebhardt (2007) | ● | ◑ | ● | ○ | ○ |
| Prozessorientiertes PLM-Rahmenwerk nach Schuh et al. (2008) | ● | ● | ◑ | ○ | ○ |
| PLM-Leitfaden des VDMA (2008) | ● | ● | ◑ | ○ | ○ |
| PLM-Einführung nach Stark (2005) | ● | ◑ | ◑ | ◑ | ○ |
| PLM-Einführungsplanung nach Eigner und Stelzer (2009) | ● | ◑ | ● | ● | ○ |

Die Tabelle 3-1 zeigt eine Übersicht der bewerteten Vorgehensweisen im Hinblick auf die jeweiligen Anforderungen. Dabei wird deutlich, dass ausnahmslos alle Vorgehensweisen die Anforderung nach Standardisierung erfüllen. Weiterhin fällt auf, dass die Vorgehensweisen mehrheitlich entweder einen Prozess- oder einen Technikfokus besitzen. Nur die Vorgehensweisen von EIGNER und STELZER gehen explizit auf die Mitarbeiterintegration ein. Schließlich wird von keiner Vorgehensweise die Verhandlungsorientierung adressiert. Vor diesem Hintergrund soll im Rahmen dieser Arbeit die Verhandlungsorientierung als Form der Interaktion in den Mittelpunkt gestellt werden.

# 4 Konzeption des Gestaltungsmodells der interaktiven Einführung von PLM

In diesem Kapitel erfolgt die Konzeption des Gestaltungsmodells für die interaktive Einführung von PLM. Zunächst werden sowohl formale als auch inhaltliche Anforderungen an die Lösung bzw. an das Gestaltungsmodell hergeleitet. Während die formalen Anforderungen den Rahmen für die Modellbildung vorgeben, werden mit den inhaltlichen Anforderungen Ziele definiert, die es von dem Gestaltungsmodell zu erfüllen gilt. Insbesondere wird in diesem Zusammenhang auf die Interaktion eingegangen, um die daraus folgenden Anforderungen im Gestaltungsmodell adäquat zu berücksichtigen. Das Ergebnis dieses Kapitels bildet ein Grobkonzept, das schließlich im 5. Kapitel detailliert beschrieben wird.

## 4.1 Grundlagen der Modellbildung

Die Wirklichkeit ist zu komplex, um vollständig erfasst zu werden. Die Erfassung der Wirklichkeit ist jedoch zwingend notwendig, um Probleme analysieren und lösen zu können. In diesem Zusammenhang begründet sich die Notwendigkeit, komplexe Zusammenhänge auf die relevante Problemstellung hin zu vereinfachen und damit handhabbar zu machen.[341] Die Vereinfachung der Wirklichkeit muss systematisch erfolgen, um eine Nachvollziehbarkeit der Vereinfachung zu gewährleisten. Diesbezüglich erweist sich die Verwendung der Methoden und Hilfsmittel der Allgemeinen Modelltheorie als sinnvoll, da durch Analogiebildung das nötige systematische Vorgehen in der Erfassung der Wirklichkeit erreicht wird. Vor diesem Hintergrund soll kurz auf die allgemeine Modelltheorie eingegangen werden, um für diese Arbeit ein allgemeines Verständnis der Modellbildung zu schaffen.

---

[341] Wöhe/Döring (2005), Betriebswirtschaftslehre, S. 36ff.

In der allgemeinen Modelltheorie müssen nach STACHOWIAK zwischen Modell und Wirklichkeit drei Hauptmerkmale vorliegen, damit das Modell die Wirklichkeit adäquat beschreibt: das Abbildungs-, das Verkürzungs- und das pragmatische Merkmal.[342] Das Abbildungsmerkmal fordert Konsistenz zwischen Wirklichkeit und Modell. Demnach darf das Modell nur Eigenschaften aufweisen, die ebenfalls Teil der Wirklichkeit sind. Da ein Modell nur einen Teil der Wirklichkeit abbildet, müssen nicht alle Eigenschaften der Wirklichkeit im Modell berücksichtigt werden. In diesem Zusammenhang besagt das Verkürzungsmerkmal, dass nur diejenigen Eigenschaften der Realität abgebildet werden müssen, die für die Abbildung, Analyse und Lösung des Problems relevant sind.[343] Schließlich besagt das pragmatische Merkmal, dass verschiedene Modelle zur Abbildung der Wirklichkeit nebeneinander existieren können, wobei die Unterschiede in den Modellen aus den unterschiedlichen Zielsetzungen resultieren.[344]

In der allgemeinen Modelltheorie werden verschiedene Modellarten unterschieden. ZELEWSKI unterscheidet dabei zwischen Beschreibungs- und Analysemodellen (siehe Bild 4-1).[345]

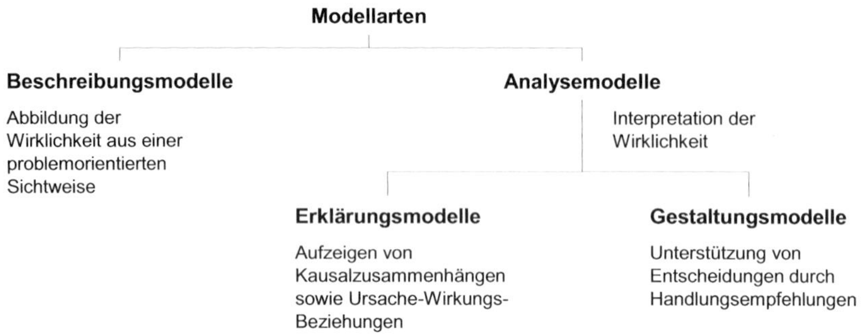


Bild 4-1: Modellarten (in Anlehnung an ZELEWSKI)

Die wertfreie Abbildung der Wirklichkeit erfolgt durch Beschreibungsmodelle. In diesem Zusammenhang werden relevante Informationen über Eigenschaften sowie deren Beziehungsstruktur aufgezeigt, ohne dabei die einzelnen Elemente zu analysie-

[342] Stachowiak (1973), Allgemeine Modelltheorie, S. 131ff.
[343] Stachowiak (1973), Allgemeine Modelltheorie, S. 132.
[344] Stachowiak (1973), Allgemeine Modelltheorie, S. 132f.
[345] Zelewski (1999), Grundlagen, S. 47.

ren, zu interpretieren oder zu erklären.[346] Analysemodelle gehen über die reine Beschreibung hinaus. ZELEWSKI unterscheidet unter anderem zwischen Erklärungs- und Gestaltungsmodellen. Mit Hilfe von Erklärungsmodellen werden Erkenntnisse realer Zusammenhänge abgebildet und deren Ursache-Wirkungs-Beziehungen aufgezeigt.[347] Schließlich dienen Gestaltungsmodelle als Hilfsmittel, um Handlungsempfehlungen zur Problembewältigung vorzugeben.[348] Ausgehend von diesem Verständnis sollen im Folgenden die Anforderungen an das Gestaltungsmodell hergeleitet werden.

## 4.2 Anforderungen an das Gestaltungsmodell

Modellbildung ist kein Selbstzweck. Modelle verfolgen ein bestimmtes Ziel und müssen folglich bestimmten Anforderungen genügen. In diesem Zusammenhang lassen sich formale und inhaltliche Anforderungen an ein Modell formulieren. Während formale Anforderungen den Rahmen für die Systematik und Struktur der Modellbildung vorgeben, wird mit den inhaltlichen Anforderungen die Zielerfüllung des Modells sichergestellt. Im Folgenden sollen sowohl die formalen als auch die inhaltlichen Anforderungen an das Gestaltungsmodell hergeleitet werden.

### 4.2.1 Formale Anforderungen an die Modellbildung

Im Fokus dieser Arbeit steht die Erarbeitung eines Gestaltungsmodells für die interaktive Einführung von PLM. Bei der Modellierung sollen die Grundsätze der allgemeinen Modellierung berücksichtigt werden,[349] um ein systematisches und strukturiertes Vorgehen der Modellbildung sicherzustellen.[350] Eine ordnungsgemäße Modellierung zeichnet sich in diesem Zusammenhang durch *Richtigkeit*, *Relevanz*, *Klarheit*, *Handhabbarkeit* und *Effizienz* aus.[351]

> *Richtigkeit:* Der Begriff Richtigkeit adressiert den Aufbau und den anforderungsgerechten Einsatz des Modells hinsichtlich einer gegebenen Problemstellung.[352] Es kann zwischen empirischer und formaler Richtigkeit unterschieden

[346] Wöhe/Döring (2005), Betriebswirtschaftslehre, S. 38f.
[347] Pfohl/Stözle (1997), Planung und Kontrolle - Konzeption, Gestaltung, Implementierung, S. 52; Zelewski (1999), Grundlagen, S. 47.
[348] Ulrich/Hill (1976), Grundlagen Teil II, S. 349.
[349] Stachowiak (1973), Allgemeine Modelltheorie, S. 128ff.
[350] Patzak (1982), Systemtechnik, S. 309f.
[351] Becker et al. (1995), Grundsätze ordnungsgemäßer Modellierung, S. 436f.
[352] Krüger (1992), Organisationsmethodik, S. 1573f.

werden. Empirische Richtigkeit liegt dann vor, wenn das Modell die Wirklichkeit anforderungsgerecht abbildet. Im Gegensatz dazu liegt formale Richtigkeit vor, wenn sich Aussagen auf Basis des Modells widerspruchsfrei reproduzieren und überprüfen lassen.[353]

*Relevanz:* Das Gestaltungsmodell muss Relevanz besitzen. Mit der Relevanz wird sichergestellt, dass das Modell inhaltliche und formal brauchbare Ergebnisse liefert, die mit dem Zweck bzw. mit der Zielsetzung des Modells übereinstimmen.

*Klarheit:* Eine weitere Anforderung an das Modell ist Klarheit. Hinter dem Begriff Klarheit verbirgt sich die Forderung nach einem systematischen Aufbau, nach Konsistenz sowie Nachvollziehbarkeit des Modells für den Anwender.[354]

*Handhabbarkeit:* Mit der Handhabbarkeit soll sichergestellt werden, dass sich das Gestaltungsmodell leicht anwenden lässt und die Ergebnisse einfach zu interpretieren sind.

*Effizienz:* Schließlich sorgt die Forderung nach Effizienz dafür, dass das Modell für den Anwender mit geringem Aufwand nutzbar ist.

### 4.2.2 Inhaltliche Anforderungen an das Gestaltungsmodell

In diesem Kapitel sollen die inhaltlichen Anforderungen an das Gestaltungsmodell der interaktiven Einführung von PLM definiert werden. Die inhaltlichen Anforderungen ergeben sich aus den Defiziten der Praxis, der Zielsetzung dieser Arbeit, aus dem Gestaltungsbereich sowie aus dem Lösungsansatz. Das Defizit in der Praxis, die Zielsetzung dieser Arbeit sowie PLM als Gestaltungsbereich werden in den ersten Kapiteln dieser Arbeit beschrieben. Folglich gilt es im Weiteren die Verhandlung als Lösungsansatz zu beschreiben, um schließlich die inhaltlichen Anforderungen abzuleiten. In Bild 4-2 werden die wesentlichen Einflussgrößen zur Ableitung der Anforderungen an das Gestaltungsmodell zusammengefasst.

[353] Patzak (1982), Systemtechnik, S. 309f.

[354] Krüger (1992), Organisationsmethodik, S. 1573f.

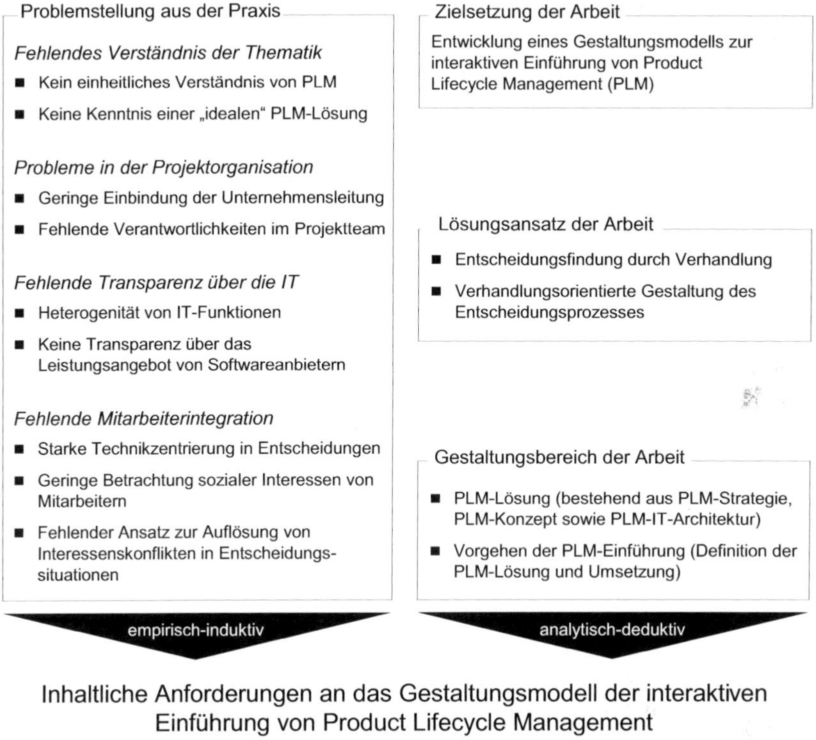


Bild 4-2: Eingangsgrößen zur Ableitung inhaltlicher Anforderungen

#### 4.2.2.1 Theoretische Grundlagen der Verhandlungsforschung

Verhandlung ist ein Ansatz, um den Prozess der Entscheidungsfindung zu unterstützen. Zur Abbildung der Besonderheiten von Verhandlung als Hilfsmittel der Entscheidungsfindung soll im Folgenden eine kurze Übersicht der existierenden Forschungsansätze gegeben werden. Dafür wird im ersten Schritt der Zusammenhang zwischen Entscheidungsfindung und Verhandlung hergestellt, um anschließend die Verhandlung als Lösungsansatz näher zu beschreiben.

Nach RAIFFA ET AL. lässt sich die Entscheidungsforschung in zwei grundlegende Richtungen unterteilen (siehe Bild 4-3). Eine Forschungsrichtung adressiert das

Individuum. Der Begriff Individuum bezieht sich nicht unbedingt auf eine einzelne Person. Vielmehr wird betont, dass es sich um eine geschlossene Einheit handelt, die bei der Entscheidungsfindung durch keine weitere Einheit beeinflusst wird. Vor diesem Hintergrund wird mit dem Begriff Individuum beispielsweise eine einzelne Person, ein Unternehmen oder andere Einheiten bezeichnet, die für sich eine Entscheidung treffen müssen.[355]

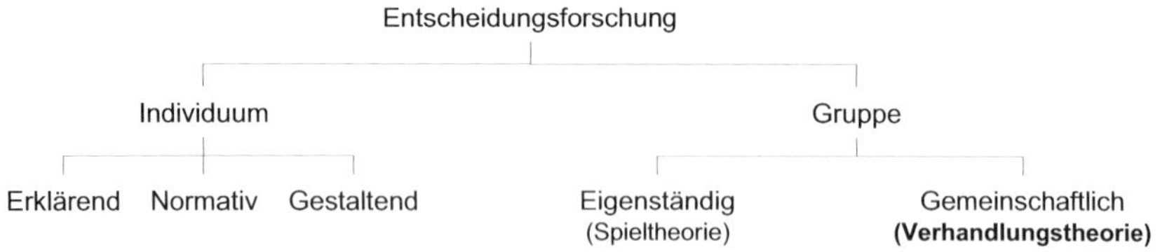


Bild 4-3: Ansätze der Entscheidungsforschung[356]

Bei der Betrachtung des Individuums werden drei Forschungsschwerpunkte unterschieden. In der *erklärenden* Entscheidungsforschung wird aufgezeigt, nach welchen Mustern Entscheidungen getroffen werden. Im Bereich der *normativen* Entscheidungsforschung wird untersucht, wie Entscheidungen getroffen werden sollen. Schließlich werden in der *gestaltenden* Entscheidungsforschung Vorgehensweisen entwickelt, um den Prozess der Entscheidungsfindung derart zu beeinflussen, dass sich das Entscheidungsergebnis verbessert. Da die Einführung von PLM in einer Gruppe stattfindet, soll dieser Zweig nicht weiter betrachtet werden.

Die zweite Forschungsrichtung adressiert die Entscheidungsfindung in einer Gruppe. Im Gegensatz zum Individuum können sich die an der Entscheidung beteiligten Einheiten gegenseitig beeinflussen. In diesem Forschungsstrang wird zwischen der Spieltheorie und der Verhandlungstheorie unterschieden. Die Spieltheorie untersucht eigenständige strategische Interaktionen innerhalb von Entscheidungssituationen und versucht diese mit Modellen abzubilden und zu erklären.[357] In der Spieltheorie wird davon ausgegangen, dass die an der Entscheidungsfindung beteiligten Einheiten im Entscheidungsprozess stets eine Handlung durchführen. Alle Einheiten wollen durch ihr Handeln ihren individuellen Nutzen maximieren. Die Handlungs-

---

[355] Raiffa et al. (2002), Negotiation Analysis, S. 4.

[356] Raiffa et al. (2002), Negotiation Analysis, S. 6.

[357] Etzrodt (2003), Sozialwissenschaftliche Handlungstheorien, S. 70; Haase (2006), Koordination von Marketing und Vertrieb, S. 41.

möglichkeiten der beteiligten Einheiten sowie der daraus entstehende Nutzen sind insgesamt bekannt.[358] Weiterhin wird in der Spieltheorie vorausgesetzt, dass die an der Entscheidungsfindung beteiligten Einheiten rational handeln.[359] Ausgehend von diesen Voraussetzungen lässt sich die Handlung der beteiligten Einheiten durch geeignete Modelle voraussagen.[360]

Im Gegensatz zur Spieltheorie sind die Handlungsmöglichkeiten der beteiligten Einheiten in einer Verhandlung nicht bekannt. Der Nutzen einer Handlung lässt sich ex ante nicht zuverlässig bestimmen. Schließlich besteht die Möglichkeit, andere Einheiten durch direkte Kommunikation, beispielsweise durch Androhung von Konsequenzen oder Sanktionen, zu beeinflussen.[361] Vor diesem Hintergrund müssen andere Mechanismen genutzt werden, um den Entscheidungsprozess derart zu beeinflussen, dass ein erfolgreiches Entscheidungsergebnis daraus resultiert.

In dieser Dissertation soll die Interaktion in Form einer Verhandlung als Lösungsansatz zur effizienten und effektiven Entscheidungsfindung im Rahmen der Einführung von PLM genutzt werden. Die Verhandlungsforschung basiert nach TRIES und REINHARDT auf einer Vielzahl theoretischer Grundlagen,[362] deren Vorstellung den Rahmen dieser Arbeit bei Weitem übersteigt. Da Verhandlung als Hilfsmittel zur konfliktfreien Entscheidungsfindung verstanden wird, sollen im Folgenden nur diejenigen Perspektiven der Verhandlungsforschung vorgestellt werden, die dieser Zielsetzung folgen. Vor diesem Hintergrund wird Verhandlung kurz aus psychologischer Perspektive und aus kommunikationstheoretischer Perspektive beschrieben, um in diesem Zusammenhang Anforderungen an das Gestaltungsmodell abzuleiten.

**Verhandlung aus psychologischer Perspektive**

Die Psychologie ist die wissenschaftliche Beschäftigung mit dem Verhalten und mit mentalen Prozessen. Mit dem Begriff Verhalten werden alle Handlungen eines Organismus adressiert, die beobachtet und registriert werden können. Im Gegensatz dazu werden mentale Prozesse als innere subjektive Erfahrungen interpretiert, die als Folge von Empfindungen, Wahrnehmungen, Überzeugungen oder Gefühlen

[358] Raiffa et al. (2002), Negotiation Analysis, S. 54.
[359] Etzrodt (2003), Sozialwissenschaftliche Handlungstheorien, S. 70f.
[360] Etzrodt (2003), Sozialwissenschaftliche Handlungstheorien, S. 70f.
[361] Raiffa et al. (2002), Negotiation Analysis, S. 81.
[362] Tries/Reinhardt (2008), Konflikt- und Verhandlungsmanagement, S. 173.

resultieren.[363] Die psychologische Perspektive unterteilt Verhandlung in einen behavioristischen sowie einen sozialpsychologischen Ansatz.

Unter dem *behavioristischen Ansatz* werden Theorien zusammengefasst, die das menschliche Verhalten als Ergebnis externer Reize bzw. Signale erklären. Menschen nehmen Signale kognitiv auf, verarbeiten die Signale und differenzieren diese hinsichtlich positiver oder negativer Konsequenzen. Die Signale innerhalb einer Verhandlung stammen beispielsweise aus der Wechselbeziehung zwischen den an einer Verhandlung beteiligten Individuen, aus dem Umfeld der Verhandlungssituation sowie aus dem individuellen Verhalten der Verhandlungspartner selbst. Die Beurteilung von Signalen nach positiven und negativen Erfahrungen ist häufig ein Lernprozess. Durch Beobachtung lernen Menschen Verhaltensweisen und deren Konsequenzen kennen, die im positiven Fall nachgeahmt werden. Erlebt der Nachahmende in der Verhaltensreplikation ebenfalls positive Eindrücke, wird das Verhalten weiter ausgeformt und detailliert.[364]

*Sozialpsychologischen Ansätzen* liegt die Annahme zugrunde, dass Menschen in sozialen Austauschbeziehungen stehen, die durch das Verhältnis von Aufwand und Ergebnis bewertet werden. Neben der Bewertung von Aufwand und Ergebnis werden Austauschbeziehungen ebenfalls durch das Machtverhältnis zwischen den Akteuren beeinflusst. Während symmetrische Interaktionen, bei denen beide Akteure die gleiche Gestaltungsmacht besitzen, keinen Einfluss auf die Austauschbeziehung besitzen, finden asymmetrische Interaktionen stets unter Einfluss des Machtverhältnisses statt. Die Theorien zu Austauschbeziehungen zwischen zwei Akteuren lassen sich auf mehrere Akteure bzw. auf eine Gruppe übertragen. Dabei besagt die Equity-Theorie, dass eine Gruppe ihr Ergebnis dann optimiert, wenn Aufwand und Ergebnis gleichmäßig unter den Gruppenmitgliedern verteilt vorliegen.[365]

**Verhandlung aus kommunikationstheoretischer Perspektive**

Kommunikationstheoretische Ansätze der Verhandlungsforschung stellen den prozeduralen Charakter von Verhandlungen zur Unterstützung von Entscheidungssituationen in den Mittelpunkt. Während psychologische Ansätze sich weitgehend statisch-deterministischer Modelle bedienen, in denen Ursache-Wirkungsketten aufgezeigt und erläutert werden, adressieren kommunikationstheoretische Ansätze

[363] Myers (2008), Psychologie, S. 3.

[364] Tries/Reinhardt (2008), Konflikt- und Verhandlungsmanagement, S. 175.

[365] Tries/Reinhardt (2008), Konflikt- und Verhandlungsmanagement, S. 176.

die Dynamik in einer Verhandlung und beschreiben bzw. erklären die Beeinflussbarkeit des Verhaltens der Verhandelnden im Verhandlungsverlauf.[366] In diesem Zusammenhang wird aufgezeigt, dass sich Verhandlungsstrategien und Ergebniserwartung in einer Verhandlung beeinflussen lassen.[367] Die Veränderung bzw. Beeinflussung der Ergebniserwartung ist eine essenzielle Voraussetzung für eine Verhandlung. Da grundsätzlich nur dann eine Verhandlung sinnvoll ist, wenn gegensätzliche Interessen in einer Entscheidungssituation aufeinandertreffen, wird eine Verhandlung obsolet, wenn keiner der Akteure bereit ist, von den ex ante definierten Ergebniserwartungen abzuweichen.[368] Die Beeinflussung entsteht durch Informationsaustausch, der innerhalb der Verhandlung stattfindet. Häufig erfolgt der Informationsaustausch strategisch und damit nach bestimmten Mustern. Ein Ziel des strategischen Informationsaustauschs liegt beispielsweise darin, die Änderungsbereitschaft der an der Verhandlung beteiligten Akteure hinsichtlich der Ergebniserwartung zu ermitteln. In der Regel wird zu Beginn einer Verhandlung versucht, die jeweilige Maximalforderung zu realisieren (siehe Bild 4-4).

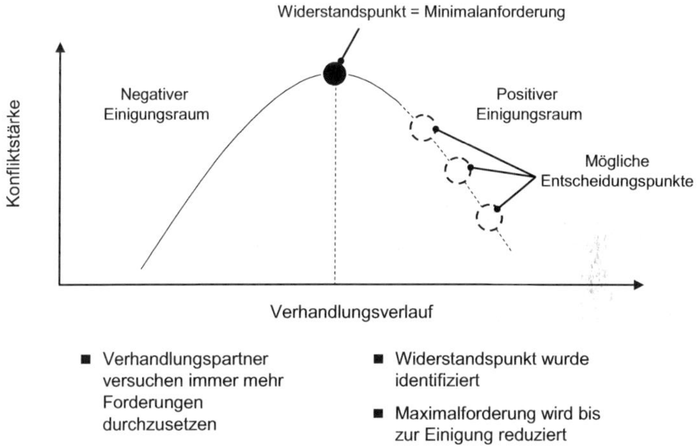


Bild 4-4: Verhandlungsverlauf[369]

[366] Tries/Reinhardt (2008), Konflikt- und Verhandlungsmanagement, S. 180.
[367] i.w.S. Schuh et al. (2009), Negotiation-based PLM implementation, S. 34.
[368] Tries/Reinhardt (2008), Konflikt- und Verhandlungsmanagement, S. 180.
[369] Tries/Reinhardt (2008), Konflikt- und Verhandlungsmanagement, S. 180.

Wenn alle Akteure versuchen, ihre Maximalforderung umzusetzen, kommt es häufig zum Konflikt. Im Konfliktfall werden die Akteure ihre Maximalforderung reduzieren, um einen positiven Ausgang der Verhandlung herbeizuführen. Dafür werden die Maximalanforderungen bis zur Erreichung einer Mindestanforderung reduziert. Die Mindestforderung wird als Widerstandspunkt bezeichnet, da mit zunehmender Annäherung an den Widerstandspunkt die Konfliktstärke der Akteure zunimmt. Da der Widerstandspunkt vor der Verhandlung nicht bekannt ist und kein Akteur gewillt ist die Mindestanforderungen offen zu kommunizieren, muss die Mindestanforderung durch strategischen Informationsaustausch ermittelt werden.[370]

***Zwischenfazit***

Diese beiden vorgestellten Perspektiven der Verhandlungsforschung zeigen, dass sich der Verhandlungsprozess aktiv beeinflussen lässt. Einerseits lässt sich eine Verhandlung durch das Verhalten der einzelnen Akteure beeinflussen. Andererseits wird die Verhandlung durch den Informationsaustausch zwischen den Akteuren kontrolliert. Aus beiden Perspektiven lassen sich Erkenntnisse gewinnen, um die Verhandlung durch Gestaltung von Rahmenbedingungen zu formen. Als Orientierung zur Gestaltung der Rahmenbedingungen sollen im Folgenden Erfolgsfaktoren der Verhandlungsführung vorgestellt werden.

#### 4.2.2.2 Erfolgsfaktoren der Verhandlungsführung

Erfolgreiche Verhandlungen lassen sich auf bestimmte Faktoren zurückführen, die im Sinne einer hinreichenden Bedingung einen erfolgreichen Verhandlungsverlauf ermöglichen. Da in dieser Arbeit die Entscheidung in einer Gruppe adressiert wird, sollen im Folgenden lediglich Erfolgsfaktoren für Gruppenentscheidungen vorgestellt werden. Nach RAIFFA ET AL. ist das Ergebnis einer Gruppenentscheidung oft unbefriedigend, da folgende fünf Punkte kaum beachtet werden:[371]

- Koordinationsverlust (coordination loss)
- Kommunikationsflut (communication overload)
- Kognitive Überlastung (congnitive overload)
- Zwischenmenschliche Konflikte (interpersonal conflict)
- Motivationsverlust (disengagement)

---

[370] Tries/Reinhardt (2008), Konflikt- und Verhandlungsmanagement, S. 181ff.

[371] Raiffa et al. (2002), Negotiation Analysis, S. 391f.

Im Umkehrschluss verläuft eine Gruppenentscheidung erfolgreich, wenn diese Punkte in der Verhandlung adressiert werden. Vor diesem Hintergrund sollen die fünf Punkte kurz erläutert werden.

**Koordinationsverlust:** Die abnehmende relative Leistung von Menschen in einer Gruppensituation wird von der Sozialpsychologie als Koordinationsverlust oder Ringelmann-Effekt bezeichnet.[372] Zur Erklärung dieses Phänomens wird häufig das Tauziehen als Beispiel herangezogen. Tauziehen bzw. Seilziehen ist eine Sportart, bei der zwei Mannschaften ihre Kräfte im Wettstreit messen. Experimente zeigen, dass die auf das Seil wirkende Zugkraft einer Person in der Gruppe geringer ist, als wenn die jeweilige Person das Seil alleine zieht. Dieses Phänomen lässt sich damit erklären, dass in einer Gruppe nicht alle Personen das Seil exakt in eine Richtung ziehen. So lässt sich durch Addition der jeweiligen Kraftvektoren zeigen, dass sich die Gruppenmitglieder gegenseitig behindern bzw. sich Kräfte teilweise aufheben. Bezogen auf Verhandlungssituationen treten Koordinationsverluste dann auf, wenn der Entscheidungsfindungsprozess nicht fokussiert bzw. strukturiert abläuft.[373]

**Kommunikationsflut:** In der Regel müssen Entscheidungen innerhalb eines definierten Zeitfensters getroffen werden. Findet die Entscheidungsfindung in einer Gruppe statt, sinkt der Zeitanteil pro Person, um Meinung und Ansichten für oder gegen eine Entscheidungsmöglichkeit zu argumentieren. Daher zeigen sich in Verhandlungen unterschiedliche Verhaltensweisen der beteiligten Personen. Einige Personen schenken der begrenzten Redezeit keine Beachtung. Andere Personen reduzieren ihre Argumente und sprechen nur wenige Punkte an. Wieder andere Personen bringen immer neue Punkte zur Diskussion, so dass am Ende keine sinnvolle Diskussion geführt bzw. Entscheidung getroffen wird.[374]

**Kognitive Überlastung:** Je größer eine Gruppe, desto länger können Diskussionen über das Für und Wider von Entscheidungsmöglichkeiten andauern. Jede Person bringt seine individuellen Erfahrungen und sein Wissen in die Diskussion bzw. Argumentation mit ein. Je mehr Personen an der Diskussion teilnehmen, umso mehr Argumente treffen aufeinander. Da der Mensch nur über eine begrenzte kognitive Aufnahmekapazität verfügt,[375] ist er bei einer bestimmten Menge an Argumenten

---

372 Fischer/Wiswede (2002), Grundlagen der Sozialpsychologie, S. 604f.

373 Raiffa et al. (2002), Negotiation Analysis, S. 391.

374 Raiffa et al. (2002), Negotiation Analysis, S. 391f.

375 Frings (2010), Soziales Vertrauen, S. 164.

nicht mehr in der Lage, diese Informationen anforderungsgerecht zu verarbeiten und ermüdet bzw. verhält sich schließlich nur begrenzt rational.[376]

**Zwischenmenschliche Konflikte:** Zwischenmenschliche Konflikte treten auf, wenn sich zwei Personen aufgrund ihrer originären Art nicht verstehen. Das fehlende Verständnis ist häufig darauf zurückzuführen, dass Aussagen oder Handlungen falsch interpretiert werden. Das fehlende Verständnis ist somit nicht auf ein aktives Verhalten einer Person zurückzuführen, sondern vielmehr ein unbeabsichtigtes Ergebnis. Je mehr Personen an einer Verhandlung beteiligt werden, umso größer die Wahrscheinlichkeit, dass zwischenmenschliche Konflikte auftreten.[377]

**Motivationsverlust:** Motivationsverlust geht eng mit dem Koordinationsverlust einher. In diesem Fall wird der Koordinationsverlust aktiv von der jeweiligen Person herbeigeführt. Motivationsverlust wird ebenfalls als Social Loafing oder Trittbrettfahrer-Effekt bezeichnet. Ist der eigene Erfolgsbeitrag in einer Gruppe nicht mehr eindeutig erkennbar, reduzieren Personen mit Motivationsverlust ihre Leistung, da das Gesamtziel unter Umständen auch ohne eigenes Engagement realisiert wird.[378]

### 4.2.3 Zusammenfassung

Das Ziel dieses Kapitels liegt in der Definition von Anforderungen an das Gestaltungsmodell zur interaktiven Einführung von PLM sowie in der Abbildung eines Grobkonzepts des Gestaltungsmodells selbst. Zunächst werden die Grundlagen der allgemeinen Modelltheorie vorgestellt. Anschließend erfolgt die Definition von formalen und inhaltlichen Anforderungen an das Modell selbst. Die inhaltlichen Anforderungen an das Gestaltungsmodell stammen aus dem Praxisdefizit, der Zielsetzung dieser Arbeit, dem Gestaltungsbereich sowie dem Lösungsansatz.

Aus der Zielsetzung lässt sich die Anforderung ableiten, dass die Einführung von PLM durch Methoden der Verhandlungsforschung unterstützt werden soll, um die Effizienz und Effektivität des Einführungsprozesses zu erhöhen. Mit dem Gestaltungsbereich wird ein Rahmen vorgegeben, der durch das Gestaltungsmodell adressiert werden soll. In Kapitel 3.1 wird gezeigt, dass bis auf die Integration der Mitarbeiter in die Gestaltung und Umsetzung der PLM-Lösung alle Defizite durch bestehende Ansätze der Einführung von PLM abgedeckt werden. Daher soll im Rahmen dieser Arbeit gerade dieses Defizit adressiert werden. In Bild 4-5 werden die

[376] Frings (2010), Soziales Vertrauen, S. 164; Raiffa et al. (2002), Negotiation Analysis, S. 392.
[377] Raiffa et al. (2002), Negotiation Analysis, S. 392.
[378] Fischer/Wiswede (2002), Grundlagen der Sozialpsychologie, S. 392.

inhaltlichen Anforderungen an das Gestaltungsmodell zusammengefasst. Vor diesem Hintergrund lässt sich das Grobkonzept des Gestaltungsmodells zur interaktiven Einführung von PLM ableiten. Das Grobkonzept sowie die einzelnen Elemente sollen im Folgenden näher beschrieben werden.

**Inhaltliche Anforderungen an das Gestaltungsmodell**

*Anforderungen aus der Zielsetzung*

- Begleitung der PLM-Einführung durch Methoden der Verhandlungsforschung für die Interaktion
- Erhöhung der Effizienz und Effektivität im PLM-Einführungsprozess

*Anforderungen aus dem Gestaltungsbereich*

- Beschreibung der Elemente einer PLM-Lösung
- Abbildung der Vorgehensweise der PLM-Einführung
- Herstellung des Zusammenhangs zwischen PLM-Lösung und Vorgehensweise

*Anforderungen aus den Defiziten der Praxis*

- Abbildung eines einheitlichen PLM-Verständnisses
- Abbildung einer anforderungsgerechten PLM-Projektorganisation
- Klassifikation von PLM-unterstützenden IT-Systemen
- Integration des Menschen in die Gestaltung und Umsetzung der PLM-Lösung

*Anforderungen aus dem Lösungsansatz*

- Identifikation kritischer Entscheidungssituationen
- Umsetzung von Erfolgsfaktoren der Verhandlungsführung
- Verhandlungsorientierte Gestaltung der Interaktion

Bild 4-5: Inhaltliche Anforderungen an das Gestaltungsmodell

## 4.3 Grobkonzept des Gestaltungsmodells

In diesem Kapitel soll das Grobkonzept des Gestaltungsmodells vorgestellt werden. Mit dem Grobkonzept wird das Ziel verfolgt, einen Rahmen für die Detaillierung der einzelnen Elemente des Gestaltungsmodells bereitzustellen. Da mit dem Grobkonzept relevante Bestandteile der Lösung definiert werden, ist das Grobkonzept folglich ein maßgebliches Kernelement dieser Forschungsarbeit und muss bereits die formalen und inhaltlichen Anforderungen erfüllen.

Die formalen Anforderungen fokussieren die Richtigkeit der Modellbildung. Die inhaltlichen Anforderungen hingegen beziehen sich auf die Lösung von Defiziten bestehender Modelle. Für die Herleitung des Grobmodells zur interaktiven Einführung von PLM gilt es daher vor allem die inhaltlichen Anforderungen zu beachten, um die bestehenden Defizite aufzulösen. Ein wesentliches Defizit besteht in der fehlenden eindeutigen Definition des Begriffes PLM. Folglich ist das Verständnis einer PLM-Lösung ebenfalls nicht eindeutig. Deshalb muss das Gestaltungsmodell ein Hilfsmittel bereitstellen, um die individuellen Vorstellungen einer PLM-Lösung verständlich abzubilden. Diese Anforderung soll durch das PLM-Modell erfüllt werden. Das PLM-Modell soll zunächst in Form eines Beschreibungsmodells den Rahmen aufzeigen, in dessen Grenzen die Erarbeitung und Gestaltung einer PLM-Lösung erfolgt. Dabei soll das PLM-Modell nicht nur Teile einer PLM-Lösung, wie beispielsweise das PDMS in den Mittelpunkt stellen, sondern möglichst alle Elemente aufzeigen, die bei der Gestaltung beachtet werden müssen. Um bei der Gestaltung möglichst alle relevanten Elemente zu berücksichtigen, muss das PLM-Modell über die reine Beschreibung hinausgehen. Daher gilt es nicht nur die einzelnen Elemente einer PLM-Lösung aufzuzeigen, sondern darüber hinaus die Zusammenhänge der Elemente untereinander abzubilden bzw. zu erklären.

FELDHUSEN und GEBHARD gehen in ihrem Ansatz auf die PLM-Strategie sowie auf das PDMS im Speziellen ein. SCHUH ET AL. stellen ein prozessorientiertes Rahmenwerk zur Ableitung der PLM-Lösung vor. Der VDMA-Leitfaden fokussiert ebenfalls die Prozessgestaltung, wobei innerhalb der Prozesse einzelne Methoden und Werkzeuge als Hilfsmittel aufgezeigt und beschrieben werden. Keiner der vorgestellten Ansätze bildet die PLM-Strategie, das PLM-Konzept (bestehend z.B. aus Prozessen, Werkzeugen) sowie die IT in einem zusammenhängenden Modell ab. Folglich wird der Zusammenhang zwischen diesen Elementen in den vorgestellten Ansätzen kaum berücksichtigt. Mit dem PLM-Modell soll dieses Defizit aufgelöst werden.

Ein weiteres Defizit existierender Modelle zur PLM-Einführung zeigt sich im Bereich der Interaktion. Obwohl die PLM-Einführung stark von den Mitarbeitern und deren Zusammenwirken abhängt, geht keiner der vorgestellten PLM-Einführungsmodelle auf das wechselseitige Verhalten der Beteiligten im Rahmen der Interaktion und die dabei entstehenden Konflikte ein. Dieses Defizit soll mit dem Verhandlungsmodell aufgelöst werden. Im Fokus des Verhandlungsmodells steht die Systematisierung der

Interaktion, um Konfliktsituationen zu vermeiden bzw. zu lösen. Dabei wird das Ziel verfolgt Konflikte verhandlungsbasiert anzugehen, um die Kollaboration als Form der Zusammenarbeit nicht zu gefährden. Die Berücksichtigung von Erfolgsfaktoren der Verhandlungsführung in der Interaktionsgestaltung bildet in diesem Zusammenhang z.B. einen Lösungsansatz, um das Interaktionsergebnis positiv zu beeinflussen.

Während die vorgestellten Ansätze zur PLM-Einführung unterschiedliche Schwerpunkte setzen, wird die Interaktion von keinem der Ansätze thematisiert. Vielmehr wird vorausgesetzt, dass alle Beteiligten im Unternehmen sich entsprechend verhalten und im Sinne der übergeordneten Zielsetzung handeln. Doch aus dem Verständnis von Interaktion selbst wird bereits deutlich (vgl. Kapitel 2.1), dass wechselseitige Handlungen durch Konflikte geprägt sein können. Diese Situation zeigt sich vor allem dann, wenn die Maximierung des eigenen Vorteils der Zielerreichung von Verhandlungspartnern entgegensteht. Daher müssen Methoden und Ansätze aus den Sozialwissenschaften in der Gestaltung einer PLM-Lösung mit eingehen, um die in der Interaktion entstehenden Konflikte zu beherrschen.

Die Einführung von PLM ist kein Selbstzweck. Vielmehr wird mit PLM das Ziel verfolgt, die Umsetzung übergeordneter Unternehmensziele zu unterstützen. Vor diesem Hintergrund müssen im Gestaltungsmodell die Unternehmensziele abgebildet werden, die der PLM-Einführung als Orientierung dienen. Diese Aufgabe wird durch das Zielmodell erfüllt. Dabei steht nicht nur die Beschreibung von Unternehmenszielen im Fokus, sondern ebenfalls die Abbildung von Abhängigkeiten zwischen den Zielen untereinander. Denn erst unter Berücksichtigung der Abhängigkeiten lassen sich diejenigen Ziele bzw. Unterziele identifizieren, die den größten Hebel zur Realisierung der übergeordneten Unternehmensziele bilden. So gilt es mit PLM vorrangig die Realisierung dieser Ziele bzw. Unterziele zu adressieren. Da das Vorliegen von Unternehmenszielen nicht originär auf die Einführung von PLM zurückgeht, wird das Vorliegen eines Zielmodells im Unternehmen vorausgesetzt. Deshalb wird im folgenden Verlauf dieser Arbeit weniger detailliert auf das Zielmodell eingegangen.

Schließlich muss das Gestaltungsmodell ein Vorgehen beinhalten, um die Elemente der PLM-Lösung, unter Anwendung des PLM- sowie des Verhandlungsmodells, zu erarbeiten und im Unternehmen umzusetzen. Diese Aufgabe wird durch das Vorgehensmodell erfüllt. Grundsätzlich sollen in diesem Modell die notwendigen Schritte zur PLM-Einführung in eine logische Reihenfolge gebracht werden. Entgegen bestehenden Ansätzen z.B. nach ARNOLD ET AL., STARK oder EIGNER und STELZER, soll die Reihenfolge nicht statisch vorgegeben, sondern vielmehr dynamisch veränderbar sein, um die individuellen Rahmenbedingungen im Unternehmen zu antizipieren. So sind beispielsweise Teile der Unternehmens-IT vorgegeben und müssen in der Gestaltung der PLM-Lösung (z.B. als Teil der PLM-Strategie) berücksichtigt werden. In einem anderen Fall gilt es zunächst die Akzeptanz für PLM im Unternehmen zu stärken, bevor überhaupt eine PLM-Lösung erarbeitet werden kann. Aus diesen Beispielen wird deutlich, dass die PLM-Einführung nicht immer einem strikten Vorgehen folgt. Vielmehr lassen sich einzelne Tätigkeiten in eine logische Abfolge bringen und in Phasen zusammenfassen, wobei die Abfolge der einzelnen Phasen individuell zu bestimmen ist. Schließlich ist die Einführung von PLM niemals abgeschlossen. Die sich im Zeitverlauf veränderbaren Rahmenbedingungen gilt es entsprechend zu antizipieren und in die bestehende PLM-Lösung zu integrieren. Dies erfordert eine stetige Performancemessung und damit eine stetige Weiterentwicklung der PLM-Lösung selbst. Die kontinuierliche Weiterentwicklung selbst ist kein Element des Gestaltungsmodells, sondern in diesem Zusammenhang vielmehr als Anforderung zu versehen. Zusammenfassend besteht das Grobkonzept des Gestaltungsmodells der interaktiven Einführung von PLM besteht aus vier Elementen, die in Bild 4-6 im Zusammenhang abgebildet werden.

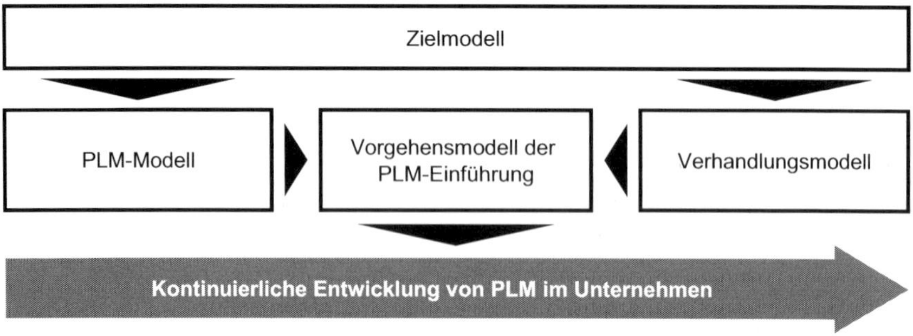


Bild 4-6: Grobkonzept des interaktiven Gestaltungsmodells

Insgesamt soll das Vorgehensmodell als übergreifender Ordnungsrahmen verstanden werden, der die einzelnen Handlungsstränge der PLM-Einführung in einem übergeordneten Modell abbildet. Der Ordnungsrahmen soll die bestehenden Ansätze zur PLM-Einführung nicht vollkommen ersetzen. Vielmehr soll mithilfe des Vorgehensmodells aufgezeigt werden, in welchem Anwendungszusammenhang die bestehenden Ansätze zur PLM-Einführung zur Detaillierung der vorliegenden Aufgabenstellung genutzt werden können. Schließlich liegt ein weiterer signifikanter

Unterschied zu bestehenden Ansätzen der PLM-Einführung in der Thematisierung der Interaktion durch das Verhandlungsmodell. Damit soll das Bewusstsein dafür geschärft werden, dass die Interaktion zwischen Individuen ebenfalls zu gestalten ist.

## 4.4 Zusammenfassung Kapitel 4

In diesem Kapitel wird das Grobkonzept des Gestaltungsmodells der interaktiven Einführung von PLM hergeleitet. Dafür wird zunächst das Modellverständnis für diese Arbeit beschrieben. Anschließend werden die formalen und inhaltlichen Anforderungen an das Gestaltungsmodell vorgestellt. Da das Modellverständnis dieser Arbeit auf der allgemeinen Modelltheorie beruht, lassen sich die formalen Anforderungen aus diesem Ansatz ableiten. In diesem Zusammenhang muss das Gestaltungsmodell den Anforderungen nach Richtigkeit, Relevanz, Klarheit, Handhabbarkeit und Effizienz genügen. Die inhaltlichen Anforderungen ergeben sich aus den Defiziten der Praxis, der Zielsetzung dieser Arbeit, dem Gestaltungsbereich sowie dem Lösungsansatz. Da bis auf den letzten Punkt alle Objekte in dieser Arbeit bereits beschrieben werden, befasst sich dieses Kapitel insbesondere mit der Verhandlung zur Gestaltung der Interaktion als Lösungsansatz.

Das Grobkonzept der PLM-Einführung dient als Gestaltungsrahmen und ist ein wesentliches Ergebnis dieser Arbeit. Folglich gelten für das Grobkonzept dieselben Anforderungen wie für das Gestaltungsmodell der interaktiven Einführung von PLM selbst. Ausgangspunkt des Gestaltungsmodells bildet das Zielmodell, in dem die übergeordneten Unternehmensziele beschrieben werden. Das Zielmodell gibt die Rahmenbedingungen vor, die bei der Gestaltung der PLM-Lösung zu beachten sind. Die einzelnen Elemente der PLM-Lösung werden durch das PLM-Modell beschrieben. Mit dem Vorgehensmodell wird aufgezeigt, welche Schritte zur Gestaltung der PLM-Lösung durchzuführen sind und in welcher Reihenfolge die einzelnen Elemente der PLM-Lösung erarbeitet werden. Schließlich werden kritische Entscheidungssituationen in der Auslegung der PLM-Lösung durch das Verhandlungsmodell unterstützt.

# 5 Detaillierung des Gestaltungsmodells

"If everyone is moving forward together, then success takes care of itself."

*Henry Ford*

Henry Ford bringt mit diesem Satz zum Ausdruck, dass die Zusammenarbeit eine wesentliche Grundlage für den Erfolg bildet. Vor diesem Hintergrund besteht das Gestaltungsmodell aus vier Einzelmodellen, die im Zusammenspiel das Gestaltungsmodell der interaktiven Einführung von PLM beschreiben. Dieses Kapitel beginnt mit der Vorstellung des Gesamtmodells der interaktiven Einführung von PLM, um anschließend die einzelnen Bestandteile entsprechend zu detaillieren.

## 5.1 Das Gestaltungsmodell der interaktiven Einführung von PLM

Das Gestaltungsmodell der interaktiven Einführung von PLM besteht aus insgesamt vier Einzelmodellen, die in Summe die PLM-Einführung beschreiben. Wie bereits in Kapitel 4 aufgezeigt wird, ist das Gestaltungsmodell als übergreifender, ganzheitlicher Ordnungsrahmen zu verstehen, in dem die wesentlichen Elemente und Handlungsstränge zur Erarbeitung und Einführung von PLM aufgezeigt werden (siehe Bild 5-1). Im Folgenden soll das Gestaltungsmodell näher erläutert werden, um in den folgenden Unterkapiteln detailliert auf die Einzelmodelle einzugehen.

Ein wesentliches Element des Gestaltungsmodells bildet das Zielmodell. Mit dem Zielmodell werden weniger die PLM-Ziele selbst abgebildet, vielmehr spiegeln sich im Zielmodell unter anderem konkrete Unternehmensziele wider, die der PLM-Einführung als Orientierung dienen. In dieser Arbeit besteht das Zielmodell aus den drei Elementen (a) Unternehmensvision, (b) Unternehmensleitlinien und (c) Unternehmensziele.

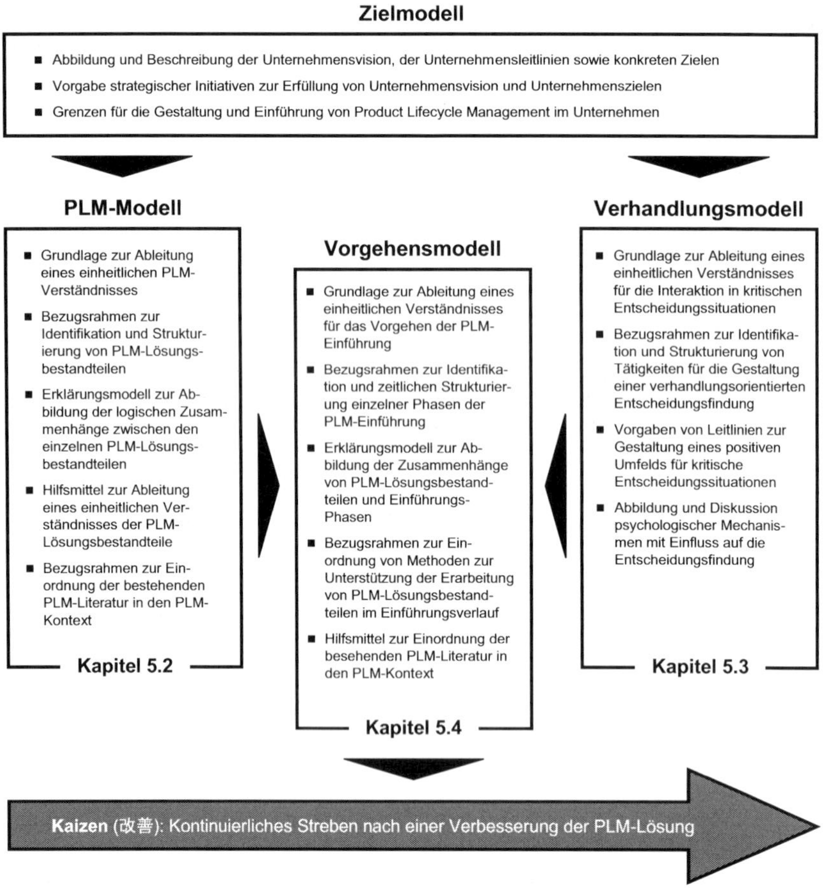


Bild 5-1: Gestaltungsmodell der interaktiven Einführung von PLM

Die *Unternehmensvision* beschreibt ein übergeordnetes Ziel in der Zukunft und zeigt damit einen Zustand auf, den das Unternehmen durch das unternehmerische Handeln langfristig realisieren möchte.[379] Häufig wird die Unternehmensvision sehr grob formuliert. Auf diese Weise lässt sich die Unternehmensvision für den jeweili-

[379] Hungenberg (2004), Strategisches Management in Unternehmen : Ziele - Prozesse - Verfahren, S. 26.

gen Unternehmensbereich (z.B. Entwicklung, Produktion, Vertrieb etc.) individuell interpretieren bzw. individuelle Rahmenbedingungen lassen sich bei der Umsetzung der Unternehmensvision innerhalb der einzelnen Unternehmensbereiche entsprechend antizipieren.

*Unternehmensleitlinien* zeigen die Rahmenbedingungen auf, die bei der Umsetzung der Unternehmensvision entsprechend zu berücksichtigen sind. Im Gegensatz zur Unternehmensvision sind Unternehmensleitlinien konkret formuliert und gelten ebenfalls für Personen außerhalb des Unternehmens.[380] Das Bekenntnis eines Unternehmens zum nachhaltigen Umweltschutz ist beispielsweise eine Unternehmensleitlinie, die in Form einer strategischen Initiative formuliert wird und sich innerhalb des Unternehmens sowie auf das unternehmerische Handeln mit externen Partnern auswirkt. Schließlich finden sich im Zielmodell konkrete *Unternehmensziele* wieder, die im Gegensatz zur Unternehmensvision einen Zustand abbilden, der sich kurz- oder mittelfristig erreichen lässt. Dazu gehören beispielsweise konkrete Finanzkennzahlen (EBIT, ROS) oder die Umsetzung bestimmter Projekte. In dieser Arbeit wird die Existenz eines Zielmodells, als Grundlage unternehmerischen Handelns, vorausgesetzt, so dass in diesem fünften Kapitel nicht mehr detailliert darauf eingegangen wird.

Neben dem Zielmodell bildet das PLM-Modell ein weiteres wesentliches Element des Gestaltungsmodells. Das PLM-Modell ist als ganzheitlicher Ordnungsrahmen für eine PLM-Lösung zu verstehen und erfüllt verschiedene Aufgaben. Eine zentrale Aufgabe des PLM-Modells liegt in der Schaffung eines einheitlichen Verständnisses von PLM im Unternehmen. Dafür wird mit dem PLM-Modell zum einen eine Struktur vorgegeben, der die verschiedenen Handlungsstränge von PLM voneinander abgrenzt. Zum anderen werden innerhalb der Struktur wesentliche Bestandteile einer PLM-Lösung aufgezeigt, die bei der PLM-Einführung grundsätzlich zu adressieren sind. Das PLM-Modell beschränkt sich dabei nicht nur auf die Beschreibung der einzelnen Bestandteile. Vielmehr wird über die eigentliche Beschreibung hinaus ebenfalls der Erklärungszusammenhang zwischen den Bestandteilen aufgezeigt, so dass der Wirkungszusammenhang verständlich wird. Die Struktur, die Bestandteile sowie der Erklärungszusammenhang ermöglicht es schließlich PLM zu verstehen bzw. ein einheitliches Verständnis von PLM sowie der PLM-Lösung im Speziellen, im Unternehmen zu erarbeiten. Schließlich dient das PLM-Modell als Bezugsrahmen, um die PLM-Literatur in den PLM-Kontext einordnen zu können.

[380] Friederici (2000), Die strategischen Instrumente eines Managementsystems, S. 20.

Die Interaktion wird im Verhandlungsmodell adressiert. Mit dem Verhandlungsmodell wird ein Vorgehen aufgezeigt, um kritische Entscheidungssituationen unter Anwendung von Methoden der Verhandlungsführung erfolgreich zu bewältigen. Grundlegend soll mit dem Verhandlungsmodell ein gemeinsames Verständnis darüber geschaffen werden, wie die Interaktion in Form einer verhandlungsbasierten Zusammenarbeit in kritischen Entscheidungssituationen zu erfolgen hat. Analog zum PLM-Modell wird mit dem Verhandlungsmodell zunächst ein Bezugsrahmen vorgestellt, dessen Struktur die inhaltlichen Handlungsstränge einer verhandlungsbasierten Zusammenarbeit beschreibt und voneinander abgrenzt. Darüber hinaus werden die Handlungsstränge in einer logischen Reihenfolge gebracht, um ebenfalls den zeitlichen Verhandlungsverlauf aufzuzeigen. Müssen gewissen Rahmenbedingungen in der Zusammenarbeit berücksichtigt werden, kann das Verhandlungsmodell dazu genutzt werden, diese Rahmenbedingungen entsprechend inhaltlich und in der zeitlichen Abfolge der Zusammenarbeit zu berücksichtigen. Im Fokus des Verhandlungsmodells soll nicht das eigentliche Verhandeln stehen, sondern vielmehr diejenigen Tätigkeiten, die im Vorfeld einer Verhandlung durchzuführen sind. Dazu gehört, neben einer inhaltlichen Vorbereitung, beispielsweise die Gestaltung einer positiven Ausgangssituation. Auf diese Weise können Widerstände oder negative Emotionen von Verhandlungspartnern schon vor dem eigentlichen Verhandeln verringert bzw. abgebaut werden. In diesem Zusammenhang werden im Rahmen des Verhandlungsmodells ebenfalls psychologische Mechanismen aufgezeigt und diskutiert, um auf den wichtigsten Aspekt einer kritischen Entscheidungssituation, den Menschen selbst, einzugehen.

Schließlich wird im Vorgehensmodell die Anwendung des PLM- und Verhandlungsmodells im Einführungsverlauf abgebildet. Analog zum PLM-Modell besteht eine Aufgabe des Vorgehensmodells darin, ein einheitliches Verständnis über das Vorgehen im PLM-Projekt zu schaffen. Dafür wird erneut eine Struktur vorgegeben, anhand derer sich die einzelnen Einführungs-Phasen beschreiben und in einen Erklärungszusammenhang bringen lassen. Während das PLM-Modell statisch die Bestandteile einer PLM-Lösung aufzeigt, werden die PLM-Lösungsbestandteile im Vorgehensmodell den entsprechenden Einführungs-Phasen zugeordnet. Neben der Erarbeitung der PLM-Lösung gilt es im Einführungsverlauf weitere Tätigkeiten (z. B. Aufklärung der Mitarbeiter) durchzuführen, die ebenfalls im Vorgehensmodell aufgezeigt und beschrieben werden. Im Gegensatz zu den in der Literatur existierenden Vorgehensmodellen liegt die Besonderheit dieses Ansatzes darin, dass die einzelnen Phasen nicht in einer vorbestimmten Reihenfolge durchlaufen werden müssen. Vielmehr kann das Durchlaufen der Phasen unter Berücksichtigung der

Unternehmensziele sowie dem dynamischen Unternehmensumfeld erfolgen. So kann beispielsweise das aktuell im Unternehmen genutzte CAD-System die Auswahl des PLM-unterstützenden IT-Systems vorgeben, ohne dass die PLM-Lösung im Ansatz definiert wurde. Oder die Mitarbeiter sind so veränderungsavers, dass vor der Erarbeitung der PLM-Lösung erst eine Atmosphäre zur Bereitschaft für Veränderungen geschaffen werden muss, bevor weitere Initiativen zur Einführung von PLM gestartet werden können. Gerade im zuletzt genannten Zusammenhang lässt sich das Verhandlungsmodell einsetzen, um Mitarbeiter mit Einfluss auf die Meinungsbildung im Unternehmen von PLM bzw. der Notwendigkeit von PLM im Unternehmen zu überzeugen. Wie auch zuvor lässt sich der Ordnungsrahmen nutzen, um den Einsatz von Methoden zur Erarbeitung der einzelnen PLM-Lösungsbestandteile zu ordnen sowie die bestehende Literatur zum Thema PLM-Lösung in den Gesamtkontext einzuordnen.

Im unteren Teil von Bild 5-1 wird der Begriff KAIZEN aufgeführt. Dieser aus der japanischen Lebens- und Arbeitsphilosophie stammende Begriff steht für ein Streben nach kontinuierlicher Verbesserung durch Selbstreflexion und Selbstkritik.[381] Vor diesem Hintergrund ist die Einführung von PLM im Unternehmen niemals gänzlich abgeschlossen, sondern ein kontinuierlicher Prozess, der entsprechend in der Aufbau- und Ablauforganisation im Unternehmen zu verankern ist. Der Dynamik des unternehmerischen Umfelds sowie der steigenden Leistungsfähigkeit der IT geschuldet, gilt es das PLM-Verständnis und entsprechend die PLM-Lösung von Zeit zu Zeit zu hinterfragen und gegebenenfalls anzupassen.

## 5.2 Aufbau des PLM-Modells

Mit PLM wird eine integrative Sichtweise des gesamten Unternehmens eingenommen. Deswegen lassen sich Aspekte des Konzeptes Integriertes Management[382] nach BLEICHER auf PLM übertragen. So besteht ein integriertes Management aus einem normativen, einem strategischen sowie einem operativen Bestandteil.[383] Alle Bestandteile müssen in der Gestaltung und Umsetzung der PLM-Lösung entsprechend berücksichtigt werden. In der Strategie werden die Ziele und der Weg der Zielerreichung beschrieben. Daher muss eine PLM-Strategie vorliegen, in der die Unternehmensvision sowie konkrete Unternehmensziele, unter Berücksichtigung der

---

381 Liker (2004), The Toyota way - 14 Management Principles from the World's Greatest Manufacturer, S. 252.

382 Für mehr Informationen siehe Bleicher (2001), Das Konzept integriertes Management.

383 Bleicher/Pümpin (1996), Management-Konzepte, S. 1-13.

Unternehmensleitlinien, für das PLM-Projekt interpretiert und in PLM-Ziele übersetzt werden.

Die Gestaltung der Ablauforganisation in Form von organisatorischen Prozessen erfolgt nach BLEICHER auf der operativen Ebene. Da mit PLM ebenfalls eine Prozessgestaltung stattfindet, muss das PLM-Modell einen operativen Bestandteil beinhalten. Die Besonderheit der PLM-basierten Prozessgestaltung liegt darin, dass eine Verwebung mit der IT bzw. mit IT-basierten Applikationen stattfindet. Der Funktionsumfang einer Applikation ist an den technologischen Fortschritt gebunden.[384] Daher können beim Einsatz von Applikationen Beschränkungen existieren, die bei der Prozessgestaltung zu beachten sind. Nach BÖHM ET AL. erfolgt die Auswahl der Applikationen anhand von Anforderungen, die sich aus den Unternehmensprozessen ergeben.[385] Folglich dürfen die von einer Applikation ausgehenden Beschränkungen die Gestaltung der Unternehmensprozesse nicht signifikant beeinflussen. Daher wird im Rahmen dieser Arbeit eine Unterteilung der operativen Ebene in einen IT-unabhängigen und einen IT-abhängigen Bestandteil vorgenommen. Schließlich besteht das PLM-Modell aus den drei Bausteinen *PLM-Strategie*, *PLM-Konzept* sowie der *PLM-IT-Architektur* (siehe Bild 5-2).

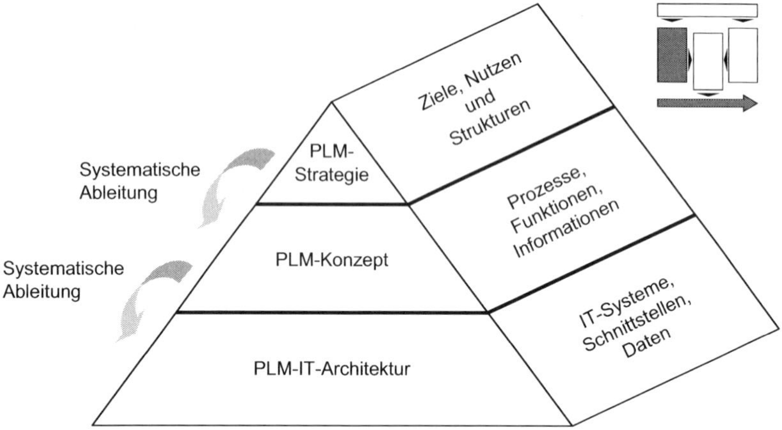


Bild 5-2: Das PLM-Modell[386]

[384] Vgl. Moore's Law Kapitel 2.7.1.1

[385] Böhm et al. (2002), System-Entwicklung in der Wirtschaftsinformatik, S. 107.

[386] In Anlehung an Lenders (2009), PLM - Eine Standortbestimmung.

Im Bereich der PLM-Strategie werden die Ziele, der Nutzen sowie relevante Strukturen definiert. Auf dieser Basis wird das PLM-Konzept abgeleitet, welches aus Prozessen, Funktionen sowie Informationen besteht und die Grundlage zur Umsetzung der PLM-Strategie bildet. Schließlich erfolgt die Umsetzung des PLM-Konzeptes mit der PLM-IT-Architektur. Während das PLM-Konzept IT-neutral ausgelegt wird, beschreibt die PLM-IT-Architektur, welche IT-Systeme zur Umsetzung des Konzeptes genutzt werden, welche informatorischen Schnittstellen vorliegen und welche Daten im Unternehmen integriert werden.

### 5.2.1 Elemente einer PLM-Strategie

Die PLM-Strategie leitet sich direkt aus der übergeordneten Unternehmensstrategie ab. Jede Unternehmensstrategie ist einzigartig. Als Folge ist eine PLM-Strategie ebenso einzigartig und wird individuell entwickelt. Als Ausgangspunkte zur Entwicklung einer anforderungsgerechten PLM-Strategie stehen das Produkt sowie der gesamte Produkterstellungsprozess zur Verfügung.[387]

In der Strategiedefinition werden die Ziele, der durch PLM angestrebte Nutzen sowie die Strukturen im Unternehmen adressiert. Dabei leiten sich der Nutzen von den Zielen und die Strukturen vom Nutzen ab. Vor diesem Hintergrund beschreibt der Begriff Ziel einen Zustand, der durch PLM angestrebt wird. Mit dem Nutzen wird die Fähigkeit von PLM-Elementen aufgezeigt, den Zielzustand zu erreichen. Schließlich dienen die Strukturen dazu, für wesentliche Gestaltungsbereiche im Unternehmen Positionen bzw. Restriktionen vorzugeben, um Konflikte bei der Ausgestaltung der PLM-Lösung zu vermeiden. In diesem Sinne lässt sich die PLM-Strategie als Lastenheft auffassen, das mit dem PLM-Konzept sowie mit der PLM-IT-Architektur umgesetzt wird.[388] In Bild 5-3 werden beispielhaft Elemente einer PLM-Strategie aufgezeigt.

[387] Feldhusen/Gebhardt (2007), Product Lifecycle Management für die Praxis, S. 21.
[388] Feldhusen/Gebhardt (2007), Product Lifecycle Management für die Praxis, S. 22.

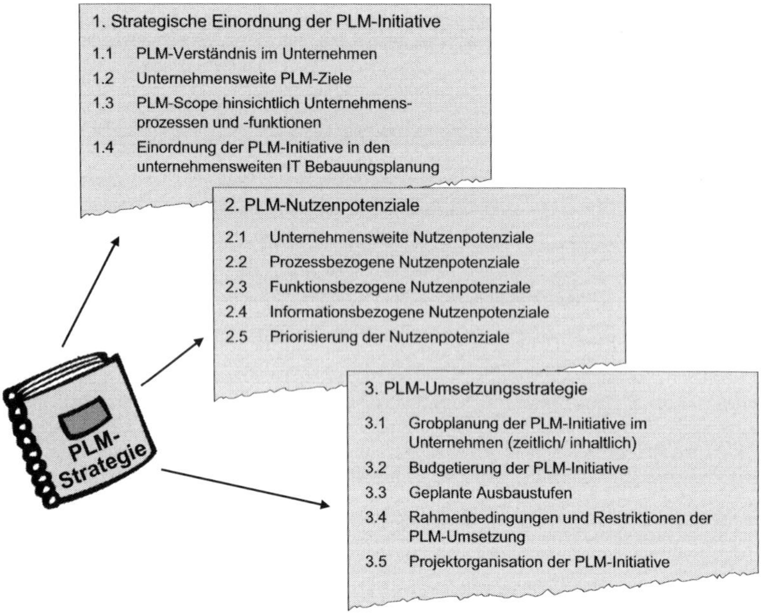


Bild 5-3: Beispiel: Elemente einer PLM-Strategie[389]

Ein Element der PLM-Strategie bildet die strategische Einordnung der PLM-Initiative ins Unternehmen. In diesem Zusammenhang wird PLM im Unternehmen verankert. Dabei zeigt die Unternehmensleitung ihr Interesse für die Umsetzung von PLM auf, und es werden übergeordnete Ziele und Strukturen definiert, um grobe Rahmenbedingungen für die PLM-Initiative vorzugeben. Wie bereits angesprochen, existiert keine allgemeingültige Definition des Begriffes PLM. Vor diesem Hintergrund ist die Entwicklung einer PLM-Definition sowie die Ableitung eines unternehmensspezifischen PLM-Verständnisses eine wesentliche Aufgabe der PLM-Strategie.

Eine weitere Aufgabe bildet die Definition von unternehmensweiten PLM-Zielen. Dabei gilt es nicht nur die Ziele selbst zu beschreiben, sondern ebenfalls den Zusammenhang zu den übergeordneten Unternehmenszielen herzuleiten. Liegen PLM-Verständnis sowie PLM-Ziele vor, lässt sich darüber hinaus der Gestaltungsbe-

[389] Lenders (2009), PLM - Eine Standortbestimmung.

reich bzw. Scope der PLM-Initiative herleiten. Bereits mit der Zieldefinition wird indirekt aufgezeigt, welche Unternehmensbereiche durch die PLM-Lösung adressiert werden. Um jedoch einen konkreten Rahmen für die Gestaltung der PLM-Lösung vorzugeben, werden mit der Auswahl von Unternehmensprozessen und -funktionen Leitplanken für die Erstellung des PLM-Konzeptes vorgegeben. Analog zur Abgrenzung des Gestaltungsbereichs auf Prozessebene werden mit der Einordnung der PLM-Initiative in den unternehmensweiten IT-Bebauungsplan die Rahmenbedingungen der PLM-IT-Architektur festgelegt. In diesem Zusammenhang gilt es, beispielsweise das führende IT-System[390] festzulegen.[391]

Ein weiteres Element der PLM-Strategie adressiert die zu realisierenden Nutzenpotenziale. Ausgehend von den unternehmensweiten PLM-Zielen wird mit den Nutzenpotenzialen aufgezeigt, wie Ziele zu realisieren sind. In diesem Zusammenhang lassen sich die Nutzenpotenziale in unternehmensweite, prozessbezogene, funktionsbezogene und informationsbezogene Nutzenpotenziale unterscheiden. Die verschiedenen Nutzenpotenzialklassen sind nicht unabhängig voneinander zu betrachten, sondern geben Gestaltungsebenen für die Auswahl und Definition von Nutzenpotenzialen vor. So beziehen sich unternehmensweite Nutzenpotenziale auf den gesamten Produktlebenszyklus. Dabei beziehen sich die Nutzenpotenziale nicht nur auf das eigene Unternehmen, sondern schließen ebenfalls Lieferanten und Kunden in die Betrachtung mit ein. Besonders Nutzenpotenziale, die sich beim Kunden realisieren lassen, besitzen großen Einfluss auf die Außenwahrnehmung des Unternehmens. Wird beispielsweise durch die PLM-Lösung die adäquate Umsetzung von Kundenanforderungen sichergestellt, erfahren die Kunden mit dem Produkt einen höheren Nutzen, was sich häufig positiv auf das zukünftige Kaufverhalten auswirkt.

Prozessbezogene Nutzenpotenziale ergeben sich in der Regel aus der Definition neuer Prozesse (z.B. Unterstützungsprozesse) oder aus der Integration von Prozessen durch verstärkten Austausch von Daten und Informationen. In beiden Fällen können die jeweiligen Mitarbeiter auf mehr Daten und Informationen zurückgreifen, um Tätigkeiten effizienter und/oder effektiver zu gestalten. Funktionsbezogene Nutzenpotenziale sind eng mit prozessbezogenen Nutzenpotenzialen verknüpft. Eine Funktion wird in diesem Zusammenhang als Hilfsmittel verstanden, um die Durchführung von Tätigkeiten zu unterstützen bzw. zu ersetzen. So stellen z.B. 3D-CAD-

[390] Das führende IT-System zeichnet sich dadurch aus, dass Stammdaten nur von diesem IT-System verändert werden dürfen.

[391] Hanschke (2009), Strategisches Management der IT-Landschaft, S. 29.

Systeme Funktionen bereit, um die Konstruktion zu vereinfachen. Schließlich lassen sich informationsbezogene Nutzenpotenziale realisieren. Informationsbezogene Nutzenpotenziale zeigen sich vor allem im Bereich der Daten, die die Grundlage von Informationen bilden. Im PLM wird insbesondere die Realisierung von Datenkonsistenz in den Mittelpunkt gestellt.

Weiterhin werden im Rahmen der PLM-Strategie grobe Vorgaben für die Umsetzung bzw. Implementierung der PLM-Lösung festgelegt. Zur Definition der Umsetzung gehören beispielsweise eine inhaltliche und zeitliche Grobplanung, eine Budgetierung, die Definition der geplanten Ausbaustufe bzw. Reifegrad, Rahmenbedingungen und Restriktionen sowie die Festlegung der Projektorganisation. Dabei werden der PLM-Initiative vor allem durch die Budgetierung harte Grenzen aufgezeigt. Eng mit der Budgetierung ist die Ausbaustufe der PLM-Lösung verknüpft. Die Ausbaustufe wird als Reifegrad verstanden und zeigt auf, welche zukünftigen Möglichkeiten bestehen, die PLM-Lösung weiterzuentwickeln. Schließlich werden mit Rahmenbedingungen und Restriktionen Strukturen festgelegt, die bei der Gestaltung der PLM-Lösung beachtet werden müssen. Im Folgenden sollen zwei wesentliche Strukturelemente vorgestellt werden, die großen Einfluss auf die PLM-Lösung besitzen.

Das zentrale Strukturelement einer PLM-Strategie bildet die Produktarchitektur. Die Produktarchitektur besteht aus der Produktstruktur, der Funktionsstruktur sowie deren Transformationsbeziehung.[392] In der Produktstruktur werden die physischen Komponenten eines Produktes strukturiert abgebildet. Insbesondere zeigt die Produktstruktur die Zusammenhänge zwischen physischen Komponenten sowie deren Schnittstellen auf.[393] Im Gegensatz dazu beschreibt die Funktionsstruktur, wie die (Teil-)Funktionen eines Produktes zusammenhängen und über Wechselwirkungen miteinander bzw. untereinander interagieren.[394] Die Transformationsbeziehung beschreibt in diesem Zusammenhang die Umsetzung der (Teil-)Funktionen in physische Komponenten des Produktes.

Die Erarbeitung der Produktarchitektur ist nicht Aufgabe der PLM-Strategie. Vielmehr wird in der PLM-Strategie eine Sichtweise auf die Produktarchitektur als Referenz festgelegt, um das PDM entsprechend zu gestalten. Das PDM bildet in diesem Zusammenhang die Basis für die Zusammenarbeit im Rahmen der Produktentwicklung, wobei insbesondere die Verwaltung und Visualisierung von 3D-CAD-Modellen im Mittelpunkt steht. Liegt die Produktarchitektur z.B. in Form eines

[392] Meier (2007), Produktarchitekturtypen, S. 44.
[393] Meier (2007), Produktarchitekturtypen, S. 43.
[394] Meier (2007), Produktarchitekturtypen, S. 47.

Baukastens vor, wird eine entsprechende strukturierte Sichtweise auf die Produktarchitektur benötigt, um z.B. eine Baukastenlogik sinnvoll abzubilden. Im Speziellen müssen die Komponenten des Baukastens transparent abgebildet werden, um die Entwickler in ihren Tätigkeiten zu unterstützen. In Bild 5-4 werden beispielhaft zwei Möglichkeiten zur Abbildung der Produktstruktur im PDMS an einem vereinfachten Beispiel eines Außenspiegels aufgezeigt.

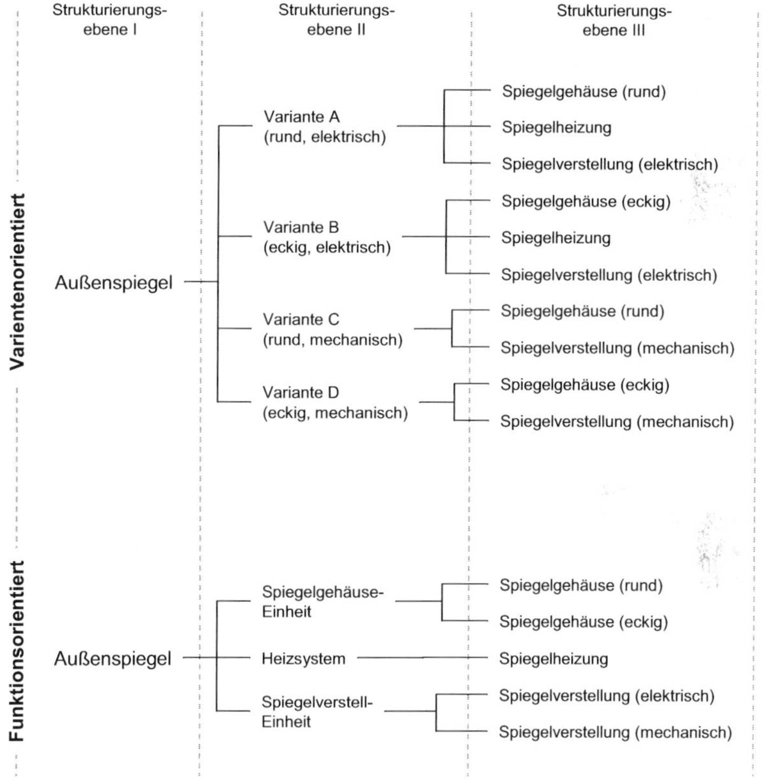


Bild 5-4: Möglichkeiten der Produktstrukturierung im PDMS

Im oberen Teil der Abbildung liegen die einzelnen Varianten des Außenspiegels bereits auf der zweiten Strukturierungsebene vor. Es ist klar zu erkennen, dass insgesamt vier Varianten des Außenspiegels angeboten werden. Im unteren Teil der Abbildung wird eine funktions- bzw. baukastenorientierte Strukturierung aufgezeigt. Dabei zeigt sich, dass der Außenspiegel aus drei Komponenten besteht. Während die möglichen bzw. angebotenen Außenspiegelvarianten auf den ersten Blick nicht erfassbar sind, lässt sich schnell erkennen, welche Komponenten Varianz verursachen. Soll eine neue Außenspiegelvariante angeboten werden, kann der Konstrukteur mit geringem Aufwand erkennen, welche Komponenten in der neuen Variante übernommen werden können, um so wenig neue Komponenten wie möglich bei der Realisierung der neuen Varianten konstruieren zu müssen.

Für Produktarchitekturen mit hohem mechatronischen Anteil gilt es eine Sicht auf die Produktarchitektur im PDMS umzusetzen, mit der die engen Beziehungen zwischen den am Entwicklungsprozess beteiligten Disziplinen (Mechanik, Elektrik/ Elektronik, Software) sinnvoll aufgezeigt werden. In diesem Zusammenhang wird in der Regel eine funktionale Sicht auf die Produktarchitektur eingenommen, um die Zusammenhänge zwischen CAD-Modellen, Schaltplänen und Software abzubilden.

Neben der Produktarchitektur bildet die Aufbauorganisation ein weiteres wesentliches Strukturelement. Seit dem Taylorismus beschreibt die Aufbauorganisation in der Regel die Strukturierung eines Unternehmens nach definierten Aufgaben. Die wichtigsten Strukturmerkmale der Aufbauorganisation sind die Abteilungsgliederung, das System der Weisungsbefugnisse und das Kommunikationssystem.[395] Mit PLM findet eine ganzheitliche Betrachtung des Unternehmens statt. In diesem Zusammenhang werden Prozesse verschiedener Produktlebenszyklusphasen integriert und damit andere Abteilungen in zuvor „fremde" Prozesse mit eingebunden. Durch die Einbindung anderer Abteilungen stellt sich die Frage, welche Abteilungen über die nötigen Weisungsbefugnisse verfügen, um Entscheidungen umzusetzen. Deshalb gilt es im Rahmen der PLM-Strategie, Regeln für die Aufbauorganisation zu definieren, um diese Konflikte zu vermeiden.

*Beispiel der Entwicklung der PLM-Strategie bei einem Automobilzulieferer*

Zur Verdeutlichung der Tragweite und des Entstehungsweges einer PLM-Strategie soll hier das Beispiel eines mittelständischen Automobilzulieferunternehmens vorgestellt werden. Das Unternehmen beschäftigt rund 2.000 Mitarbeiter und stellt anspruchsvolle Struktur- und Außenhautteile her. Durch einen innovativen Werkzeugbau hat sich das Unternehmen über Jahrzehnte erfolgreich den Ruf aufgebaut,

[395] Laux et al. (2005), Grundlagen der Organisation : die Steuerung von Entscheidungen als Grundproblem der Betriebswirtschaftslehre, S. 179.

besonders komplexe und anspruchsvolle Teile zuverlässig liefern zu können. Im Rahmen einer Überarbeitung der Unternehmensstrategie wurde der Differenzierungsanspruch („Differenzierung zum Wettbewerb durch überlegene Prozesse") sowie der Weg vom Auftragsproduzenten zum Systemlieferanten mit Entwicklungsumfängen genau beschrieben. In Bild 5-5 wird der Zusammenhang von Unternehmensstrategie, Prozess- und IT-Sicht sowie PLM-Strategie am Beispiel eines Automobilzulieferers übersichtsartig abgebildet.

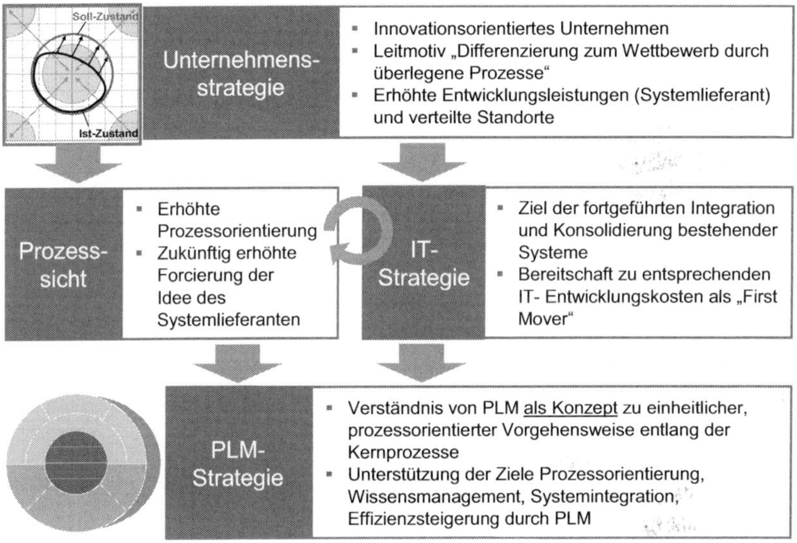


Bild 5-5: PLM-Ziele am Beispiel eines Automobilzulieferers[396]

Aus der Unternehmensstrategie wird deutlich, dass das Unternehmen innovativ ausgerichtet ist und seine Prozesse als wesentliches Differenzierungsmerkmal gegenüber Wettbewerbern betrachtet. Durch die Entwicklung in Richtung eines Systemlieferanten steigt die Komplexität der Unternehmensprozesse z.B. in Auftragsabwicklung, Entwicklung oder Beschaffung signifikant an. In diesem Umfeld möchte sich das Unternehmen vom Wettbewerb durch überlegene Prozesse differenzieren. Dies bezieht sich z.B. auf die Durchlaufzeit oder die Fehlersicherheit der gesamten Auftragsabwicklungskette. Aus dieser Unternehmensstrategie leiten sich direkte

[396] Lenders/Schittny (2008), Product Lifecycle Management: Nutzen Sichtbar machen!, S. 45.

Anforderungen an die Prozesssicht sowie an die IT-Strategie des Unternehmens ab. Aus Prozesssicht wird eine höhere Prozessorientierung in der Unternehmensorganisation angestrebt. Insbesondere werden Produkt- und Produktionsentwicklungsprozesse adressiert, um den Erfolg als Systemlieferant abzusichern. Für die IT-Strategie ergibt sich vor diesem Hintergrund das wesentliche Ziel, durch eine Konsolidierung bestehender IT-Systeme die Umsetzung der Prozessorientierung des Unternehmens zu ermöglichen. Wo bislang Abteilungslösungen vorherrschten, sind nun durchgängige Systeme erforderlich. Solange Vertrieb, Projektmanagement, Einkauf, Entwicklung und Produktion nicht mit durchgängig konsistenten Produkt- und Prozessdaten arbeiten, ist die Umsetzung der Prozessorientierung im Unternehmen wesentlich behindert und die strategische Entwicklung eingeschränkt.

Aus der beschriebenen Situation ergibt sich das PLM-Verständnis des Unternehmens: PLM wird hier zunächst losgelöst von einzelnen IT-Systemen als Konzept verstanden, das den Zustand einer durchgängigen Unterstützung des Auftragsabwicklungsprozesses durch alle beteiligten Unternehmensbereiche detailliert beschreibt. Als wesentliche Zielgrößen von PLM wurden in der PLM-Strategie dieses Unternehmens die Unterstützung der Prozessorientierung, ein Wissensmanagement durch durchgängige Bereitstellung von bisherigen Auftragsdaten, die produktseitige Systemintegration sowie die Prozesseffizienz definiert.

Das Beispiel zeigt, wie eine PLM-Strategie direkt zur Erreichung (oder Verfehlung) der Unternehmensstrategie beiträgt. Gelingt die Umsetzung der mit PLM verfolgten Ziele nicht, ist der in der Unternehmensstrategie verankerte Differenzierungsanspruch des gesamten Unternehmens stark gefährdet. Das Beispiel soll darüber hinaus verdeutlichen, dass die Entwicklung einer PLM-Strategie durchaus im Bezug zur jeweiligen IT-Strategie und zur IT-Bebauungsplanung eines Unternehmens steht, die PLM-Strategie selbst aber zunächst vollkommen unabhängig von einzelnen PLM-unterstützenden IT-Systemen definiert wird.

### 5.2.2 Elemente eines PLM-Konzeptes

Das PLM-Konzept bildet die grundlegende Architektur einer PLM-Lösung. Während in der PLM-Strategie die Ziele und weitere wesentliche Rahmenbedingungen der PLM-Lösung definiert werden, zeigt das PLM-Konzept auf, wie und womit die PLM-Ziele realisiert werden sollen. Das PLM-Konzept besteht aus Prozessen, Funktionen und Informationen. Alle drei Elemente werden durch das PLM-Konzept adressiert und gestaltet (siehe Bild 5-6). Prozesse bilden den Kern des PLM-Konzeptes, bringen Tätigkeiten und Aktivitäten in eine Struktur und koordinieren auf diese Weise die

Zusammenarbeit von Mitarbeitern, Unternehmensbereichen und weiteren Beteiligten entlang der gesamten Wertschöpfungskette.

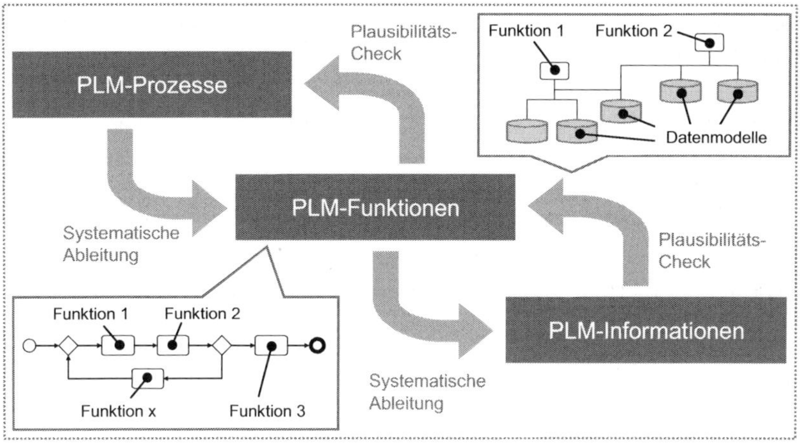


Bild 5-6: Bestandteile eines PLM-Konzeptes im Überblick

Mit Hilfe von Funktionen lassen sich Prozesse effizienter und effektiver gestalten. Eine Funktion wird in diesem Zusammenhang als Prozesselement verstanden, in dem Tätigkeiten und Aktivitäten nach klar definierten Regeln durchgeführt werden. Im Sinne einer mathematischen Funktion lässt sich demnach jeder Eingangsgröße eine Ausgangsgröße zuordnen. Unter dieser Bedingung lassen sich IT-Systeme einsetzen, um Funktionen zu realisieren. In diesem Zusammenhang besteht die Aufgabe der PLM-Konzepterstellung darin, systematisch Tätigkeiten in Prozessen zu identifizieren, die sich durch Funktionen unterstützen lassen. Schließlich erfolgt im letzten Schritt die Auswahl und Definition von Informationen. Informationen bilden den Übergang zur IT. Da Funktionen Eingangsgrößen benötigen, um Ausgangsgrößen zu liefern, lassen sich die für das PLM-Konzept relevanten Funktionen aus den Eingangsgrößen ableiten. Liegen Prozesse, Funktionen und Informationen in definierter Form vor, muss durch einen Plausibilitäts-Check das Zusammenspiel der drei Elemente überprüft werden. Im Folgenden soll zunächst auf den Prozess eingegangen werden, um die Bedeutung der Prozessgestaltung sowie typische Prozesse im PLM-Kontext aufzuzeigen.

#### 5.2.2.1 PLM-Prozesse als Bestandteil des PLM-Konzeptes

Mit PLM wird eine ganzheitliche Betrachtung des Unternehmens eingenommen.[397] Bezogen auf die im Unternehmen vorhandenen Prozesse führt das PLM unweigerlich zu einer Integration von Prozessen entlang des gesamten Produktlebenszyklus. Unter Integration wird insbesondere die Vernetzung von Prozessen verstanden, d.h. Ergebnisse aus einem Prozess (Prozessschritt) in anderen Prozessen verwendet werden. Im Folgenden soll auf den Begriff Prozessintegration näher eingegangen werden.

**Prozessintegration im PLM**

In einem produzierenden Unternehmen existieren drei verschiedene Dimensionen, in denen Prozesse zu integrieren sind. In Bild 5-7 werden diese drei Dimensionen aufgezeigt.[398]

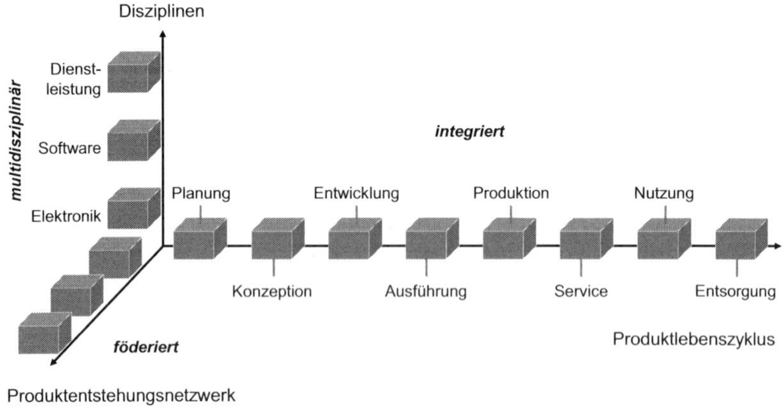


Bild 5-7: Prozesse im Unternehmen[399]

Die erste Dimension beschreibt die Produktlebenszyklusphasen. In dieser Dimension findet eine Vernetzung von Prozessen über einzelne Phasen statt. Dabei muss die Vernetzung nicht ausschließlich sequenziell erfolgen. Vielmehr kann die Phase

---

[397] Scheer et al. (2006), Prozessorientiertes Product Lifecycle Management, S. 8.
[398] Eigner/Stelzer (2009), Product Lifecycle Management, S. 20.
[399] Eigner/Stelzer (2009), Product Lifecycle Management, S. 20.

Entwicklung nicht nur mit der Konzeptionsphase und Ausführungsphase integriert werden, sondern ebenfalls mit der Nutzungs- und/oder der Entsorgungsphase. In der zweiten Dimension werden die verschiedenen Disziplinen im Unternehmen adressiert. Mit dem Begriff Disziplin werden die unterschiedlichen Domänen des Produktes, wie beispielsweise Mechanik oder Elektrik/Elektronik bezeichnet. Eine Vernetzung bedeutet, dass Ergebnisse – z.B. aus dem Bereich der Mechanik – in Prozessen aus dem Bereich Software oder Dienstleistungen mit einfließen. Schließlich wird mit der dritten Dimension die Vernetzung im Hinblick auf das Produktentstehungsnetzwerk aufgezeigt. In diesem Zusammenhang stellt sich die Frage, inwieweit andere Standorte des eigenen Unternehmens oder Zulieferer in einen Prozess mit einbezogen werden. Schließlich sind die drei Dimensionen nicht unabhängig voneinander zu betrachten. Vielmehr ist für jede Produktlebenszyklusphase zu entscheiden, wie stark Disziplinen und Produktentstehungsnetzwerk integriert bzw. vernetzt werden müssen.

**Typische PLM-Prozesse**

Während in einem Unternehmen nie alle Innovations- und Geschäftsprozesse zugleich innerhalb des PLM-Konzeptes adressiert werden, existieren bestimmte Prozesse, die typischerweise Bestandteil eines PLM-Konzeptes sind. Diese Prozesse besitzen einen integrativen Charakter und finden in verschiedenen Phasen, Disziplinen und Bereichen des Produktentstehungsnetzwerkes Anwendung. Im Folgenden sollen diese typischen PLM-Prozesse vorgestellt werden, um einen Eindruck darüber zu gewinnen, welche Entscheidungen innerhalb der Prozessgestaltung getroffen werden müssen.

###### 5.2.2.1.1.1 Workflowmanagement für Geschäftsprozesse

Mit dem Workflowmanagement wird der Daten- und Informationsfluss innerhalb eines Prozesses koordiniert und kontrolliert.[400] Ein Prozess besteht aus verschiedenen Aktivitäten, die in einer bestimmten Sequenz durchgeführt werden. Innerhalb eines Prozesses hängt der Startpunkt einer Aktivität jeweils von den Ergebnissen von zuvor bearbeiteten Aktivitäten ab. So muss in der Regel ein definiertes Ereignis eintreten, bevor Folgeaktivitäten durchgeführt werden können. Die Aufgabe des Workflowmanagements besteht darin, verschiedene Ereignisse zu erfassen und entsprechend

[400] Arnold et al. (2005), Product Lifecycle Management beherrschen, S. 128.

den Startpunkt von Aktivitäten aufzuzeigen. Die Abfolge von Aktivitäten innerhalb eines Prozesses wird als Workflow bezeichnet.[401]

Durch das PLM wird das Workflowmanagement durch IT unterstützt.[402] In diesem Zusammenhang wird der Prozess bzw. die im Prozess enthaltenen Aktivitäten virtualisiert. Insbesondere wird die Prozesslogik und damit die Logik, unter welchen Bedingungen eine Aktivität gestartet werden darf bzw. gestartet werden muss, mit Hilfe der IT abgebildet. Auf diese Weise müssen Mitarbeiter einen Prozess nicht mehr eigenständig steuern bzw. Mitarbeiter zum Ausführen von Aktivitäten auffordern. Besonders dann, wenn das Ende einer Aktivität mehreren Mitarbeitern mitgeteilt werden muss und die in einer Aktivität resultierenden Ergebnisse in einer bestimmten Form zugehen müssen, lassen sich diese Prozesse durch ein Workflowmanagement effizienter gestalten. Das Ablegen von Ergebnissen in einem IT-System oder das Verändern von Daten lässt sich beispielsweise automatisiert erfassen, um entsprechende Folgeaktivitäten auszulösen. Die Mitteilung über das Ende einer vorangegangenen Aktivität erfolgt beispielsweise über eine E-Mail, deren Inhalt zur Ausführung einer Folgeaktivität aufruft sowie die erforderlichen Daten zur Ausführung der Folgeaktivität bereitstellt.

Eine Aktivität kann in der Regel folgende drei Zustände einnehmen: offen, in Bearbeitung, abgeschlossen. Mit dieser Information lässt sich der Projektfortschritt transparent abbilden. Auf diese Weise wird beispielsweise dem Projektleiter aufgezeigt, welche Aktivitäten für Verzögerungen im Prozessverlauf verantwortlich sind bzw. welche Mitarbeiter Aktivitäten nicht bis zu einem geforderten Zeitpunkt beendet haben. Nicht alle Aktivitäten müssen von Mitarbeitern ausgeführt werden. Besonders dann, wenn Aktivitäten nach festen Regeln erfolgen, lassen sich diese Aktivitäten automatisiert durch Funktionen[403] durchführen. Auf diese Weise lässt sich die Durchführung von Prozessen nochmals effizienter gestalten. Da die Prozesslogik von der IT koordiniert wird, lassen sich komplizierte Prozesse unter Einbezug verschiedener Unternehmensbereiche und/oder Lieferanten definieren und kontrollieren. Damit bildet das Workflowmanagement einen wesentlichen Stellhebel von PLM zur effizienten Gestaltung von Prozessen.

---

[401] Eigner/Stelzer (2009), Product Lifecycle Management, S. 168.

[402] Schöttner (1999), Produktdatenmanagement in der Fertigungsindustrie, S. 211.

[403] Der Begriff Funktion wird in Kapitel 5.2.2.2 näher erläutert. Daher soll an dieser Stelle nicht weiter darauf eingegangen werden.

5.2.2.1.1.2 Anforderungsmanagement

Produkte werden nach bestimmten Spezifikationen gefertigt. Die Spezifikationen resultieren aus Anforderungen, die an das Produkt gestellt werden. Anforderungen stammen von verschiedenen Anspruchsgruppen entlang des Produktlebenszyklus, wobei vor allem die Kunden Anforderungen an das Produkt stellen (siehe Bild 5-8).

Bild 5-8: Anspruchsgruppen und Anforderungen an das Produkt

Im Unternehmen selbst ist es vor allem die Produktion, die Restriktionen für die Produktgestaltung vorgibt, um die Bestandteile des Produktes mit den vorhandenen Ressourcen überhaupt fertigen bzw. montieren zu können. Durch die Gesetzgebung werden ebenfalls Anforderungen an das Produkt gestellt, wobei insbesondere die Anforderungen im Hinblick auf den Umweltschutz sowie der Produkthaftung im

Vordergrund stehen.[404] Die Anforderungen der verschiedenen Anspruchsgruppen beziehen sich nicht immer direkt auf das Produkt, sondern ebenfalls auf die mit dem Produkt in Verbindung stehenden Prozesse. So wird beispielsweise im Rahmen des Produkthaftungsgesetzes vorgeschrieben, dass für sicherheitsrelevante Produktbestandteile der gesamte Produktlebenszyklus dokumentiert werden muss. So werden in diesem Zusammenhang unter anderem die Herkunft des Rohmaterials, die in der Fertigung eingesetzten Maschinen, Werkzeuge oder Prüfprotokolle erfasst und dokumentiert.

Anforderungen von Kunden sind in einigen Fällen wenig konkret und müssen in quantifizierbare Spezifikationen übersetzt werden. Besonders bei abstrakten Anforderungen wie beispielsweise Sportlichkeit werden verschiedene Merkmale definiert, um diese Anforderung im Produkt umzusetzen. Die Ableitung von Merkmalen bzw. die Ableitung von Teilanforderungen von einer übergeordneten Anforderung lässt sich im Rahmen von PLM durch spezielle IT für das Requirement Capturing unterstützen. Die von den verschiedenen Anspruchsgruppen resultierenden Anforderungen sind nicht immer unabhängig voneinander. In einigen Fällen bestehen logische Abhängigkeiten, die positiv oder negativ miteinander korrelieren. Besonders bei einer negativen Korrelation schließt sich die Erfüllung einer Anforderung bei gleichzeitiger Erfüllung der anderen Anforderung aus. Zunächst gilt es, die sich ausschließenden Anforderungen zu identifizieren. Im zweiten Schritt müssen Prioritäten definiert werden, um im Konfliktfall höher priorisierte Anforderung zu erfüllen. Mit Hilfe der IT lassen sich sowohl die Beziehungsstrukturen zwischen Anforderungen als auch die Priorisierung von Anforderungen abbilden und dokumentieren.[405]

Eine weitere Aufgabe des Anforderungsmanagements besteht darin, die priorisierten Anforderungen im Produkt bzw. in den Prozessen entlang der Wertschöpfungskette sicherzustellen. In der Regel wird die Erfüllung einer Anforderung überprüft und in einem Prüfbericht dokumentiert. Durch das Anforderungsmanagement wird sichergestellt, dass die notwendigen Prüfungen durchgeführt werden. Die Zuordnung beispielsweise von Prüfung bzw. Prüfbericht zu dem jeweiligen Bauteil lässt sich durch entsprechende IT-Systeme umsetzen.[406] Durch den IT-Einsatz im Anforderungsmanagement wird nicht nur die Anforderungserfüllung dokumentiert. Vielmehr lassen sich die verschiedenen Aufgaben im Rahmen des Anforderungsmanage-

---

[404] Eigner/Stelzer (2009), Product Lifecycle Management, S. 175.

[405] Ponn/Lindemann (2008), Konzeptentwicklung und Gestaltung technischer Produkte : optimierte Produkte - systematisch von Anforderungen zu Konzepten, S. 35.

[406] Eigner/Stelzer (2009), Product Lifecycle Management, S. 176.

ments koordinieren und die Aufgabenerfüllung steuern bzw. sicherstellen. Selbst Änderungen von Anforderungen lassen sich erfassen bzw. die Umsetzung der veränderten Anforderung im Produkt gewährleisten.[407]

##### 5.2.2.1.1.3 Freigabe- und Änderungsmanagement

Durch eine Freigabe wird nach vorheriger Prüfung die Nutzung von Daten und Informationen beispielsweise in Form von Dokumenten oder CAD-Modellen genehmigt. Freigaben können in mehreren Stufen erfolgen, um mehrere Personen an einer Freigabeprüfung zu beteiligen. Im Rahmen des Freigabemanagements werden die jeweiligen zur Freigabe bestimmten Daten und Informationen bzw. Objekte bestimmt, der Freigabeablauf und die darin erforderlichen Aktivitäten definiert sowie die Dokumentation einer Freigabe festgelegt. In einem Unternehmen können verschiedene Freigabearten vorkommen, die sich je nach Komplexität des betrieblichen Ablaufs unterscheiden (z.B. Konstruktionsfreigabe, Fertigungsfreigabe, Serienfreigabe).[408]

Mit einer Freigabe liegt ein für das Unternehmen gültiger Zustand eines Objektes vor. Vor dem Hintergrund der Versionierung wird mit einer Freigabe eine bestimmte Hauptversion bzw. eine Baseline[409] für die weitere Verwendung im Produktentstehungsprozess genehmigt. Jede Änderung an freigegebenen Objekten erfordert erneut eine Freigabe. Daher ist das Freigabemanagement eng mit dem Änderungsmanagement verknüpft. In beiden Fällen muss eine Prüfung des Objektes mit einem jeweiligen Versionszustand durchgeführt werden, um eine Freigabe zu erhalten.

Eine Produktänderung ist in einem Fertigungsunternehmen ein nahezu alltäglicher Vorgang. Dabei sind unter anderem folgende Gründe für technische Änderungen verantwortlich:[410]

- Einhaltung von gesetzlichen Bestimmungen
- Veränderte Anforderungen seitens der Kunden
- Wertanalytische Vereinfachungen am Produkt
- Korrekturen von Fehlern in technischen Dokumenten

[407] Kurbel (2005), Produktionsplanung und -steuerung, S. 326.
[408] Eigner/Stelzer (2009), Product Lifecycle Management, S. 102.
[409] Für Erläuterungen zum Begriff Baseline siehe Kapitel 5.2.2.1.1.4
[410] Schöttner (1999), Produktdatenmanagement in der Fertigungsindustrie, S. 217.

In Bild 5-9 werden beispielhaft die Elemente eines lebenszyklusorientierten Änderungsmanagements aufgezeigt.

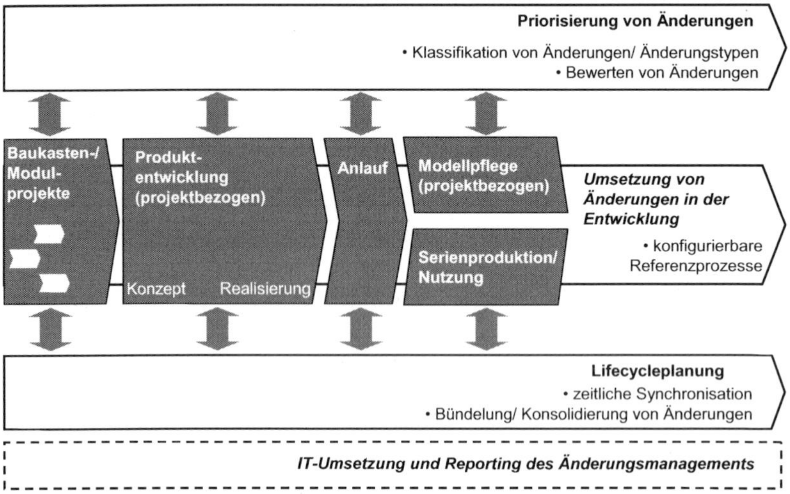


Bild 5-9: Lebenszyklusorientiertes Änderungsmanagement[411]

In einem ersten Schritt werden die Änderungen aufgenommen, thematisch klassifiziert und priorisiert. Anschließend wird der Änderungsumfang identifiziert. In diesem Zusammenhang wird erörtert, in welcher Phase eine Änderung durchzuführen ist bzw. welche Folgeänderungen sich daraus ergeben. Der Vorgang der Produktänderung ist ein eigenständiger Prozess, dessen organisatorischer Ablauf viele Bereiche in einem Unternehmen mit einbezieht. Die Veränderung beispielsweise eines Bauteils betrifft neben der Veränderung des CAD-Modells eventuell die Betriebsmittelkonstruktion, die Arbeitsvorbereitung, die Fertigung, die Kalkulation, die Beschaffung, den Vertrieb oder gar andere Bereiche der Wertschöpfungskette. Daher ist es unerlässlich, den Änderungsprozess inklusive der Aktivitäten und Verantwortlichkeiten zu definieren. Schließlich findet eine zeitliche Priorisierung von Änderungen statt, um beispielsweise Änderungen zu sammeln. Ziel ist es, nicht jede Änderung so schnell wie möglich, sondern eine Summe von Änderungen gleichzeitig umzusetzen. Vor dem Hintergrund von PLM lässt sich der Freigabe- und

[411] Meier (2007), Lebenszyklusorientiertes Änderungsmanagement in der Produktentwicklung.

Änderungsprozess mit Hilfe einer IT-Lösung im Sinne eines Workflows abbilden, koordinieren und steuern.[412]

5.2.2.1.1.4 Konfigurationsmanagement

Ein Produkt der Investitionsgüterindustrie besteht in der Regel aus mehreren Elementen. In diesem Zusammenhang ist eine Konfiguration als Beschreibung eines Produktes zu einem bestimmten Zeitpunkt bzw. in einem definierten Auslieferungszustand zu verstehen.[413] Zu welchem Zeitpunkt die Konfiguration eines Produktes dokumentiert wird bzw. werden muss, ist Teil der Entscheidungen, die im Rahmen des Konfigurationsmanagements getroffen werden. Das Konfigurationsmanagement ist eine konsequente und formale Weiterentwicklung des Freigabe- und Änderungsmanagements und erfüllt dabei folgende Aufgaben:[414]

- *Konfigurationsidentifizierung:* Definition und Dokumentation funktionaler und physikalischer Eigenschaften des Konfigurationsobjektes
- *Konfigurationssteuerung:* Steuerung und Kontrolle von Änderungen an der Produktkonfiguration
- *Dokumentation des Konfigurationsstatus:* Erstellung von Protokollen und Berichten
- *Überprüfung der Konfiguration (Configuration Audits):* Überprüfung der Konfigurationsdokumentation hinsichtlich der Übereinstimmung mit der Produktkonfiguration

Mit *Konfigurationsidentifizierung* wird die Auswahl derjenigen Objekte adressiert, deren Konfiguration dokumentiert werden soll. Der Begriff Produkt beschränkt sich dabei nicht nur auf physische Elemente, vielmehr stehen ebenfalls Daten und Informationen im Fokus, die entlang der Wertschöpfungskette entstehen, um das physische Produkt zu realisieren. Die Konfigurationsobjekte werden in der englischen Sprache ebenfalls als Configuration Items (CI) bezeichnet.[415]

[412] Schöttner (1999), Produktdatenmanagement in der Fertigungsindustrie, S. 217f.
[413] Eigner/Stelzer (2009), Product Lifecycle Management, S. 113.
[414] Eigner/Stelzer (2009), Product Lifecycle Management, S. 114.
[415] Eigner/Stelzer (2009), Product Lifecycle Management, S. 115.

*Konfiguration am Beispiel eines Variantenkonfigurators in der Automobilindustrie*

In der Automobilindustrie werden im Rahmen des Konfigurationsmanagements beispielsweise Varianten- bzw. Produktkonfiguratoren eingesetzt, um die Kunden bei der Auswahl von Ausstattungsoptionen ihres zukünftigen Fahrzeugs zu unterstützen. Produktkonfiguratoren sind Applikationen, die von den Unternehmen beispielsweise auf den jeweiligen Internetseiten zur Verfügung gestellt werden und die Konfiguration des zukünftigen Fahrzeugs visuell unterstützen (siehe Bild 5-10).

Bild 5-10: Variantenkonfiguration am Beispiel eines Fahrzeugs[416]

Im vorliegenden Beispiel lässt sich die Farbe, das Design der Felgen sowie das Räderzubehör individuell zusammenstellen. Der Kunden wird mit Hilfe der Applikation schrittweise durch die Bestandteile des Fahrzeugs geführt. Am Ende des Konfigurationsprozesses liegt eine Ausstattungsvariante bzw. Beschreibung des Fahrzeugs (Konfiguration) vor, das den Wünschen und Anforderungen des Kunden entspricht. Auf Basis dieser Daten lässt sich anschließend die Bestellung des Fahrzeugs aufgeben.

[416] Bildquelle: Porsche AG

Ein weiterer Ansatz im Bereich Konfigurationsidentifizierung sind *Configuration Baselines*. Mit Configuration Baselines werden spezifische Zeitpunkte definiert, an denen eine Konfiguration zu dokumentieren ist. Eine Functional Baseline (FBL) beschreibt beispielsweise ein Produkt, auf dessen Basis ein neues Entwicklungsprojekt aufgesetzt wird. Die formal wichtigste Baseline bildet die Product Baseline (PBL). Mit der Product Baseline wird der Zustand eines Produktes zu Beginn der Produktion beschrieben. Die Produktion basiert folglich auf Daten und Informationen, die in dieser Konfiguration beschrieben bzw. dokumentiert werden. Änderungen an einer Baseline sollten daher nur nach Überprüfung und Genehmigung durch die jeweiligen Verantwortlichen erfolgen.[417]

Durch den Einsatz von Genehmigungsverfahren wird deutlich, dass eine Baseline nur für einen bestimmten Zeitraum gültig ist. Für die Produktstruktur werden beispielsweise Produktkonfigurationen zu drei wesentlichen Zeitpunkten unterschieden. Mit einer Produktkonfiguration *As Designed* wird der Zustand des Produktes am Ende der Konstruktionsphase beschrieben. Im Anschluss an die Konstruktionsphase werden auf Basis von CAD-Modellen die Fertigungsdokumente von der Arbeitsvorbereitung erstellt. Lassen sich Geometrien mit den vorhandenen Ressourcen nicht fertigen, werden Änderungen am CAD-Modell vorgenommen. Dabei wird der Zustand As Designed verändert. Die zur Erstellung der Arbeitsdokumente veränderten CAD-Modelle werden mit dem Zustand *Should Built* beschrieben. Im Idealfall wird das Produkt produziert, ohne Fertigungsdokumente zu verändern. Häufig werden Fertigungsdokumente jedoch angepasst, da beispielsweise Fehler im Arbeitsplan oder im NC-Programm vorliegen. Die veränderten Fertigungsdokumente bzw. der Zustand der Fertigungsdokumente, der tatsächlich zum Einsatz kommt, werden mit der Konfiguration *As Built* beschrieben.[418]

Im Rahmen der *Konfigurationssteuerung* werden Änderungen an Baselines durchgeführt. Analog zum Änderungsmanagement müssen verschiedene Prozesse für die Durchführung der Änderung definiert werden. So gilt es beispielsweise, einen Prozess für das Beantragen einer Änderung, die Prüfung einer Änderung und die Durchführung einer Änderung zu erarbeiten sowie Prozessverantwortliche festzulegen.[419]

In den Bereich der *Dokumentation* fallen die Aufgaben Informationssammlung (data capturing), Informationsaufbereitung (data processing) und die Informationsvertei-

[417] Eigner/Stelzer (2009), Product Lifecycle Management, S. 115.
[418] Eigner/Stelzer (2009), Product Lifecycle Management, S. 120.
[419] Eigner/Stelzer (2009), Product Lifecycle Management, S. 116.

lung (data reporting). Im Rahmen der Informationssammlung werden diejenigen Informationen definiert, die in einer Konfiguration dokumentiert werden müssen. Dazu gehören beispielsweise vertraglich zu liefernde Informationen (z.B. Herkunft des Rohmaterials) oder interne Daten, die die Änderung betreffen (z.B. Änderungsantrag, Genehmigungen etc.). Im nächsten Schritt, der Informationsaufbereitung, werden die Daten und Informationen aus dem ersten Aufgabenbereich anforderungsgerecht aufbereitet. Die Anforderungen stammen beispielsweise vom Kunden (in Form von Vorlagen) oder aus Richtlinien (z.B. ISO Richtlinie). Schließlich muss die Nachricht über die Veränderung an einer Konfiguration im Unternehmen verbreitet werden. Daher sind die zu informierenden Personen sowie die Informationsträger (E-Mail, Brief etc.) festzulegen. Für jeden Aufgabenbereich müssen letztlich Standards definiert werden, um Tätigkeiten automatisiert durchführen zu können bzw. die Effektivität und Effizienz in den einzelnen Prozessschritten zu erhöhen.[420]

Mit der *Überprüfung der Konfiguration* wird sichergestellt, dass beispielsweise die Produktkonfiguration mit dem physischen Produkt übereinstimmt.[421] Schließlich bedarf das Konfigurationsmanagement zu seiner betrieblichen Umsetzung einer Vielzahl von Regeln und Verfahrensvorschriften, die teils international und/oder national genormt sind, aber einen breiten betriebsspezifischen Interpretationsspielraum zulassen. So lässt sich das Konfigurationsmanagement in verschiedenen Prozessen und Aufgabenstellungen nutzen, um die Effizienz und Effektivität der jeweiligen Prozesse zu erhöhen.

### *Zwischenfazit*

In diesem Kapitel werden exemplarisch typische PLM-Prozesse vorgestellt. Dabei steht weniger der PLM-Prozess selbst im Vordergrund, sondern vielmehr das Zusammenspiel zwischen Prozess und IT. Dabei wird deutlich, dass sich die Verknüpfung zwischen Prozess und IT unterschiedlich gestalten lässt. Weiterhin zeigt sich, dass verschiedene Entscheidungen getroffen werden müssen, um einen Prozess entsprechend zu erarbeiten. Im Speziellen geschieht die Verknüpfung von Prozess und IT über die Funktion. Im Folgenden soll näher auf die Funktion als Bestandteil des PLM-Konzeptes eingegangen werden.

---

[420] Eigner/Stelzer (2009), Product Lifecycle Management, S. 117.
[421] Eigner/Stelzer (2009), Product Lifecycle Management, S. 117.

#### 5.2.2.2 PLM-Funktionen als Bestandteil des PLM-Konzeptes

PLM verfolgt den Ansatz, Prozesse mit Hilfe von IT-Systemen effizienter und effektiver zu gestalten. Tatsächlich werden die einzelnen Tätigkeiten und Aktivitäten durch Funktionen unterstützt, die durch die IT realisiert werden. Daher gilt es, in diesem Zusammenhang verschiedene Funktionen zu identifizieren, mit denen sich die Tätigkeiten und Aktivitäten innerhalb der einzelnen Prozesse unterstützen lassen.

Funktionen bilden einen wichtigen Baustein des PLM-Konzeptes. Der Begriff Funktion beschreibt eine Tätigkeit bzw. Aktivität, die mit Hilfe von IT-Systemen durchgeführt wird. Im Rahmen der PLM-Konzepterstellung ist die Frage zu beantworten, welche Tätigkeiten und Aktivitäten durch Funktionen unterstützt werden können. Die Beantwortung dieser Fragen soll beispielhaft mit Hilfe des PLM-Funktionsmodells aufgezeigt werden, das am Werkzeugmaschinenlabor WZL der RWTH Aachen entwickelt wurde (siehe Bild 5-11).

Das PLM-Funktionsmodell zeigt die grundlegenden Funktionalitäten von PLM-unterstützenden IT-Systemen auf und gibt damit eine Orientierung über den möglichen Einsatz von IT.[422] Das PLM-Funktionsmodell besteht aus den Bereichen *Kerndatenmanagement, Produktdatenentstehung, Prozessmanagement* und *Systemintegration.*

Im Bereich *Kerndatenmanagement* werden Funktionen zusammengefasst, die in Prozessen zur Konzeption, Erstellung und Veränderung von produktbeschreibenden Daten und Informationen verwendet werden. Darunter fallen Funktionen für Prozesse im Rahmen der Produktplanung, der Produktstrukturierung, des Änderungs- und Konfigurationsmanagements sowie der CAD-Administration.

In einem weiteren Bereich werden Funktionen im Rahmen der *Produktdatenentstehung* aufgezeigt. Im Gegensatz zum Kerndatenmanagement werden hier Funktionen zur Unterstützung der gesamten Produktentstehung inklusive der Produktion abgebildet. In diesem Zusammenhang lassen sich zwei Unterbereiche unterscheiden. Zum einen existieren Funktionen, die direkt mit der Produktion bzw. Wertschöpfung in Verbindung stehen. Darunter fallen Funktionen für die Fertigungsplanung sowie Beschaffung. Zum anderen werden diesem Bereich Funktionen zugeordnet, mit denen die Produktion bzw. Verfügbarkeit von Ressourcen sichergestellt wird. Dazu gehören Funktionen in den Funktionsgruppen Qualitätsmanagement, Dienstleistung/Wartung/Instandsetzung sowie Arbeitsschutz/Arbeitssicherheit.

[422] Schuh et al. (2008), PLM/PDM 2008/2009 Marktspiegel Business Software, S. 64.

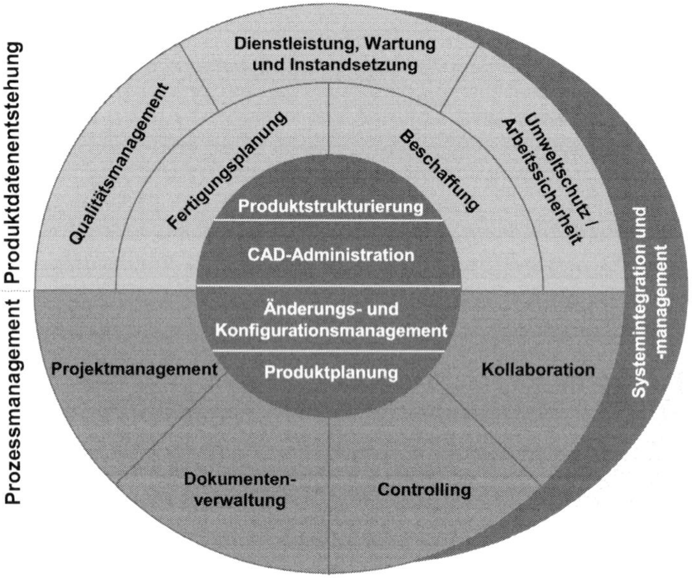


Bild 5-11: PLM-Funktionsmodell[423]

Im *Prozessmanagement* werden Funktionen zusammengefasst, die zur Administration bzw. zur Verwaltung von Prozessen verwendet werden. Häufig werden Prozesse in die Bereiche Managementprozesse, Kernprozesse und Unterstützungsprozesse unterteilt.[424] Während Kernprozesse direkt zur Wertschöpfung beitragen und im Ergebnis Kundenwerte generieren, besitzen die Ergebnisse von Management- und Unterstützungsprozessen keine direkten Wertbeiträge. Dennoch sind diese Arten von Prozessen notwendig, um Kernprozesse effektiv und effizient umzusetzen.[425] Vor diesem Hintergrund lassen sich das Projektmanagement, die Dokumentenverwaltung, das Controlling sowie die Kollaboration bzw. Zusammenarbeit durch verschiedene Funktionen unterstützen.

[423] Schuh et al. (2008), PLM/PDM 2008/2009 Marktspiegel Business Software, S. 21.
[424] Scheer et al. (2006), Prozessorientiertes Product Lifecycle Management, S. 16.
[425] Schneider et al. (2008), Prozess- und Qualitätsmanagement, S. 38.

Schließlich umfasst der Bereich *Systemintegration und -management* alle Funktionen, mit denen sich der Austausch von Daten und Informationen realisieren lässt. Dazu gehören vor allem Funktionen, die eine Übersetzung zwischen Datenformaten realisieren bzw. Daten in neutrale Datenformate übersetzen können.

Mit Kenntnis der Funktionsgruppen können im Anschluss IT-Systeme ausgewählt werden, die den geforderten Funktionsumfang abbilden. Doch bevor die Auswahl des IT-Systems und die Definition der IT-Architektur zur Umsetzung des PLM-Konzeptes durchgeführt werden können, müssen die Informationen festgelegt werden, die den Funktionen als Eingangs- und Ausgangsgrößen dienen.

#### 5.2.2.3 PLM-Informationen als Bestandteil des PLM-Konzeptes

Informationen bilden den letzten Baustein im PLM-Konzept. Informationen werden in diesem Zusammenhang als strukturierte Daten verstanden, die in einem bestimmten Kontext eine Bedeutung besitzen.[426] Daher sollen im Folgenden die Begriffe Daten und Information synonym verwendet werden. Die Identifikation von Informationen für das PLM-Konzept folgt auf Basis von PLM-Funktionen. Für jede Information im PLM muss eine Analyse hinsichtlich der drei nachfolgenden Punkte durchgeführt werden, um im nächsten Schritt eine passende IT-Architektur definieren zu können:

- Nutzungsgrad
- Vernetzungsgrad
- Änderungsgeschwindigkeit

Mit dem *Nutzungsgrad* wird aufgezeigt, wie oft eine Information in verschiedenen PLM-Prozessen und PLM-Funktionen als Eingangsinformation genutzt wird. Die häufige Nutzung von Informationen hat großen Einfluss auf die Gestaltung der IT-Architektur bzw. auf die Auswahl der jeweiligen IT-Systeme zur Umsetzung der definierten PLM-Funktionen. Mit der Auswahl des IT-Systems wird in der Regel das Dateiformat festgelegt, in dem die Informationen abgespeichert werden. In diesem Zusammenhang lässt sich zwischen proprietären und offenen Dateiformaten unterscheiden. 3D-CAD-Modelle werden in der Regel in proprietären Dateiformaten abgespeichert. Die Nutzung dieser Dateien in IT-Systemen anderer Hersteller ist häufig nicht ohne erheblichen Aufwand möglich. Soll das 3D-CAD-Modell bei-

[426] Herrmann (2009), Innovationsmanagement in Business-to-Business-Geschäftsbeziehungen : eine informationsbezogene Perspektive, S. 22f.

spielsweise in Simulationen genutzt werden, muss die Simulationssoftware im Allgemeinen von demjenigen Softwarehersteller bezogen werden, der bereits das CAD-System liefert. Auch wenn die Möglichkeit besteht, das 3D-CAD-Modell in neutrale Dateiformate zu übersetzen bzw. zu konvertieren, lassen sich aus technischen Gründen bei der Konvertierung nicht alle Informationen übertragen. Folglich können nicht alle Informationen des 3D-CAD-Modells in anderen IT-Systemen genutzt werden. In diesem Zusammenhang wird deutlich, wie mit der Information bzw. mit der Auswahl des IT-Systems die Gestaltung der IT-Architektur eingeschränkt bzw. bestimmt wird.

Ein weiterer Punkt liegt in der Verfügbarkeit der Informationen und der Vermeidung von Redundanzen. Wenn Informationen häufig genutzt werden, muss sichergestellt werden, dass stets die aktuellste Version der Information zur Verfügung gestellt wird. Diese Anforderung bedingt, dass Informationen nicht redundant bzw. mehrfach im Unternehmen vorliegen dürfen. Im Sinne des „Single Source of the Truth"-Ansatzes müssen Möglichkeiten gefunden werden, um diese Anforderung zu realisieren.

Mit dem *Vernetzungsgrad* werden die Abhängigkeiten von Informationen untereinander adressiert. Informationen dienen einem Prozess oder einer Funktion als Eingangsgröße und liefern eine oder mehrere Ausgangsgrößen. Die Ausgangsgrößen dienen in der Regel weiteren Prozessen und Funktionen als Eingangsgrößen. So wird beispielsweise das CAD-Modell aus dem Konstruktionsprozess für Simulationen oder für die Erstellung des NC-Programms genutzt. Eine Veränderung des CAD-Modells wirkt sich auf die Simulationsergebnisse bzw. auf das NC-Programm aus. Daher müssen die Informationen mit einem hohen Vernetzungsgrad mit Hilfe der IT zueinander in Beziehung gesetzt werden, um die jeweiligen Veränderungen aufzuzeigen bzw. betroffene Informationen im Falle von Änderungen zu sperren. Dies bedeutet, dass die IT-Architektur eine Vernetzung der jeweiligen Informationen realisieren muss.

Mit der *Änderungsgeschwindigkeit* wird beschrieben, wie oft sich Informationen im Zeitverlauf verändern. Eine Veränderung kann zum einen extern bedingt sein. Dies ist der Fall, wenn beispielsweise im Falle des Änderungsmanagements Modifikationen vorgenommen werden. Zum anderen ergeben sich Änderungen aus dem Arbeitsfortschritt, wie im Falle der Bauteilkonstruktion. In beiden Fällen müssen die Änderungen dokumentiert werden, um die beiden Versionsstände nachvollziehen zu können. In diesem Zusammenhang ist zu entscheiden, wann eine Änderung zu einer neuen Version führt. In Verbindung mit dem Vernetzungsgrad muss eine hohe

Integration der verschiedenen IT-Systeme vorliegen, um den Einfluss von Änderungen transparent identifizieren und richtig antizipieren zu können.

Mit dem Nutzungsgrad, dem Vernetzungsgrad sowie der Änderungsgeschwindigkeit wird deutlich, welche Implikationen sich aufgrund der Wahl von Informationen für die IT-Architektur ergeben. Insbesondere der Vernetzungsgrad in Verbindung mit der Änderungsgeschwindigkeit stellt hohe Anforderungen an die IT-Architektur, da in diesem Fall eine hohe Durchgängigkeit der jeweiligen Informationen für die verschiedenen Applikationen zu gewährleisten ist. Nicht immer erfüllen die verschiedenen Applikationen eines Softwareherstellers die Anforderungen hinsichtlich der zu erbringenden Funktionen. So gilt es zu entscheiden, inwieweit auf die fehlende Funktionalität im PLM-Konzept zugunsten von Datenkonsistenz verzichtet werden kann.

### 5.2.3 Elemente einer PLM-IT-Architektur

Jedes Unternehmen verfügt über eine IT-Architektur, die mindestens implizit bekannt ist.[427] Im Allgemeinen wird die IT-Architektur von Beginn an nur selten systematisch definiert. Vielmehr bildet die IT-Architektur das Ergebnis von IT-Investitionen, die über mehrere Perioden und im Zusammenhang mit unterschiedlichen Applikationen getätigt werden. IT-Architekturen sind daher häufig heterogen, unflexibel und eher zufällig gewachsen. Daher ist die Wartung, Pflege und Entwicklung dieser IT-Architekturen häufig mit hohen Kosten verbunden und die mangelnde Integrationsfähigkeit steht der Forderung nach ganzheitlicher und effizienter Unterstützung von Prozessen entgegen.[428]

#### 5.2.3.1 PLM-IT-Architekturtypen im Unternehmen

Die IT-Architektur beschreibt die in einem Unternehmen existierenden IT-Infrastrukturen, die Applikationen sowie deren Schnittstellen.[429] Mit der Einführung von IT in Unternehmen stand früher die Funktionalität der einzelnen Applikation im Fokus. Dabei wurde die Frage beantwortet, inwieweit die betreffende Applikation die Tätigkeiten und Aktivitäten innerhalb der einzelnen Prozesse und Prozessschritte sinnvoll unterstützt. Die Entscheidung für ein IT-System hängt heute im Wesentlichen von den Möglichkeiten ab, sich in die Informationsinfrastruktur des

[427] Durst/Bodendorf (2007), Wertorientiertes Management von IT-Architekturen, S. 53.
[428] Dietrich/Schirra (2006), Innovationen durch IT, S. 384f.
[429] Tiemeyer/Bachmann (2009), Handbuch IT-Management, S. 80.

Unternehmens integrieren zu können.[430] Besonders die zunehmende Forderung nach Datenkonsistenz hat zu dieser neuen Sichtweise beigetragen.[431]

Das Aufsetzen einer IT-Architektur ist kein Selbstzweck. Das Ziel liegt in der Bereitstellung einer IT-Infrastruktur, die einen fortlaufenden und zuverlässigen IT-Betrieb gewährleistet und dabei gleichzeitig die Prozesse im Unternehmen anforderungsgerecht unterstützt. Mit der Festlegung der IT-Architektur findet eine Definition von Rahmenbedingungen für den Einsatz von IT-Systemen statt. Sie bildet damit die Grundlage, um die Applikation im Unternehmen zu gestalten.[432]

Die Möglichkeiten zur Gestaltung einer IT-Architektur haben sich im Zeitverlauf verändert. Die IT-Architektur unterteilt sich grundlegend in folgende drei Schichten (siehe Bild 5-12):

- Datenhaltungsschicht
- Applikationsschicht
- Präsentationsschicht

In der *Datenhaltungsschicht* findet die Verwaltung und Pflege von Daten statt. In diesem Zusammenhang kommen Datenbanken sowie Funktionen zur Verwaltung der Dateien zum Einsatz. In der Regel werden Datenbanken nicht mehr eigenständig entwickelt, vielmehr werden kommerzielle Datenbanksysteme verwendet. Im PLM-Projekt gilt es zu entscheiden, welches Datenbankkonzept eingesetzt werden soll. Das Datenbankkonzept legt fest, wie Daten abgelegt und miteinander in Beziehung gesetzt werden. Heute kommen vor allem relationale Datenbanken und objektorientierte Datenbanken zum Einsatz.[433]

In der *Applikationsschicht* findet die eigentliche Verarbeitung der Daten statt. In dieser Schicht wird die Logik hinterlegt, wie Daten bzw. Objekte aus der Datenhaltungsschicht transformiert werden, um in den jeweiligen Tätigkeiten und Aktivitäten sinnvoll verwendet werden zu können. Die Logik wird durch die jeweilige PLM-Funktion realisiert. Die Visualisierung von CAD-Modellen ist beispielsweise eine Funktion, die im Bereich der Applikationsschicht angesiedelt ist. Durch die Visualisierungsfunktion müssen nicht mehr die großvolumigen nativen Dateien der CAD-Modelle zur Visualisierung auf den eigenen Computer geladen

[430] Heinrich/Lehner (2005), Informationsmanagement, S. 52.
[431] Tiemeyer/Bachmann (2009), Handbuch IT-Management, S. 80.
[432] Tiemeyer/Bachmann (2009), Handbuch IT-Management, S. 74.
[433] Eigner/Stelzer (2009), Product Lifecycle Management, S. 314.

werden. Vielmehr werden die nativen Dateien der CAD-Modelle durch eine entsprechende Funktion in ein Format konvertiert, das mit geringem Datenvolumen das entsprechende CAD-Modell visualisiert. Das Ergebnis der Visualisierung wird schließlich an die Präsentationsschicht weitergegeben. Die *Präsentationsschicht* bildet die Schnittstellen zum Anwender. In dieser Schicht erfolgt die Aufbereitung und Abbildung des Transformationsergebnisses auf einem Computerbildschirm oder theoretisch auf jedem anderen Anzeigegerät (z.B. Mobiltelefon, CAVE).[434]

Zu Beginn der Einführung von IT im Unternehmen lagen ausschließlich monolithische Anwendungen vor (siehe Bild 5-12). Diese Anwendungen waren durch ein geschlossenes IT-System gekennzeichnet, das alle drei Schichten in sich vereint.[435]

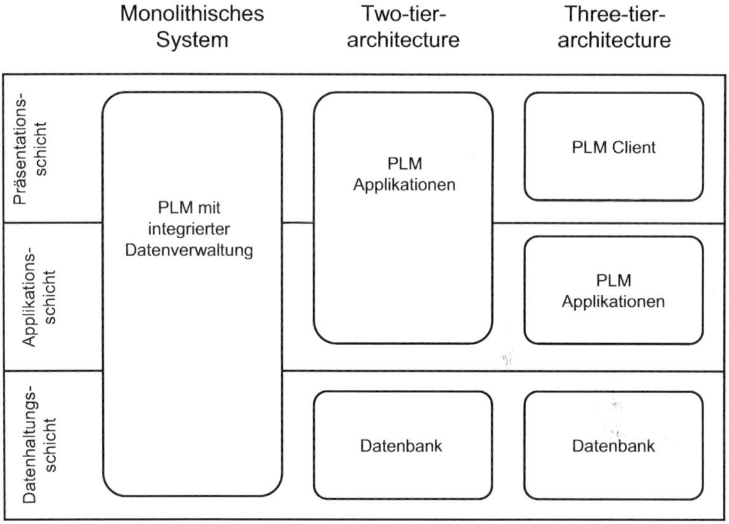


Bild 5-12: PLM-IT-Architekturkonzepte[436]

Die eigene Datenbank verhindert, dass andere Applikationen auf die jeweiligen Daten zugreifen können. Analog zu den Daten stehen ebenfalls die PLM-Funktionen nur einem Anwender zur Verfügung. Jedem weiteren Anwender muss bei Bedarf

[434] Eigner/Stelzer (2009), Product Lifecycle Management, S. 320ff.
[435] Eigner/Stelzer (2009), Product Lifecycle Management, S. 312.
[436] Eigner/Stelzer (2009), Product Lifecycle Management, S. 312.

eine eigene Applikation zur Verfügung gestellt werden. Der größte Nachteil dieser Art von IT-Architektur liegt in der fehlenden Datenkonsistenz, die aufgrund der fehlenden Trennung von PLM-Funktion und Datenbank auftritt. Jedes Datenobjekt, das in anderen Applikationen benötigt wird, muss folglich den anderen Applikationen übergeben werden. Im Moment der Übergabe liegen zwei Versionen des Datenobjektes mit demselben Inhalt vor. Damit geht die Eindeutigkeit des Datenobjektes und schließlich die Datenkonsistenz im Sinne des „Single Source of the Truth"-Ansatzes verloren. Heute sind sogenannte Client-Server-Strukturen möglich, um die Präsentationsschicht ebenfalls von der Applikationsschicht zu trennen. Die Entkopplung beider Schichten hat zwei wesentliche Vorteile. Zum einen lassen sich die Daten aus den PLM-Funktionen für den jeweiligen Anwender anforderungsgerecht aufbereiten und zum anderen müssen weniger Kosten in Hardware investiert werden.

Jeder Anwender nutzt PLM-Funktionen für einen bestimmten Zweck. Die Two-tier-architecture lässt die Nutzung einer PLM-Funktion nur unter Nutzung der spezifischen Applikation zu. So muss der Anwender unterschiedliche Applikationen bedienen, um verschiedene PLM-Funktionen nutzen zu können. Mit der Trennung beider Schichten ist es möglich, die PLM-Funktionen verschiedener Applikationen zu nutzen, ohne auf die jeweiligen Applikationen aktiv zugreifen zu müssen.

Durch die Trennung der Schichten lassen sich Kosten für Hardware reduzieren. Zur Umsetzung von PLM-Funktionen werden leistungsfähige Computer benötigt, mit denen die PLM-Funktionen bzw. die Berechnungen ohne signifikanten Zeitverzug ausgeführt werden können. Liegt keine Trennung von Applikationsschicht und Präsentationsschicht vor, muss jeder Anwender über einen eigenen leistungsfähigen Computer verfügen. Eine Trennung der Schichten bewirkt, dass nur ein zentraler leistungsfähiger Computer zur Ausführung der jeweiligen PLM-Funktionen benötigt wird, während beim Anwender weniger leistungsfähige Computer eingesetzt werden können. Die Trennung aller drei Schichten wird als Three-tier-architecture bezeichnet.[437]

Mit der IT-Architektur des Unternehmens wird in der Regel die PLM-IT-Architektur definiert bzw. es werden harte Grenzen aufgezeigt. Da die Three-tier-architecture die effektivste und effizienteste IT-Architektur zur Umsetzung der PLM-Lösung abbildet, besteht im Rahmen von PLM-Projekten die Möglichkeit, die IT-Architektur des Unternehmens zu überdenken bzw. gleichzeitig mit Einführung von PLM zu

[437] Eigner/Stelzer (2009), Product Lifecycle Management, S. 312.

restrukturieren. Die Entscheidung über eine Restrukturierung der IT-Architektur des Unternehmens ist nicht Teil der Einführung, doch es lassen sich Möglichkeiten aufzeigen, um den Reifegrad der PLM-Lösung signifikant zu steigern.

#### 5.2.3.2 Klassifizierung von PLM-unterstützenden IT-Systemen

PLM-unterstützende IT-Systeme lassen sich auf zwei unterschiedliche Arten klassifizieren. Zum einen erfolgt die Klassifizierung nach dem Ursprung und Betrachtungsfokus und zum anderen nach dem Standardisierungsgrad.[438] Mit der Klassifizierung nach Ursprung und Betrachtungsfokus wird deutlich, aus welchen originären Anwendungsbereichen sich das jeweilige PLM unterstützende IT-System entwickelt hat. In Bild 5-13 werden die entsprechenden fünf Klassen vorgestellt.

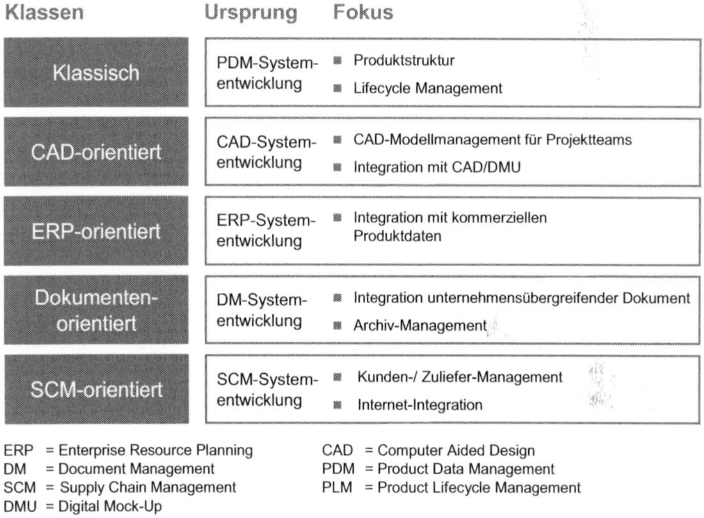


Bild 5-13: PLM-unterstützende IT-Systeme nach dem Ursprung[439]

Klassische PLM-unterstützende IT-Systeme gehen auf die Entwicklung von PDMS zurück. Dabei steht das Produkt bzw. die Produktstruktur im Mittelpunkt. Diese Klasse von PLM-unterstützenden IT-Systemen zeichnet sich durch eine hohe

[438] Berliner Kreis/Wissenschaftliche Gesellschaft Produktionstechnik (2002), PLM, S. 5ff.
[439] Berliner Kreis/Wissenschaftliche Gesellschaft Produktionstechnik (2002), PLM, S. 5.

Flexibilität und Konfigurierbarkeit aus. CAD-orientierte IT-Systeme zielen vorwiegend auf die Verwaltung, Pflege und Archivierung von CAD-Dateien. Diese Applikationen verfügen über Funktionen und Schnittstellen, die auf ein bestimmtes CAD-System abgestimmt sind und stammen in der Regel von CAD-Softwareanbietern. ERP-orientierte IT-Systeme basieren auf einem Prozessmodell, das auf die Verwaltung logistischer und kommerzieller Daten ausgerichtet ist. Da Prozesse in unterschiedlicher Form vorliegen können, zeichnen sich diese PLM-unterstützenden IT-Systeme ebenfalls durch hohe Flexibilität und Konfigurierbarkeit aus.[440] Dokumentenorientierte PLM-unterstützende IT-Systeme gehen auf Dokumentenmanagement-Systeme zurück und fokussieren die Verwaltung, Pflege und Archivierung von Dokumenten. Diese IT-Systeme wurden erweitert, um zusätzliche Aufgaben entlang des Produktlebenszyklus wahrzunehmen, wobei der Fokus auf Dokumenten bestehen bleibt. Schließlich stellen SCM-orientierte PLM-unterstützende IT-Systeme die Kunden und Zulieferer in den Mittelpunkt. Dabei wird eine Funktionslandschaft angeboten, die vor allem die Zusammenarbeit entlang des Produktlebenszyklus mit Unternehmensexternen sowie die Kommunikation unterstützt.[441]

Eine weitere Möglichkeit der Klassifikation von PLM-unterstützenden IT-Systemen liegt im Standardisierungsgrad (siehe Bild 5-14). Der Standardisierungsgrad steht für die Höhe des Aufwandes zur Anpassung eines PLM-unterstützenden IT-Systems an den jeweils geforderten Verwendungszweck bzw. Anwendungsfall. Schlüsselfertige PLM-unterstützende IT-Systeme (Turn-key Systeme) zeichnen sich dadurch aus, dass ein hoher Anteil der Funktionslandschaft standardisiert ist und nur geringfügig angepasst werden kann bzw. muss. Die Vorteile zeigen sich in geringeren Einführungskosten, und es vergeht weniger Zeit, um das PLM-unterstützende IT-System nutzen zu können. Nachteile zeigen sich darin, dass Prozesse an die IT angepasst werden müssen, um die Vorteile der IT-Unterstützung überhaupt nutzen zu können.[442]

Im Gegensatz zu schlüsselfertigen IT-Lösungen lassen sich PLM-Toolbox-Systeme flexibel an unterschiedliche Aufgabenstellungen anpassen. Bestehende Prozesse lassen sich weiterhin nutzen und durch die IT-Unterstützung effizienter gestalten. [443] Der Preis für die hohe Flexibilität zeigt sich durch hohe Kosten und Zeiten für die Anpassungen.

[440] Berliner Kreis/Wissenschaftliche Gesellschaft Produktionstechnik (2002), PLM, S. 5.

[441] Berliner Kreis/Wissenschaftliche Gesellschaft Produktionstechnik (2002), PLM, S. 5f.

[442] Berliner Kreis/Wissenschaftliche Gesellschaft Produktionstechnik (2002), PLM, S. 5f.

[443] Berliner Kreis/Wissenschaftliche Gesellschaft Produktionstechnik (2002), PLM, S. 5f.

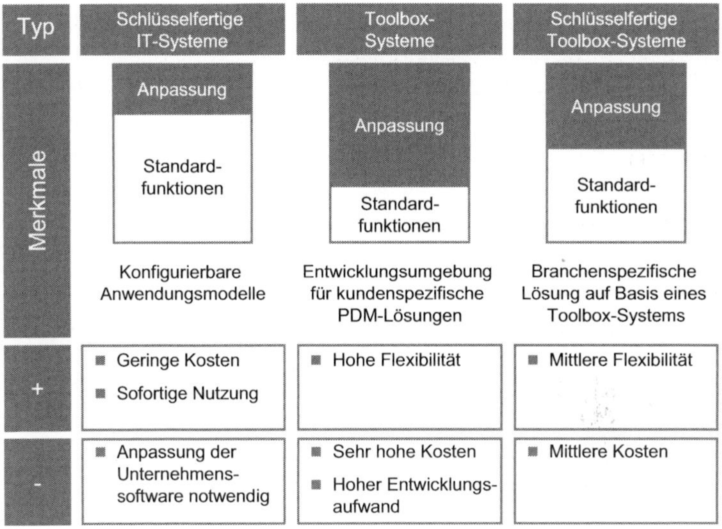


Bild 5-14: PLM-unterstützende IT-Systeme nach dem Standardisierungsgrad[444]

Ein ausgewogenes Maß an Anpassung und Standardfunktionen bieten schlüsselfertige Toolbox-Systeme. Diese Systemart beinhaltet in der Regel branchenspezifische vorkonfigurierte Komponenten, die sowohl auf den Prozess, wie auch auf die jeweils benötigte Funktionalität angepasst werden. Der Aufwand für Anpassungen fällt geringer als bei reinen Toolbox-Systemen aus. [445]

Die Auswahl einer geeigneten PLM-Lösung hängt letztlich von der PLM-Strategie sowie von den definierten PLM-Funktionen und -Informationen ab. Weiterhin gilt es, die bestehende IT-Architektur in die Betrachtung mit einzubeziehen. Der Trend wird sich in Zukunft dahin entwickeln, dass immer mehr standardisierte Systeme verwendet werden. Besonders KmU nehmen diesen Weg, um Kosten für die Anpassung der PLM-Lösung zu vermeiden. Vor diesem Hintergrund versuchen die Softwarehersteller, durch neue IT-Architekturkonzepte die Flexibilität ihrer IT-Systeme zu erhöhen (z.B. durch Service Oriented Architecture [SOA] oder Software as a Service [SAAS]). Jedoch hat sich aus Sicht des Autors bis heute noch kein Ansatz durchsetzen können.

444 Berliner Kreis/Wissenschaftliche Gesellschaft Produktionstechnik (2002), PLM, S. 5.
445 Berliner Kreis/Wissenschaftliche Gesellschaft Produktionstechnik (2002), PLM, S. 5f.

### 5.2.4 Zusammenfassung

In diesem Kapitel werden die Elemente einer PLM-Lösung abgebildet. Zunächst wird auf die PLM-Strategie eingegangen. In der PLM-Strategie werden neben den PLM-Zielen ebenfalls wichtige Rahmenbedingungen geschaffen, um der PLM-Initiative eine Orientierung zu geben. Insbesondere wird das PLM-Verständnis in der PLM-Strategie definiert. Die PLM-Strategie ist als Lastenheft zu verstehen, was mit dem PLM-Konzept sowie mit der PLM-IT-Architektur umgesetzt werden muss.

Das PLM-Konzept bildet den konzeptionellen Kern einer PLM-Lösung. In Verbindung mit der PLM-IT-Architektur bildet das PLM-Konzept das Pflichtenheft, in dem beschrieben wird, wie die Anforderungen aus der PLM-Strategie umgesetzt werden sollen. Das PLM-Konzept besteht aus Prozessen, Funktionen und Informationen. Mit den Prozessen wird der Gestaltungsbereich der PLM-Lösung geschärft. Eine weitere Detaillierung findet durch die Definition von Funktionen statt. Schließlich wird mit den Informationen aufgezeigt, auf welcher Basis die Integration realisiert wird. Schließlich findet mit der PLM-IT-Architektur die Umsetzung des PLM-Konzeptes mit Hilfe von IT-Systemen statt. Dabei beschreibt die IT-Architektur, in welcher Beziehung die verschiedenen IT-Systeme zueinanderstehen, und wie Informationen in den verschiedenen Funktionen bzw. Prozessen ausgetauscht werden.

## 5.3 Aufbau des Verhandlungsmodells

Der integrative Ansatz von PLM setzt voraus, dass Mitarbeiter verschiedener Unternehmensbereiche zusammenarbeiten müssen, um gemeinsam die Gestaltung und Implementierung einer PLM-Lösung zu realisieren. Nach LU wird die Zusammenarbeit von Individuen in der Regel als selbstverständlich angesehen, unterschiedlich interpretiert und in der Praxis nur selten erfolgreich umgesetzt. Trotz zahlreicher Beispiele, in denen Individuen erfolgreich zusammenarbeiten, lässt sich der Erfolg nur selten auf andere Aufgabenstellungen übertragen bzw. wiederholen. Gerade in der heutigen Gesellschaft, die aufgrund der immer stärker werdenden Vernetzung (z.B. durch Globalisierung, Internet) die Zusammenarbeit zwischen Individuen erfordert, sind nach LU die Fähigkeiten des Einzelnen zur Umsetzung und Gestaltung einer erfolgreichen Zusammenarbeit oft beschränkt. Die Folgen der unbefriedigenden Zusammenarbeit zeigen sich im Unternehmen durch entgangene Gewinne bzw. hohe Opportunitätskosten.[446] In diesem Zusammenhang stellt LU mit *Engineering Collaboration via Negotiation* (ECN) einen Ansatz vor, um die Zusam-

[446] Lu (2007), A Scientific Foundation of Collaborative Engineering, S. 605.

menarbeit von Individuen durch Verhandlung zu systematisieren und damit effizienter sowie effektiver zu gestalten. LU geht in diesem Zusammenhang davon aus, dass die Kollaboration die produktivste Form der Zusammenarbeit bildet.[447]

### 5.3.1 Kollaboration als produktivste Form der Zusammenarbeit

Zur Unterscheidung von Kollaboration von anderen Formen der Zusammenarbeit sollen im Folgenden die *Koordination*, die *Kooperation* sowie die *Kollaboration* beispielhaft beschrieben werden.

Die **Koordination** bildet die grundlegendste Form der Zusammenarbeit. Dabei handelt es sich um die Ausrichtung oder Abstimmung von Handlungen hinsichtlich eines übergeordneten Ziels.[448] Voraussetzung für Koordination ist der Tatbestand, dass es sich in dem vorliegenden Fall um eine Aufgabe handelt, bei der verschiedene Teilaufgaben verrichtet werden. Die Bestimmung der Art und Intensität von Tätigkeiten sowie die Abstimmungshandlung werden schließlich von einer zentralen Instanz durchgeführt bzw. vorgegeben.[449] Folglich unterliegen der Koordination die Prinzipien von Weisung und Kontrolle. Als Beispiel für Koordination führt LU das Fahren auf einer viel befahrenen Autobahn im Berufsverkehr an. Obwohl verschiedene Fahrer mit teilweise gegensätzlichen Interessen und individuellen Zielen aufeinandertreffen, müssen die jeweiligen Handlungen koordiniert werden, um Verkehrsunfälle als übergeordnetes Ziel zu vermeiden. Diese scheinbar chaotische Situation wird jedoch von definierten Prozessen und Regeln koordiniert, die alle Beteiligten verstehen, größtenteils akzeptieren und adäquat umsetzen.[450] Hier wird deutlich, dass die Prinzipien von Weisung und Kontrolle nicht unbedingt durch Individuen realisiert werden müssen, vielmehr lässt sich eine Gruppe ebenfalls durch die Definition von Regeln und Handlungsempfehlungen koordinieren.

**Kooperation** bildet eine weitere Form der Zusammenarbeit. In einer Kooperation arbeiten Akteure mit verschiedenen Kompetenzen und Ressourcen zusammen, um ihre jeweiligen Ziele zu erreichen. Obwohl jeder Akteur in der Lage ist, die eigenen Ziele ohne eine Zusammenarbeit zu realisieren, werden Kooperationen eingegangen, da sich der individuelle Nutzen durch die Zusammenarbeit erhöhen lässt. Dieses setzt voraus, dass der Kooperationspartner über Ressourcen oder Fähigkeiten verfügt, die selbst nur in einer unbefriedigenden Qualität oder Menge vorliegen. In diesem

[447] Lu (2007), A Scientific Foundation of Collaborative Engineering, S. 615.
[448] Bea et al. (2005), Allgemeine Betriebswirtschaftslehre, S. 238.
[449] Röh (2003), IuK-Technik und internationale Unternehmensführung, S. 145.
[450] Lu (2007), A Scientific Foundation of Collaborative Engineering, S. 614.

Zusammenhang gehen Unternehmen oft Kooperationen mit anderen Unternehmen ein, wobei sich die Kooperation in der Regel durch den Austausch von Gütern oder Dienstleistungen zeigt.[451] Ein OEM aus der Automobilbranche unterhält beispielsweise verschiedene Kooperationen mit Zulieferern, da der Kauf von Bauteilen und Baugruppen günstiger ist, als diese Elemente eigenständig im Unternehmen zu produzieren. Die Motivation für Kooperationen bzw. für Handel geht auf das Ricardo-Modell der Volkswirtschaftslehre zurück. Das Ricardo-Modell beschreibt den Handel zwischen Ländern und begründet Handelsbeziehungen ausschließlich durch die unterschiedliche Arbeitsproduktivität der Kooperationspartner untereinander. Die Unterschiede in der Arbeitsproduktivität werden im Allgemeinen als komparative Vorteile bezeichnet.[452]

Schließlich bildet **Kollaboration** die anspruchsvollste Form der Zusammenarbeit. STRAUS beschreibt Kollaboration als einen Prozess, den Individuen anwenden, wenn sie in einer Gruppe, Organisation oder Gemeinschaft zusammenarbeiten, um zu planen, zu gestalten, Probleme zu lösen und Entscheidungen zu treffen.[453] Kollaboration zielt nicht ausschließlich auf die Ausrichtung von Tätigkeiten und Aktivitäten ab (wie im Fall der Koordination) oder auf die Erhöhung des individuellen Nutzens durch die gemeinsame Bewältigung von arbeitsteiligen Aufgaben (wie bei der Kooperation). Vielmehr wird mit der Kollaboration die Umsetzung von gemeinsamen Zielen verfolgt, die aufgrund von Wissenskomplexitäten und/oder Ressourcenbeschränkungen unmöglich von einem Einzelnen zu realisieren sind.[454] Da in diesem Zusammenhang jede Person entscheidend zur Zielerreichung beiträgt und jedes Individuum ein eigenes Interesse daran besitzt, die vorliegenden Ziele zu erreichen, ist das jeweilige Engagement der Beteiligten höher als bei den beiden anderen Formen der Zusammenarbeit. Durch die stets gegenseitige Abhängigkeit verlieren vorhandene Aufgaben- und Hierarchiestrukturen größtenteils ihre Wirkung, so dass die an der Kollaboration Beteiligten diese selbst dynamisch konstruieren müssen. Gerade dieser Sachverhalt impliziert, dass die Kommunikation zwischen den Beteiligten hohe Relevanz besitzt und der Kommunikationsbedarf im Kollaborationsverlauf stetig anwächst.[455]

---

[451] Lu (2007), A Scientific Foundation of Collaborative Engineering, S. 614f.
[452] Krugman/Obstfeld (2009), Internationale Wirtschaft, S. 58.
[453] Straus (2002), How to make collaboration work, S. 5.
[454] Lu (2007), A Scientific Foundation of Collaborative Engineering, S. 615.
[455] Lu (2007), A Scientific Foundation of Collaborative Engineering, S. 615.

*Koordination, Kooperation und Kollaboration am Beispiel eines Orchesters*

In einem Orchester finden sich alle Formen der Zusammenarbeit wieder. Die **Koordination** findet beispielsweise durch die Partitur sowie durch den Dirigenten statt. Die Partitur ist nach zuvor fest definierten Regeln erstellt worden und beschreibt in einer Syntax und Semantik, welche Töne von welchem Instrument zu welchem Zeitpunkt erklingen sollen. Zwischen den Musikern existiert ein einheitliches, konsistentes Verständnis dieser Regel und das Einhalten dieser Regel genießt unter allen Musikern höchste Priorität. Während die Musiker mit dem Dirigenten in Form einer Koordination zusammenarbeiten, erfolgt die Zusammenarbeit der Musiker untereinander durch **Kooperation**. So verfügt jeder Musiker über bestimmte Fähigkeiten, deren Kombination für alle Beteiligten einen höheren Nutzen stiftet. Schließlich zeigt sich die **Kollaboration** im Zusammenhang mit dem gesamten Orchester. Aus Sicht des Orchesters wird das Ziel verfolgt, die Konzertbesucher durch Aufführung beispielsweise einer bestimmten Sinfonie zu unterhalten. Ein Musiker oder ein Teil des Orchesters ist nicht in der Lage dieses Ziel in gleicher oder ähnlicher Qualität zu erfüllen. Dies lässt sich damit begründen, dass erst durch die Kombination von Tönen Harmonien entstehen, die das eigentliche Klangerlebnis verwirklichen. Fehlen Musiker bzw. Töne, wird die resultierende Harmonie nicht der geforderten Harmonie entsprechen. Erst wenn alle Musiker des Orchesters kollaborieren, lässt sich das geforderte Ziel adäquat realisieren. Das Ergebnis der Kollaboration ist demnach größer als die Summe der Einzelergebnisse. Insofern lässt sich das kollektive Improvisieren einer Jazzband als höchste Form musikalischer Kollaboration bezeichnen, da das Ziel im Vorhinein nicht feststeht und erst im Verlauf des Musizierens dynamisch konstruiert wird. Dies setzt ein hohes Maß an Kommunikation zwischen den Beteiligten voraus.

### 5.3.2 Kollaboration im Entscheidungsfindungsprozess

Mit ECN wird originär die Zusammenarbeit in der Produktentwicklung adressiert. Produktentwicklung lässt sich in der Regel als komplexe Aufgabe beschreiben, die in Zusammenarbeit von mehreren Personen durchgeführt wird. Vor diesem Hintergrund zeigt das vorangegangene Kapitel, dass verschiedene Formen der Zusammenarbeit existieren. Lu geht davon aus, dass die Bewältigung komplexer Aufgaben nur dann erfolgreich verläuft, wenn sich jeder Akteur im Rahmen der Zusammenarbeit aktiv beteiligt. Dies setzt nicht nur die Teilnahme an der Zusammenarbeit voraus, sondern fordert vielmehr die aktive Beteiligung beim Gestalten und Treffen von Entscheidungen.[456]

Im Speziellen zeigt sich die Komplexität in der Produktentwicklung in verschiedenen Ausprägungen, die LU wie folgt zusammenfasst:[457]

- Probleme werden nur unbefriedigend definiert. Da die Lösung vom Problem abhängt, ist eine genaue und unmissverständliche Beschreibung des Problems zwingend erforderlich.
- Ressourcen und Wissen liegen in der Regel nur im begrenzten Umfang vor. Vor diesem Hintergrund werden Probleme zu Beginn durch hohe Komplexität charakterisiert bzw. nur selten vollständig erfasst.
- Es wird versucht, Probleme mit bekannten Lösungen zu bewältigen. Häufig resultiert in diesem Zusammenhang ein unbefriedigendes Ergebnis.
- Die zur Problembewältigung notwendigen Ressourcen und Wissen liegen im Unternehmen verteilt und unabhängig hinsichtlich Verantwortlichkeiten voneinander vor. Dieser Umstand erschwert die Zusammenarbeit.
- Die zur Problembewältigung notwendigen Akteure sind zur Bewältigung des Problems nicht organisiert. Aufgrund von Unterschieden in den Verantwortlichkeiten wird das vorliegende Problem häufig aus unterschiedlichen Hierarchiestufen adressiert.
- Das vorliegende Problem wird von den Akteuren unterschiedlich interpretiert, so dass Unterschiede in der Problemwahrnehmung und -bewältigung vorliegen.
- Die Unterschiede in der Problemwahrnehmung führen schließlich dazu, dass sich zu Beginn verschiedene oder gegensätzliche Sichtweisen unter den Akteuren einstellen.

Auch wenn sich diese Punkte auf die Produktentwicklung beziehen, lässt sich jeder Punkt ebenfalls auf die Einführung von PLM übertragen. Für PLM existiert beispielsweise keine einheitliche Definition. Vor diesem Hintergrund sind zu Beginn der PLM-Einführung die einzelnen Aufgaben und Ziele nur unscharf definiert. Mit PLM wird das gesamte Unternehmen adressiert. Dem Taylorismus geschuldet sind Unternehmen in der Regel arbeitsteilig organisiert. Folglich liegen Ressourcen und Wissen nicht konzentriert, sondern verteilt im Unternehmen vor. Mit PLM wird im

[456] Lu (2007), A Scientific Foundation of Collaborative Engineering, S. 618.
[457] Lu (2007), A Scientific Foundation of Collaborative Engineering, S. 609.

Gegensatz zum Taylorismus eine neue integrative Sichtweise auf das Unternehmen eingenommen. Vor diesem Hintergrund gilt es, Prozesse hinsichtlich des neuen Ansatzes zu gestalten und nicht auf bestehenden Lösungen zu verharren. Der integrative Ansatz ist schließlich dafür verantwortlich, dass sich verschiedene Verantwortungsbereiche (z.B. die Prozessintegration) überschneiden. Schließlich resultiert daraus, dass unterschiedliche Vorstellungen von PLM im Unternehmen existieren, die zu Unterschieden in der Sichtweise auf die Prozessgestaltung führen und letztendlich die Einführung von PLM erschweren. Insgesamt wird deutlich, dass es sich bei der Einführung von PLM ebenfalls um eine komplexe Aufgabe handelt, die folglich die Kollaboration als Form der Zusammenarbeit erfordert.

Besonders dann, wenn das Aufgabenziel noch geschärft werden muss, die Aufgabenstellung über die bisherigen Erfahrungen hinausgeht und folglich hohe Kreativität und Innovationsbereitschaft erforderlich wird, müssen einvernehmliche Entscheidungen getroffen werden, die von allen Akteuren entsprechend befürwortet und akzeptiert werden. Nur wenn alle Akteure Entscheidungen befürworten und akzeptieren, werden sie sich im weiteren Verlauf mit ähnlicher bzw. stärkerer Intensität für die Zusammenarbeit engagieren. Dies ist schließlich darauf zurückzuführen, dass der durch die Zusammenarbeit resultierende Nutzen durch die Kollaboration höher ist, als sich nicht an der Zusammenarbeit zu beteiligten. In diesem Zusammenhang wird mit ECN eine Vorgehensweise aufgezeigt, die Kollaboration durch Ansätze aus dem Bereich der Verhandlungstheorie zu unterstützen.[458]

### 5.3.3 Engineering Collaboration via Negotiation

In diesem Kapitel soll der ECN-Ansatz vorgestellt werden, um vor diesem Hintergrund das Verhandlungsmodell abzuleiten. Die Vorstellung des ECN-Ansatzes erfolgt in zwei Schritten. Im ersten Schritt soll der ECN-Mechanismus beschrieben werden, der die Annahmen und Voraussetzungen abbildet, die dem ECN-Ansatz unterliegen. Im zweiten Schritt wird anschließend das ECN-Modell vorgestellt, das den Entscheidungsprozess im Sinne des ECN-Ansatzes aus sozio-technischer Perspektive beschreibt.

#### 5.3.3.1 ECN-Mechanismus

Der ECN-Mechanismus gliedert sich in vier Prozessschritte (siehe Bild 5-15). Der ECN-Mechanismus beschreibt, wie Individuen bei der Bewältigung einer Aufgabe

---

[458] Lu (2007), A Scientific Foundation of Collaborative Engineering, S. 618.

dazu angeleitet werden können, einvernehmliche Entscheidungen zu treffen, die die Kollaboration als Form der Zusammenarbeit fördert bzw. aufrechterhält.

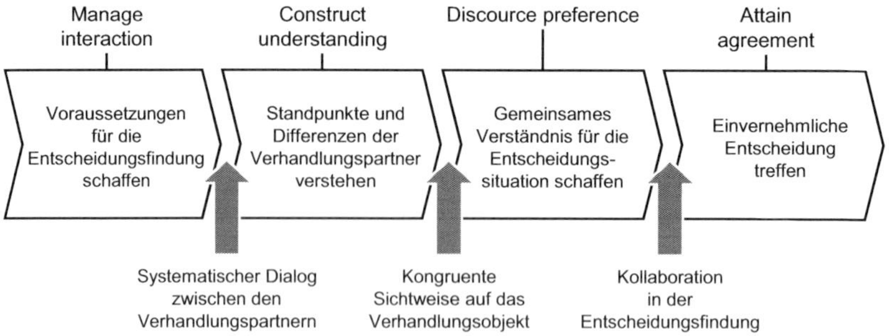


Bild 5-15: ECN-basierter Collaborative Engineering-Prozess[459]

Im ersten Prozessschritt (*Manage social interaction*) werden die Voraussetzungen für den Entscheidungsprozess definiert. Insbesondere wird aufgezeigt, dass Rahmenbedingungen definiert werden müssen, um ein entsprechendes Umfeld für den Entscheidungsprozess zu realisieren. Auf Basis der Rahmenbedingungen wird anschließend ein gemeinsames Verständnis der vorliegenden Aufgabe erarbeitet (*Construct common understanding*). Im dritten Prozessschritt wird eine gemeinsame Erwartung an die Lösung entwickelt (*Discource Preference*), um im vierten Prozessschritt schließlich einvernehmliche Entscheidungen für den weiteren Verlauf der Zusammenarbeit treffen zu können (*Attain agreement*).

*Manage social interaction*

Im ersten Prozessschritt werden die Rahmenbedingungen für die Zusammenarbeit definiert. Dabei wird davon ausgegangen, dass sich ein Individuum durch sein Umfeld, im Hinblick auf das Engagement der Zusammenarbeit, beeinflussen lässt (vgl. Kapitel 4.2.2.1). Zur Definition der Rahmenbedingungen gehören beispielsweise die Auswahl des Projekt-Kernteams, die Definition der Projektziele, die erwarteten Ergebnisse, die zur Verfügung stehenden Ressourcen, die zu beachtenden Restriktionen sowie Prozesse, die das Miteinander im Team regeln. Die Auswahl des Projektteams erfolgt entsprechend der Aufgabenstellung in erster Linie hinsichtlich der

[459] Lu (2007), A Scientific Foundation of Collaborative Engineering, S. 619.

benötigten Kompetenzen. Darüber hinaus sind Verhandlungsmacht und Sozialverhalten ebenfalls wichtige Punkte, die bei der Auswahl der Kernteammitglieder zu beachten sind.[460]

Das Projektteam wird in Anlehnung an die Organisationstheorie als ein Individuum angesehen, das sich für die Interessen des Unternehmens einsetzt. Den Gegensatz bildet der Wirtschaftsmensch (homo oeconomicus), der stets bemüht ist, seinen eigenen individuellen Nutzen zu maximieren. Während der Wirtschaftsmensch im Rahmen der Zusammenarbeit versuchen wird, sich bzw. seine eigene Situation zu optimieren, werden Individuen, die sich für das Unternehmen einsetzen, auf einen Konsens bzw. Ergebnis hinarbeiten, das alle relevanten Anforderungen hinreichend befriedigt.[461] Vor diesem Hintergrund müssen die Mitglieder des Projektteams verstehen, dass die Rahmenbedingungen, Projektziele, erwartete Ergebnisse etc. nicht definiert werden, um den eigenen individuellen Nutzen zu maximieren, vielmehr wird ein Rahmen bzw. Anforderungen aufgezeigt, denen das Unternehmen als Ganzes nachkommen muss. Folglich erhöht sich der individuelle Nutzen, wenn sich der Nutzen insgesamt erhöht.

*Construct common understanding*

Sichtweisen und Meinungen sind beeinflussbar. Diese Tatsache lässt sich nutzen, um innerhalb einer Gruppe von Individuen ein gemeinsames Verständnis zu schaffen. Zum einen muss ein gemeinsames Verständnis über die vorliegenden Aufgaben geschaffen werden. Zum anderen gilt es, ein Verständnis bzw. Einsicht in die Sichtweisen und Meinungen der anderen Teammitglieder zu schaffen. Auf diese Weise lassen sich Missverständnisse identifizieren und beseitigen.[462] In diesem Zusammenhang wird angemerkt, dass sich Missverständnisse nicht nur auf Basis von Sichtweisen und Meinungen einstellen, sondern ebenfalls über den Gebrauch von Ausdrücken und Wörtern. Häufig besitzen Wörter in den verschiedenen Abteilungen unterschiedliche Bedeutungen, so dass ebenfalls auf dieser Ebene ein einheitliches Verständnis zu realisieren ist.

---

[460] Lu (2007), A Scientific Foundation of Collaborative Engineering, S. 619.

[461] Lu (2007), A Scientific Foundation of Collaborative Engineering, S. 622.

[462] Lu (2007), A Scientific Foundation of Collaborative Engineering, S. 619.

*Discource Preference*

Das gemeinsame Verständnis über bevorstehende Aufgaben sowie das gegenseitige Verständnis für die jeweilige Sichtweise und Meinung bildet die Basis, um eine gemeinsame Erwartung hinsichtlich der Lösung zu erarbeiten. Durch das Verständnis bzw. die Einsicht für fremde Sichtweisen und Meinungen lassen sich Missverständnisse größtenteils beseitigen. Die noch bestehenden Missverständnisse sollen durch Präsentation und Diskussion der jeweiligen Lösungserwartungen ebenfalls eliminiert werden. Da zuvor ein gemeinsames Verständnis erarbeitet wird, sind die Individuen in der Lage, die Erwartungen anderer nachzuvollziehen. Durch Diskussionen entstehen verschiedene Lösungsmöglichkeiten, die mit den jeweiligen Erwartungen einhergehen. Schließlich lässt sich eine Lösungsmöglichkeit ableiten, die alle Erwartungen entsprechend befriedigt bzw. einer gemeinsamen Erwartung an die Lösung entspricht.[463]

*Attain Agreement*

Die Verhandlung selbst bildet den letzten Prozessschritt. Durch die zuvor durchgeführten Schritte verfügen die an der Entscheidung beteiligten Individuen über ein gemeinsames Verständnis der vorliegenden Aufgaben sowie eine einheitliche Erwartung hinsichtlich der zu erarbeitenden Lösung. Vor diesem Hintergrund lässt sich schließlich eine einvernehmliche Entscheidung treffen.

#### 5.3.3.2 Sozio-technischer Bezugsrahmen der verhandlungsbasierten Kollaboration

Traditionell lassen sich Aufgaben in eine inhaltliche und soziale Dimension unterteilen. Die inhaltliche Dimension adressiert die eigentliche Aufgabe, insbesondere das *Was* und *Wie*. Mit der Frage nach dem Was wird das eigentliche Ziel der Aufgabe beschrieben. Das Wie zeigt in diesem Zusammenhang den Lösungsweg auf. Im Gegensatz dazu beschreibt die soziale Dimension, *Wer* ein Interesse an der Lösung der Aufgabe besitzt und *Warum* das Lösen der Aufgabe relevant ist. In der Regel wird die Frage nach dem Was und dem Wie immer diskutiert. Die Antwort auf das Wer und Warum obliegt dem Management und wird häufig nicht hinterfragt. Aber gerade diese Frage wird relevant, da der Auftraggeber der Aufgabe und dessen Motivation

[463] Lu (2007), A Scientific Foundation of Collaborative Engineering, S. 619.

wichtige Informationen liefern, die im Sinne von Leitplanken genutzt werden können, um einen Lösungsweg bzw. eine Lösung zu erarbeiten.[464]

In Bild 5-16 wird der sozio-technische Bezugsrahmen für die verhandlungsbasierte Kollaboration nach LU abgebildet. Mit der horizontalen Achse wird die inhaltliche Dimension einer Aufgabe abgebildet. Die vertikale Achse hingegen gibt die soziale Dimension wieder. LU unterscheidet darüber hinaus zwischen Teamwork und Task-work. Mit dem Begriff „Teamwork" wird die Zusammenarbeit der Individuen zur Bewältigung einer Aufgabe beschrieben. Der Begriff „Task-work" hingegen bezieht sich auf Teilaufgaben, die in Summe die Gesamtaufgabe abbilden. Jede Aufgabe besteht somit aus Teilaufgaben, die im Rahmen der Kollaboration durchgeführt werden müssen.[465]

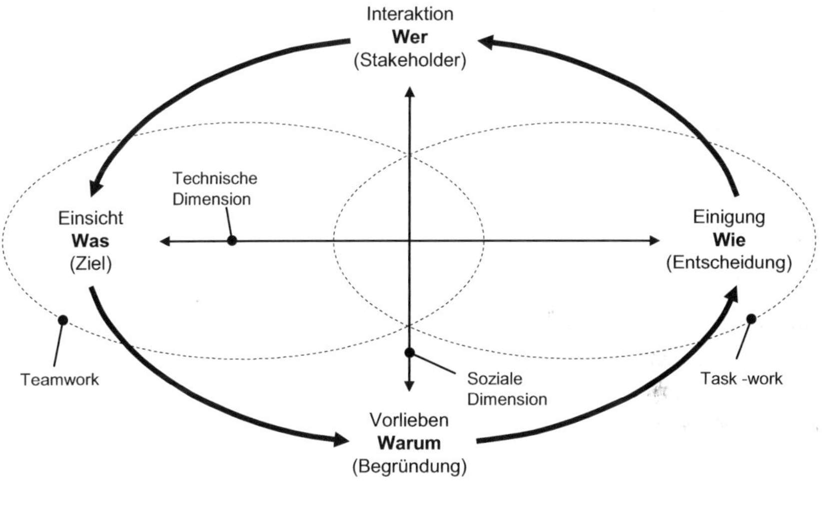


Bild 5-16: Sozio-technischer Bezugsrahmen für die Kollaboration[466]

Im linken oberen Quadranten der Abbildung startet die Kollaboration. Im Zuge der Projektinitiierung wird definiert, welche Personen mit dem Projekt bzw. einer Aufgabe betraut und welche Ziele mit dem Projekt verfolgt werden (Wer – Was). Im

[464] Lu (2007), A Scientific Foundation of Collaborative Engineering, S. 621.
[465] Lu (2007), A Scientific Foundation of Collaborative Engineering, S. 621.
[466] Lu (2007), A Scientific Foundation of Collaborative Engineering, S. 621.

Zuge der Projektinitiierung werden neben dem Projektteam weitere Rahmenbedingungen für den Projektverlauf festgelegt (vgl. Social Interaction). Der nächste Schritt wird mit dem linken unteren Quadranten beschrieben. In diesem Zusammenhang wird im Projektteam gemeinsam die Notwendigkeit des Projektes (Was – Warum) bzw. der Zusammenhang zwischen Projektziel und Nutzen erörtert (vgl. Common Understanding). Anschließend wird ein Zusammenhang zwischen der Notwendigkeit des Projektes und den einzelnen Tätigkeiten hergestellt (Warum – Wie), die im Rahmen des Projektes durchgeführt werden müssen. Dabei wird ein gemeinsames Verständnis über die Erwartungen bzw. der Verlauf des Projektes definiert (Group Preference). Schließlich wird im rechten oberen Quadranten die einvernehmliche Entscheidung getroffen (Attain Agreement). Im Projektverlauf wird dieser Zyklus im Rahmen der Zusammenarbeit mehrfach durchlaufen. Damit die Zusammenarbeit weiterhin in Form einer Kollaboration stattfindet, muss insbesondere der rechte obere Quadrant, die einvernehmliche Entscheidungsfindung, beachtet werden. [467]

Das Besondere an diesem sozio-technischen Bezugsrahmen liegt darin, dass die Ergebnisse bzw. Entscheidungen, die unter Anwendung dieses Bezugsrahmens gefällt werden, einmalig sind und sich folglich nicht reproduzieren lassen. Dies lässt sich damit begründen, dass Personen beeinflussbar sind. Die Beeinflussung erfolgt durch die Erfahrung, durch das Umfeld oder durch Kommunikation mit anderen. Bei einer Wiederholung des Projektes werden Entscheidungen eventuell ähnlich, aber nicht identisch ausfallen, da der Erfahrungsschatz angewachsen ist. Einzig die Einvernehmlichkeit als Eigenschaft von Entscheidungen wird durch die Anwendung des sozio-technischen Bezugsrahmens reproduzierbar.[468]

### 5.3.4 Modell zur verhandlungsbasierten Entscheidungsfindung

Auf Basis des ECN-Mechanismus sowie des sozio-technischen Bezugsrahmens für die Kollaboration soll im Folgenden das Verhandlungsmodell bzw. das Modell zur verhandlungsbasierten Entscheidungsfindung vorgestellt werden. Das Verhandlungsmodell ist als Bezugsrahmen zu verstehen, in dem aufgezeigt wird, welche Tätigkeiten als Vorbereitung für eine erfolgreiche Verhandlung durchzuführen sind und wie der soziale Umgang bzw. Interaktion mit den anderen Verhandlungspartnern zu gestalten ist. Im Modell wird berücksichtigt, dass Verhandlung ein iterativer Prozess ist. Dabei wird die Entscheidungsfindung unterbrochen, um die eigene

[467] Lu (2007), A Scientific Foundation of Collaborative Engineering, S. 621.
[468] Lu (2007), A Scientific Foundation of Collaborative Engineering, S. 621.

Position erneut zu bestimmen. Dieser Vorgang wird dann erforderlich, wenn in der Diskussion zur Erarbeitung einer Entscheidung die zuvor definierten Ziele und Anforderungen durch neue Informationen beeinflusst werden. Die neuen Informationen können dazu beitragen, dass bestehende Annahmen über den Verhandlungspartner widerlegt werden, so dass ebenfalls eine neue Verhandlungsstrategie bestimmt werden muss. Vor diesem Hintergrund wird mit dem Handlungsmodell ein Bezugsrahmen aufgezeigt, um den Verhandlungsverlauf zu systematisieren.

Nach Lu müssen im ersten Schritt die Vorbereitungen für die Verhandlung getroffen werden (Manage interaction). Dazu gehören Vorbereitungen hinsichtlich des Verhandlungsumfelds sowie Vorbereitungen der einzelnen Verhandlungsteilnehmer. Anschließend gilt es, ein Verständnis für die Interessen der Verhandlungspartner zu erarbeiten (Construct understanding). In diesem Zusammenhang ist es sinnvoll, die einzelnen Verhandlungspartner zu analysieren sowie den Verhandlungsort in diese Betrachtung mit einzubeziehen. Schließlich findet im letzten Schritt die eigentliche Einigung über das Entscheidungsergebnis statt (Attian agreement). Selten werden wichtige Entscheidungen ohne ausgiebige Diskussionen getroffen. In den Diskussionen werden eigene Zielvorstellungen und Erwartungen oft beeinflusst, so dass es in einigen Fällen notwendig wird, die eigenen Ziele zu überdenken und gegebenenfalls anzupassen. Dieses iterative Vorgehen führt schließlich dazu, dass innerhalb der Verhandlungspartner ein gemeinsames Ziel erarbeitet wird (Disource preference), damit das Ergebnis der Entscheidungsfindung allen Anforderungen entsprechen wird. Vor diesem Hintergrund besteht das Verhandlungsmodell aus fünf Schritten, die im Einzelnen beschreiben werden sollen (siehe Bild 5-17).

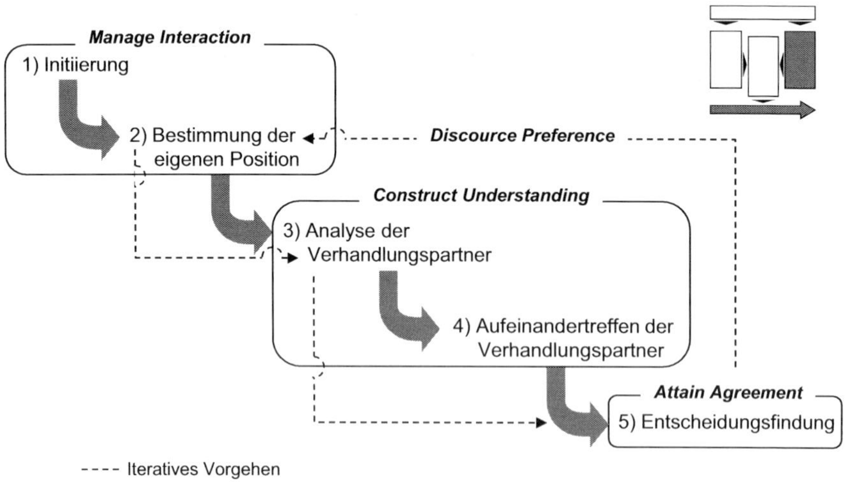


Bild 5-17: Modell zur verhandlungsbasierten Entscheidungsfindung

### 5.3.4.1 Initiierung

Mit der Initiierung werden die Rahmenbedingungen für die Verhandlung definiert. Unter Rahmenbedingungen fallen Voraussetzungen oder Annahmen, die von allen Verhandlungspartnern erbracht bzw. akzeptiert werden müssen. Eine Rahmenbedingung bildet beispielsweise der Verhandlungsort.

Die Wahl des Verhandlungsortes fällt in den Bereich der sozio-technischen Dimension. In diesem Zusammenhang kann die Verhandlung in den Räumlichkeiten eines Verhandlungspartners oder an einem neutralen Ort stattfinden. Eine Verhandlung in den eigenen Räumlichkeiten (z.B. Besprechungsraum in der Produktion) ist vorteilhaft, da die gewohnte Umgebung das Wohlbefinden steigert. Zudem lassen sich Argumente spontan durch reale Beispiele (z.B. Vorführung einer Maschine) verdeutlichen. Entscheidungen, die ex ante starke Konflikte hervorrufen, sollten an einem neutralen Ort stattfinden, um keinem Verhandlungspartner einen Vorteil zu verschaffen.[469]

[469] Erbacher (2010), Grundzüge der Verhandlungsführung, S. 46.

Eine weitere Rahmenbedingung zeigt sich beispielsweise in der Anzahl der Verhandlungspartner bzw. Teilnehmer. Für eine Verhandlung lässt sich keine optimale Anzahl von Teilnehmern bestimmen. Dennoch lässt sich aus der Kollaboration als Form der Zusammenarbeit ableiten, dass die Anzahl der Teilnehmer derart zu bestimmen ist, dass die Relevanz und Bedeutung der Teilnehmer untereinander gleichwertig ist.[470] Ist beispielsweise die Teilnahme einer Person an der Verhandlung nicht zwingend erforderlich, sollte diese Person nicht an der Verhandlung partizipieren. Letztlich zeigt eine geringe Anzahl von Teilnehmern in einer Verhandlung häufig positive Wirkung auf den Verhandlungsverlauf.

Der Austausch von Informationen erfolgt durch Kommunikation bzw. Diskussionen. Für eine strukturierte Diskussion mit mehreren Personen sind Regeln sowie ein Moderator hinreichende Bedingungen für einen geordneten Diskussionsverlauf. Die Erfahrungen des Autors, gewonnen aus verschiedenen Beratungsprojekten in der produzierenden Industrie, zeigen, dass Diskussionen in einer Gruppe ohne entsprechende Moderation und Regeln chaotisch verlaufen. Der chaotische Verlauf zeigt sich dadurch, dass Diskussionen nicht fokussiert verlaufen bzw. das Diskussionsthema sich im Zeitverlauf ungewollt verändert, Personen in ihrer Argumentation durch Kommentare in Form von Zwischenrufen oder abfälliges Verhalten gestört werden oder die Argumente von der sachlichen Ebene abweichen und die Persönlichkeit einer anderen Person angreifen. In jedem einzelnen Fall muss der Moderator eingreifen und die Diskussion zurück in eine strukturierte Form führen. Der Moderator ist nicht von einer höheren Instanz zu bestimmen, vielmehr einigen sich die Verhandlungsteilnehmer auf einen Moderator. Schließlich müssen alle Teilnehmer gewillt sein, die Weisungsbefugnis des Moderators zu akzeptieren bzw. den Weisungen zu folgen.

In einigen Fällen lässt sich der Verhandlungsverlauf ex ante bestimmen. Dabei wird mit dem Verhandlungsverlauf die grobe zeitliche Abfolge von Entscheidungen beschrieben. Diese Abfolge enthält zum einen den Verhandlungsgegenstand (z.B. Gestaltung des Änderungsmanagementprozesses) sowie die Summe an Einzelentscheidungen (z.B. Auswahl der am Änderungsprozess teilnehmenden Unternehmensbereiche), die im Rahmen der übergeordneten Entscheidung getroffen werden müssen. In diesem Zusammenhang ist zu klären, welche Verhandlungsgegenstände thematisch in Beziehung stehen und welche unabhängig voneinander betrachtet werden können. Im Falle von thematischen Abhängigkeiten lassen sich die Verhandlungsgegenstände gemeinsam verhandeln. Schließlich sollten zu Beginn einer

[470] Erbacher (2010), Grundzüge der Verhandlungsführung, S. 37.

Verhandlungssituation Entscheidungen mit geringem Konfliktpotenzial gefällt werden, um den Verhandlungsverlauf mit einem Erfolg zu beginnen.[471]

Für eine Verhandlung sollte ein entsprechendes Zeitfenster bestimmt werden, um Verhandlungen nicht vorzeitig abbrechen oder Entscheidungen unter Druck beschließen zu müssen.[472] Vor diesem Hintergrund sollten besonders bei kritischen Entscheidungen die Teilnehmer der Verhandlung vom Tagesgeschäft weitgehend befreit werden, um eine einvernehmliche Entscheidung erarbeiten zu können. Besonders vor dem Hintergrund der begrenzten kognitiven Aufnahmefähigkeit von Menschen müssen Verhandlungen zeitweise unterbrochen werden. Eine Unterbrechung bietet den Verhandelnden darüber hinaus die Möglichkeit, die in der Verhandlung gewonnenen Informationen zu antizipieren, um gegebenenfalls die eigenen Zielvorstellungen anzupassen.

Der Verhandlungsort, die Anzahl der Verhandlungsteilnehmer, die Definition von Diskussionsregeln, die grobe Planung des Verhandlungsverlaufs sowie ein entsprechender Zeitrahmen für die Verhandlung sind nur einige wichtige Rahmenbedingungen und Regeln, die im Vorfeld festzulegen sind. Je nach Entscheidungssituation lassen sich weitere Rahmenbedingungen und Regeln definieren, die insgesamt den Verlauf des Entscheidungsprozesses bzw. der Verhandlung positiv beeinflussen.

#### 5.3.4.2 Bestimmung der eigenen Position (Selbstkritische Reflexion)

Im nächsten Schritt findet die eigene Vorbereitung statt. Eine gute Vorbereitung ist für die eigene Person ein wichtiger Stellhebel, um die eigenen Interessen in einer Verhandlung erfolgreich zu argumentieren. Im Sinne des Pareto-Prinzips sollten nach THOMPSON demnach ca. 80% des Aufwandes einer Verhandlung in die Vorbereitung investiert werden und nur 20% sollten in die eigentliche Verhandlung bzw. Einigung fließen.[473] In diesem Zusammenhang gilt es, die eigenen Ziele bzw. Anforderungen an das Entscheidungsergebnis zu formulieren. Insbesondere muss die Frage beantwortet werden, welche Interessen durch das Entscheidungsergebnis positiv bzw. negativ beeinflusst werden. Dies beinhaltet neben der Auflistung möglicher Ziele ebenfalls die Priorisierung von Zielen.[474] Unter der Prämisse, dass sich Ziele in Muss- und Kann-Ziele unterteilen lassen, wird durch die Priorisierung von Zielen deutlich, in welcher Ausprägung das Entscheidungsergebnis nicht mehr

[471] Erbacher (2010), Grundzüge der Verhandlungsführung, S. 40.
[472] Erbacher (2010), Grundzüge der Verhandlungsführung, S. 40.
[473] Thompson (2009), The mind and heart of the negotiator, S. 12.
[474] Erbacher (2010), Grundzüge der Verhandlungsführung, S. 33.

den zuvor gestellten Anforderungen bzw. Zielen entspricht bzw. die Verhandlung von der jeweiligen Person abgebrochen werden sollte. In der Literatur wird die Priorisierung von Zielen mit dem Begriff BATNA[475] (Best Alternative To a Negotiated Agreement) beschrieben.[476] BATNA beschreibt somit ein Entscheidungsergebnis, bei dessen Unterschreitung die Voraussetzungen für eine Kollaboration nicht mehr gegeben sind. Schließlich gilt es, alle relevanten Unterlagen und Dokumente zu ordnen bzw. vorzubereiten.[477]

Die Definition und Priorisierung von Zielen kann zum einen auf externen Anforderungen, zum anderen auf persönlichen Erfahrungen und Wissen beruhen. Gerade im letzten Fall nutzen Menschen Heuristiken, um ihr Handeln zu unterstützen. Nach HAMMOND ET AL. führen diese Heuristiken aus psychologischer Sicht oftmals zu Fehleinschätzungen oder Fehlentscheidungen. Vor diesem Hintergrund sollen nachfolgend verschiedene Heuristiken beispielhaft vorgestellt werden:[478]

- *Verankerungsheuristik (Anchoring Trap):* Menschen neigen dazu, sich in Entscheidungs- oder Bewertungssituationen an einem Richtwert (Anchoring[479]) zu orientieren. Im Entscheidungs- oder Bewertungsverlauf wird der Richtwert entsprechend angepasst. Nach NITZSCH ist an diesem Vorgehen nichts auszusetzen, wenn die Anpassung mit entsprechendem Aufwand durchgeführt wird. Doch empirische Studien zeigen, dass der Anpassungsprozess regelmäßig zu knapp ausfällt, so dass die Anpassung in der Nähe des bestehenden Richtwertes erfolgt.[480] Folglich orientieren sich Menschen mehrheitlich an einem Richtwert, der entweder selbst oder von einem Dritten definiert wird.

- *Neigung, am Bestehenden festzuhalten (Status-Quo Trap):* Menschen handeln in der Regel nicht rational, sondern entsprechend verschiedener Vorlieben und Neigungen, die durch das aktuelle Umfeld geprägt werden. In diesem Zusammenhang lässt sich beispielsweise eine hohe Ähnlichkeit zwischen den ersten Autos und Pferdekutschen feststellen.[481] Das Festhalten am Staus-Quo lässt sich aus psychologischer Sicht beispielsweise dadurch

---

[475] Für weitere Informationen zu BATNA siehe Raiffa et al. (2002), Negotiation Analysisoder Thompson (2009), The mind and heart of the negotiator.

[476] Thompson (2009), The mind and heart of the negotiator, S. 14f.

[477] Erbacher (2010), Grundzüge der Verhandlungsführung, S. 48.

[478] Hammond et al. (2001), The Hidden Traps in Decision Making, S. 143ff.

[479] Anchor engl. für Anker

[480] Nitzsch (2002), Entscheidungslehre, S. 22f.

[481] Thompson (2009), The mind and heart of the negotiator, S. 149.

erklären, dass es im Wesen des Menschen liegt, sich vor negativer Kritik zu schützen. Da neue Sichtweisen und Verhalten stets Kritik nach sich ziehen, verharren Menschen in bekannten Verhaltensweisen.

- *Sunk-Cost Effekt (Sunk-Cost Trap):* In der Vergangenheit durchgeführte Investitionen oder Entscheidungen führen dazu, dass heute Handlungen durchgeführt werden, die ohne vorherige Investition bzw. Entscheidung nicht durchgeführt worden wären. Dieser Sachverhalt wird als Sunk-Cost Effekt bezeichnet.[482] Obwohl die Investition oder Entscheidung nicht direkt mit einer vorliegenden Aufgabe oder Entscheidung in Verbindung steht, besteht Einfluss auf das aktuelle Handeln. Ein solches Verhalten lässt sich damit erklären, dass Menschen selten gewillt sind Fehler freiwillig einzugestehen.[483]
- *Bestätigungsverzerrung (Confirming-Evidence Trap):* Bei Unsicherheit versuchen Menschen Informationen zu sammeln, um die bestehende Dissonanz zu beseitigen. In diesem Zusammenhang streben Individuen durch selektive Aufnahme von Informationen nach Sicherheit. In der Regel werden nur die Informationen aufgenommen, die eine Präferenz bzw. unbewusste getroffene Entscheidung bestätigen.[484]
- *Framing-Effekt (Framing Trap):* Der Framing-Effekt beschreibt das Phänomen, dass sich die Wahrnehmung eines Problems durch die Präsentation des Problems beeinflussen lässt.[485] Folglich wird die Entscheidungspräferenz durch die Problempräsentation gestaltet. Daher sollte die Präsentation eines Sachverhalts oder Problems stets kritisch begutachtet werden.
- *Prudence Trap:* In diesem Fall verhalten sich Individuen übervorsichtig und schenken ihren Einschätzungen zu wenig Vertrauen.[486]

Dies sind nur einige Beispiele, die bei der Definition und Priorisierung von Zielen zu beachten sind. Für weitere Ausführungen zu den jeweiligen Heuristiken sei auf die verschiedenen Literaturangaben verwiesen.

---

[482] Jost (2008), Organisation und Motivation : eine ökonomisch-psychologische Einführung, S. 214.

[483] Hammond et al. (2001), The Hidden Traps in Decision Making, S. 152.

[484] Florissen (2005), Preiscontrolling : Rationalitätssicherung im Preismanagement, S. 110f; Hammond et al. (2001), The Hidden Traps in Decision Making, S. 155f.

[485] Nitzsch (2002), Entscheidungslehre, S. 113; Stocké (2002), Framing und Rationalität, S. 23f.

[486] Miller (2003), Erwartungsbildung ökonomischer Akteure, S. 58.

Schließlich erfolgt in dieser Phase die Definition der Verhandlungsstrategie. Die Diskussion verschiedener Verhandlungsstrategien steht nicht im Fokus dieser Arbeit. Daher soll für ausführliche Informationen auf RAIFFA[487] verwiesen werden.

#### 5.3.4.3 Analyse der Verhandlungspartner

In diesem Schritt findet die Analyse der Verhandlungspartner statt. Die Analyse beginnt mit der Identifikation von zukünftigen Verhandlungspartnern. Im Rahmen der Einführung von PLM werden die Verhandlungspartner in der Regel aus den Mitgliedern des Projektteams bestehen, die sich bei Bedarf durch Spezialisten aus den jeweiligen Fachabteilungen vertreten lassen.

Die Analyse wird durchgeführt, um im Vorfeld einen ersten Eindruck über die Verhandlungspartner zu gewinnen. Dabei sollen nicht nur die Sichtweise und Zielvorstellungen hinsichtlich eines Entscheidungsproblems, sondern ebenfalls Informationen gewonnen werden, die sich der sozio-technischen Dimension zuordnen lassen. Vor diesem Hintergrund gilt es Informationen hinsichtlich Funktion, Position (Inhalt) sowie der Persönlichkeit (Soziales) der Verhandlungspartner zu gewinnen.[488]

Während die Funktionen (z.B. Vertrieb, Entwicklung, Produktion etc.) sowie die Positionen (z.B. Abteilungsleiter, Gruppenleiter etc.) im Unternehmen durch die Aufbauorganisation definiert werden, lassen sich Informationen zur Persönlichkeit nur schwer ermitteln. Zu den Eigenschaften zur Charakterisierung der Persönlichkeit gehören beispielsweise das Selbstbild, Wertevorstellungen, Werdegang sowie das Verhältnis zu anderen Verhandlungspartnern. Diese und andere Informationen über die Verhandlungspartner helfen, die jeweiligen fremden Sichtweisen und Zielvorstellungen in der eigentlichen Verhandlung leichter nachzuvollziehen sowie die Verhandlungsstrategie zu überdenken. In diesem Zusammenhang kann beispielsweise die freiwillige Erstellung und Offenlegung von Persönlichkeitsprofilen (z.B. Reiss Profile®[489]) helfen, sich aufeinander einzustellen.

#### 5.3.4.4 Aufeinandertreffen der Verhandlungspartner

In diesem Schritt treffen die Verhandlungspartner unmittelbar vor dem eigentlichen Verhandlungsprozess aufeinander. Dabei wird der inhaltliche Ablauf des aktuellen Verhandlungsprozesses definiert, der hauptsächlich aus der Agenda besteht und

---

[487] Siehe Raiffa et al. (2002), Negotiation Analysis.
[488] Erbacher (2010), Grundzüge der Verhandlungsführung, S. 34f.
[489] Für mehr Informationen siehe www.reissprofile.eu

damit die Verhandlungsgegenstände sowie den Verhandlungsraum vorgibt. Weiterhin finden aus soziologischer Sicht der Aufbau von gegenseitigem Vertrauen und der Gewinn neuer Informationen über die anderen Verhandlungspartner statt.[490]

Die Wichtigkeit des Zusammentreffens lässt sich mit dem Primäreffekt begründen. Der Primäreffekt (primacy effect) beschreibt in diesem Zusammenhang die Wirkung des ersten Eindrucks auf andere Individuen und stellt heraus, dass sich ein erster Eindruck aus psychologischer Sicht nur mit hohem Aufwand revidieren lässt.[491] Folglich sollten sich alle Verhandlungspartner bemühen, zu Beginn einer Verhandlungssituation einen positiven ersten Eindruck zu hinterlassen.

Das Gewinnen neuer Informationen über die Verhandlungspartner ist ein weiteres wesentliches Ziel dieses Schrittes. Vor der Kontaktphase wurden bereits Annahmen über die Sichtweisen, Erwartungen und Persönlichkeit der anderen Verhandlungspartner getroffen. Diese können durch das reale Zusammentreffen geschärft werden. Mit dem aktuellen Bild über die Verhandlungspartner lassen sich die eigene Sichtweise, Zielvorstellungen, Argumentationen sowie die Verhandlungsstrategie überdenken bzw. anpassen.[492]

#### 5.3.4.5 Entscheidungsfindung

In diesem letzten Schritt findet die eigentliche Entscheidungsfindung statt. In diesem Zusammenhang erfolgt die strategische Präsentation von Sichtweisen, Meinungen sowie Erwartungen an die bevorstehende Entscheidung. Da in den vorangegangenen Schritten jeder Akteur seine eigenen Ziele und Erwartungen an das Entscheidungsergebnis definiert und priorisiert hat, lässt sich ein qualifizierter Diskurs über die verschiedenen Entscheidungsmöglichkeiten führen. Schließlich lassen sich einvernehmliche Entscheidungen treffen, um die Fortführung der Kollaboration als Form der Zusammenarbeit sicherzustellen.

Trotz Vorbereitung kommt es vor, dass Zielkonflikte im Augenblick nicht aufgelöst werden können. An dieser Stelle gilt es, Methoden zur Konfliktbewältigung anzuwenden, um die sozialen Beziehungen zwischen den Verhandelnden bzw. die gesamte Zusammenarbeit nicht zu gefährden.

---

[490] Erbacher (2010), Grundzüge der Verhandlungsführung, S. 49.
[491] Erbacher (2010), Grundzüge der Verhandlungsführung, S. 50.
[492] Erbacher (2010), Grundzüge der Verhandlungsführung, S. 51.

### 5.3.5 Zusammenfassung

In diesem Kapitel wird das Modell der verhandlungsbasierten Entscheidungsfindung hergeleitet. Zunächst werden die verschiedenen Formen der Zusammenarbeit aufgezeigt. Dabei stellt sich heraus, dass die Kollaboration die produktivste Form der Zusammenarbeit bildet und sich folglich zur Bewältigung komplexer Aufgaben eignet. Im Anschluss wird aufgezeigt, dass die Einführung von PLM als eine komplexe Aufgabe zu verstehen ist, die sich durch Kollaboration effektiver und effizienter bewältigen lässt. Im Rahmen einer Kollaboration müssen die verschiedenen Akteure über gemeinsame Ziele verfügen, die nicht von einem Akteur alleine realisiert werden können. Da alle Akteure die gleichen Ziele verfolgen, stellt sich in dieser Form der Zusammenarbeit eine hohe Beteiligung bzw. ein hohes Engagement aller Akteure ein. Gemeinsame Ziele entstehen dann, wenn einvernehmliche Entscheidungen getroffen werden. In diesem Zusammenhang zeigt LU auf, dass solche Entscheidungen nicht nur aus inhaltlicher Sicht, sondern ebenfalls aus „menschlicher" Sicht (z.B. soziologischer oder psychologischer Sicht) betrachtet werden müssen. Zur Gestaltung des Entscheidungsprozesses stellt LU mit ECN einen soziotechnischen Rahmen vor, um eine Entscheidungssituation verhandlungsbasiert zu gestalten. Schließlich wird vor diesem Hintergrund ein Modell für die verhandlungsbasierte Entscheidungsfindung hergeleitet, das in fünf Schritten ein Vorgehen zum Treffen von Entscheidungen beschreibt.

## 5.4 Aufbau des Vorgehensmodells der PLM-Einführung

In diesem Kapitel wird das Vorgehensmodell der PLM-Einführung unter Berücksichtigung des PLM-Modells sowie des Verhandlungsmodells beschrieben. Als Bezugsrahmen zur Einführung von PLM soll der St. Galler Management Navigator (GMN) nach MÜLLER-STEWENS dienen (siehe Bild 5-18). Der GMN steht in der Tradition der an der Universität St. Gallen entwickelten Ansätze zur Unternehmensführung und systemorientierten Managementlehre nach ULRICH/KRIEG und BLEICHER. Mit dem St. Galler Managementkonzept nach BLEICHER wird das Ziel verfolgt, den Entscheidungsproblemen des Managements eine dimensionale Ordnung zu verleihen. Im Kern des St. Galler Managementkonzeptes steht ein Neun-Felder-Ordnungsrahmen. Für acht der neun Themenfelder werden Konzeptionshilfen angeboten. Mit dem GMN soll für das bislang offene Feld der strategischen Programme ebenfalls eine Konzeptionshilfe zur Verfügung gestellt werden. Führungskräfte sollen mit dem GMN ein möglichst flexibles Raster für einen Arbeits- und Problemlöseprozess erhalten, um ihre strategischen Initiativen anforderungsgerecht zu entwickeln bzw.

zu verwirklichen.[493] Da die Entscheidung zur Einführung von PLM im Bereich von strategischen Programmen angesiedelt ist, lässt sich der GMN auf Einführung von PLM übertragen. Das theoretische Grundwissen zum GMN soll im Folgenden nicht separat abgebildet werden. Vielmehr soll die Erläuterung des GMNs direkt im Zusammenhang mit der Einführung von PLM erfolgen.

Der GMN besteht nach MÜLLER-STEWENS und LECHNER aus vier plus eins Feldern (siehe Bild 5-18). Zu den Feldern gehören die Initiierung, die Positionierung, die Wertschöpfung, die Veränderung sowie die Performance Messung.

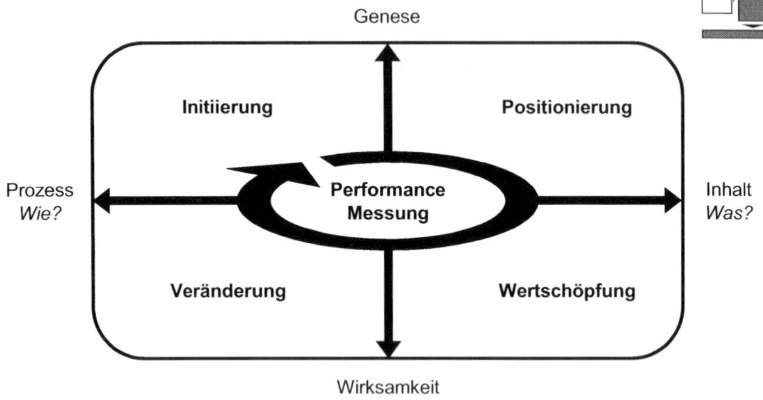


Bild 5-18: General Management Navigator[494]

Neben den Feldern besteht der GMN aus zwei Achsen. Die vertikal verlaufende Achse beschreibt die Genese und operative Wirksamkeit strategischer Initiativen. In diesem Zusammenhang wird das Verständnis aufgelöst, dass Strategien ex ante formuliert werden müssen, um anschließend umgesetzt werden zu können. So zeigt MINTZBERG beispielsweise auf, dass Strategien oft auch sukzessiv aus den tagtäglichen Aktivitäten von Unternehmen emergieren, ohne vorherige, klare Absicht.[495]

[493] Müller-Stewens/Lechner (2005), General Management Navigator, S. 7.
[494] Müller-Stewens/Lechner (2005), General Management Navigator, S. 27.
[495] Mintzberg (1978), Patterns of strategy formulation zitiert nach Müller-Stewens/Lechner (2005), General Management Navigator, S. 31.

Weiterhin wird mit der Achse aufgezeigt, dass strategische Initiativen nicht abgeschlossen sein müssen und somit aus der Wirksamkeit einer strategischen Initiative neue Initiativen entstehen können.[496] Mit der zweiten, horizontal verlaufenden Achse, wird eine Unterscheidung zwischen Prozess und Inhalt vorgenommen. Während mit der Inhaltsforschung die eigentliche Strategie im Mittelpunkt steht, zeigt die Prozessforschung auf, wie diese Strategie zu realisieren ist. Obwohl sowohl die Prozessdimension als auch der Inhalt unabhängig voneinander zu betrachten sind, versucht der GMN beide Sichtweisen zu verbinden, ohne die Unabhängigkeit aufzugeben.[497] Das Vorgehensmodell der PLM-Einführung auf Basis des GMN-Ansatzes soll im Folgenden detailliert beschrieben werden.

### 5.4.1 Initiierung

Jede Handlung beginnt mit einer strategischen Initiative. Als strategische Initiative wird jeder „Impuls" im Unternehmen verstanden, der zu einer Veränderung führt.[498] Die Entscheidung zur Einführung von PLM ist als strategische Initiative zu verstehen, um das Unternehmen nachhaltig zu beeinflussen. Eine der wichtigsten Tätigkeiten in dieser Phase ist die Schaffung eines einheitlichen PLM-Verständnisses sowie das Bekenntnis der Unternehmensleitung zu PLM und den damit verbundenen Veränderungen (siehe Bild 5-19). Das Bekenntnis zu PLM impliziert vor allem eine Einstandspflicht sowie ein entsprechendes Engagement. Das PLM-Projekt darf in diesem Zusammenhang nicht ein Projekt von vielen sein. Vielmehr muss die Unternehmensleitung deutlich die Priorität des PLM-Projekts herausstellen und diese Priorität demonstrativ leben. Dazu gehört beispielsweise, dass Entscheidungen, die unter Einbindung der Unternehmensleitung erfolgen müssen, unverzüglich getroffen werden bzw. die Unternehmensleitung für Abstimmungsgespräche zur Verfügung steht und gegebenenfalls andere Termine zugunsten des PLM-Projekts verschieben.

Eine weitere wichtige Tätigkeit bildet die Zusammenstellung des PLM-Projektteams. Da PLM eine unternehmensübergreifende Themenstellung adressiert, sollten zu Beginn alle relevanten Vertreter der jeweiligen Unternehmensbereiche im Projektteam vertreten sein. Im Projektverlauf zeigt sich, welche Unternehmensbereiche häufiger in Entscheidungen miteinbezogen werden und welche Unternehmensbereiche nur partiell an der Erarbeitung der PLM-Lösung partizipieren. Entsprechend lässt

[496] Müller-Stewens/Lechner (2005), General Management Navigator, S. 31.
[497] Müller-Stewens/Lechner (2005), General Management Navigator, S. 31f.
[498] Müller-Stewens/Lechner (2005), General Management Navigator, S. 27f.

sich die Größe des Projektteams dynamisch gestalten, wobei ein Kernteam definiert werden sollte.

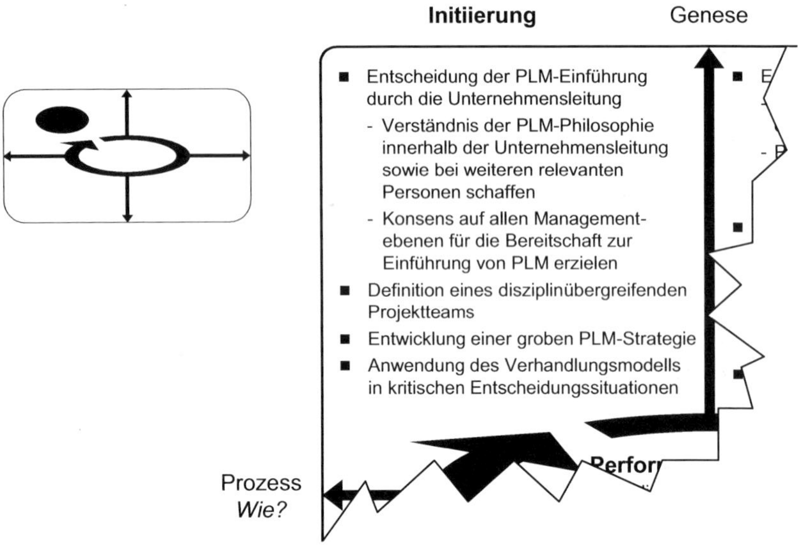


Bild 5-19: Initiierung

Häufig sind Vertreter aus den Unternehmensbereichen Entwicklung, Produktion, Beschaffung und IT im Kernteam vertreten. Neben der fachlichen Kompetenz sollten die Teammitglieder ebenfalls über entsprechende Entscheidungsmacht verfügen, um in Entscheidungssituationen gültige Beschlüsse fassen zu können. In diesem Zusammenhang gilt es ebenfalls die Eskalationsstufen zu definieren, um Konflikte, die aus Überschneidungen von Verantwortungsbereichen resultieren, zu vermeiden. Schließlich sollten die Teammitglieder über ein adäquates Maß an sozialer Kompetenz verfügen. Die Erfahrungen des Autors zeigen, dass ein Projektteam – bestehend aus Individuen mit hoher sozialer Kompetenz – ein qualitativ höheres Ergebnis erzielt, als Individuen, die zwar über hohe fachliche Kompetenz, aber nur über geringe soziale Fähigkeiten verfügen.

Im Rahmen der Initiierung ist weiterhin zu klären, zu welchem Zeitpunkt externe Berater ins Projektteam miteinbezogen werden sollen. Spätestens bei der Konfiguration des PLM-unterstützenden IT-Systems wird die Einbindung von Beratern unumgänglich. Berater bringen externes Wissen mit, verfügen über Erfahrungen bezüglich der Einführung von PLM und können vor diesem Hintergrund unabhängige Handlungsempfehlungen im Projektverlauf abgeben.[499]

Schließlich erfolgt in dieser Phase die Definition einer groben PLM-Strategie bzw. von übergeordneten Projektzielen (externe Ziele). Häufig lassen sich die übergeordneten Projektziele ex ante definieren, ohne eine intensive Problemanalyse durchgeführt zu haben. Die übergeordneten Projektziele orientieren sich dabei an den übergeordneten Unternehmenszielen und zeigen auf, wie sich die Zielerreichung von übergeordneten Unternehmenszielen durch die Projektziele (interne Ziele) verbessert. Dazu gehört ebenfalls die Einstellung der Mitarbeiter im Unternehmen zu PLM sowie zu Veränderungen im Allgemeinen zu erfassen, und das Ergebnis in der Definition der groben PLM-Strategie entsprechend zu berücksichtigen.

Das Verhandlungsmodell soll in diesem Zusammenhang eingesetzt werden, um die verschiedenen Entscheidungssituationen im Projektverlauf zu unterstützen. Da die Anwendung des Verhandlungsmodells eine zeitintensive Vorbereitung der Verhandlungsteilnehmer erfordert und der Faktor Zeit in einem Unternehmen als knappe Ressource wahrgenommen wird, sollten nicht alle Entscheidungssituationen unter Anwendung des Verhandlungsmodells bewältigt werden. Vielmehr sollten Typen von Entscheidungssituationen ausgewählt bzw. Regeln definiert werden, um die Anwendung des Verhandlungsmodells zu steuern. Aufgrund der Heterogenität von Menschen und Unternehmen sowie dem daraus resultierenden Umfeld lassen sich ex ante keine Entscheidungssituationen benennen, die unter Anwendung des Verhandlungsmodells bewältigt werden müssen. Es lassen sich lediglich Handlungsempfehlungen aussprechen, deren Umsetzung im Ermessen des Projektteams liegt. Vor diesem Hintergrund stellt KUBOSCH ein Beschreibungsmodell für Verhandlungs- bzw. Entscheidungssituationen vor, um Entscheidungssituationen überhaupt erfassen zu können (in Anlehnung an KUBOSCH siehe Bild 5-20).

[499] Eigner/Stelzer (2009), Product Lifecycle Management, S. 391.

| Merkmal | Ausprägung | | |
|---|---|---|---|
| Kontext/ Ausgangssituation | Positive, konstruktive Stimmung | Negative, destruktive Stimmung | |
| Anzahl Parteien | zwei | mehr als zwei | |
| Repetitivität | wiederkehrend | einmalig | |
| Position/ Meinung der Parteien | Monolithisch, intern einig/ homogen | Pluralistisch, intern uneinig/ heterogen | |
| Externe Interdependenz | Beziehung zu weiteren Verhandlungen | isoliert | |
| Anzahl Verhandlungsobjekte | Eins (win-lose Situation) | Mehr als eins (win-win-möglich) | |
| Abschlussoption | Abbruch (ergebnislos) möglich | Einigung/Abschluss zwingend | |
| Minimaler Return | Status quo ante | Verlust gegenüber Status quo ante | |
| Machtverhältnisse | Machtgleichgewicht | Machtungleichgewicht | |
| Zeitdauereinfluss | offene Dauer | Zeitdruck | |
| Verbindlichkeit | Vertragsbindung | keine Bindung | |
| Vertraulichkeit der Verhandlung | Einbezug der Öffentlichkeit | Geheimhaltung | |
| Verhaltenskodex | FOTE (Full Open Truthful Exchange | POTE (Partial Open Truthful Exchange) | NOTE (Not Open Truthful Exchange |
| Einbeziehung Dritter | Vermittler, Mediatoren, Arbitrageure, ... | keine Einbeziehung Dritter | |
| Budget-Einsatz | niedrig | hoch | |
| Ressourcen-Beteiligung | niedrig | hoch | |
| Verlust von Entscheidungsmacht | Kein Verlust | Geringer Verlust | Hoher Verlust |

Bild 5-20: Beschreibungsmodell für Verhandlungen[500]

Das Verhandlungsmodell basiert unter anderem auf den Arbeiten von LEWICKI ET AL.[501] sowie RAIFFA ET AL.[502] und versucht die verschiedenen Charakteristika einer

[500] In Anlehnung an Kubosch (2008), Produktentwicklung als Verhandlung, S. 98.
[501] Für weitere Informationen siehe Lewicki et al. (2007), Negotiation: readings, exercises, cases
[502] Für weitere Informationen siehe Raiffa et al. (2002), Negotiation Analysis

Entscheidungssituation transparent abzubilden.[503] Vom PLM-Projektteam gilt es diejenigen Merkmale bzw. Merkmalsausprägungen zu identifiziert, die in einer Verhandlungssituation zu Konflikten führen und damit die Kollaboration als Form der Zusammenarbeit gefährden. Die Erfahrungen des Autors zeigen, dass beispielsweise Entscheidungen über Budget, Ressourcen sowie Entscheidungsmacht stets zu Konflikten bzw. starken Unterschieden in den Zielvorstellungen führen. Budget bezeichnet in diesem Zusammenhang in erster Linie die Entscheidung über Kosten. Mit Ressourcen werden vor allem Mitarbeiter bzw. deren Einsatz adressiert. Schließlich geht die Entscheidungsmacht darauf ein, den Handlungsspielraum bzw. Verantwortungsbereich eines Unternehmensbereiches und letztlich einer Person zu beeinflussen. Entscheidungen über Kosten sind in der Regel stets kritische Entscheidungen. Vor allem das Kostenstellendenken ist dafür verantwortlich, dass untergeordnete Ziele (z.B. Abteilungs- oder Bereichsziele) unter Missachtung des Gesamtoptimums adressiert und die Zielerreichung sogar belohnt werden.[504] Dabei zeigen sich die Kosten als Primärkosten beispielsweise in Form von Investitionen oder als Sekundärkosten, wenn Leistungen (z.B. Dienstleistungen) zwischen Abteilungen verrechnet werden.

Einen weiteren Streitpunkt bildet häufig die Entscheidung über den Einsatz sowie Einsatzdauer von Ressourcen. In diesem Zusammenhang soll besonders der Einsatz von Mitarbeitern für das PLM-Projekt hervorgehoben werden. Werden Mitarbeiter aus den verschiedenen Abteilungen für die Bearbeitung von Aufgaben im PLM-Projekt eingesetzt, fehlen diese Kapazitäten, um die im Tagesgeschäft anfallenden Aufgaben durchzuführen. Kommt es vor diesem Hintergrund zu einem Verzug der Auftragsabwicklung bzw. zu Lieferverzögerungen, können daraus für das Unternehmen Konventionalstrafen resultieren, die hohe zusätzliche Kosten verursachen und die Reputation des Unternehmens, der Abteilung bzw. des Abteilungsleiters schädigen. Aus diesem Grund sind die Abteilungen bzw. Abteilungsleiter selten gewillt, Mitarbeiter längerfristig in das PLM-Projekt einzubinden.

Schließlich ist die Einschränkung von Entscheidungsmacht ebenfalls kritisch zu betrachten. Der Verlust von Entscheidungsmacht tritt dann auf, wenn Prozesse integriert werden und folglich die Prozessverantwortung wechselt. Mit der Entscheidungsmacht wird ein psychologischer Aspekt adressiert. Die Maslow'sche Bedürfnispyramide zeigt in diesem Zusammenhang das Verhalten einer Person bei einem

[503] Kubosch (2008), Produktentwicklung als Verhandlung, S. 98.

[504] Rosenstiel et al. (2004), Strategisches Kompetenzmanagement, S. 124.

Verlust von Entscheidungsmacht auf. Die Pyramide beschreibt die Entwicklungsstadien der menschlichen Persönlichkeit aus psychologischer Sicht (siehe Bild 5-21).[505]

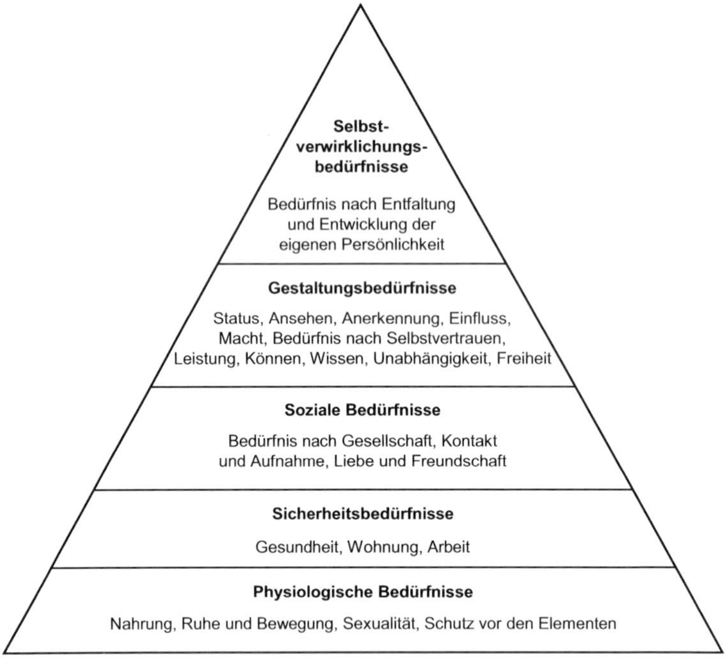


Bild 5-21: Bedürfnispyramide nach Maslow[506]

Die Entscheidungsmacht über Prozesse, respektive Mitarbeiter, ist ein Zeichen von Anerkennung, Einfluss oder Freiheit. Diese Aspekte fallen in den Bereich Gestaltungsbedürfnisse. Da ein Mensch stets danach strebt eine höhere Stufe zu erreichen, werden aus psychologischer Sicht alle Handlungen dazu führen, dieses Ziel bewusst oder unbewusst zu realisieren.

505 Bär et al. (2010), Unternehmen verstehen, gestalten, verändern, S. 205.
506 Bär et al. (2010), Unternehmen verstehen, gestalten, verändern, S. 206.

### 5.4.2 Positionierung

Die Positionierung richtet sich nach MÜLLER-STEWENS/LECHNER auf das Verhältnis eines Unternehmens zu seiner Außenwelt. Die Außenwelt umfasst in diesem Zusammenhang alle Gruppierungen, die einen Einfluss auf die Aktivitäten des Unternehmens ausüben können oder im Gegenzug von diesem beeinflusst werden. Insgesamt geht es bei der Positionierung um die Bestimmung des Verhältnisses zwischen einem Unternehmen und den Anspruchsgruppen dieser Außenwelt.[507] Bezogen auf die Einführung von PLM findet in dieser Phase die Erarbeitung eines Großteils der PLM-Lösung (Strategie, Konzept, IT-Architektur) statt. Dabei bildet das Unternehmen die Außenwelt und umfasst alle Gruppierungen bzw. Anspruchsgruppen (Stakeholder), die Einfluss auf die PLM-Lösung ausüben bzw. durch die PLM-Lösung beeinflusst werden.

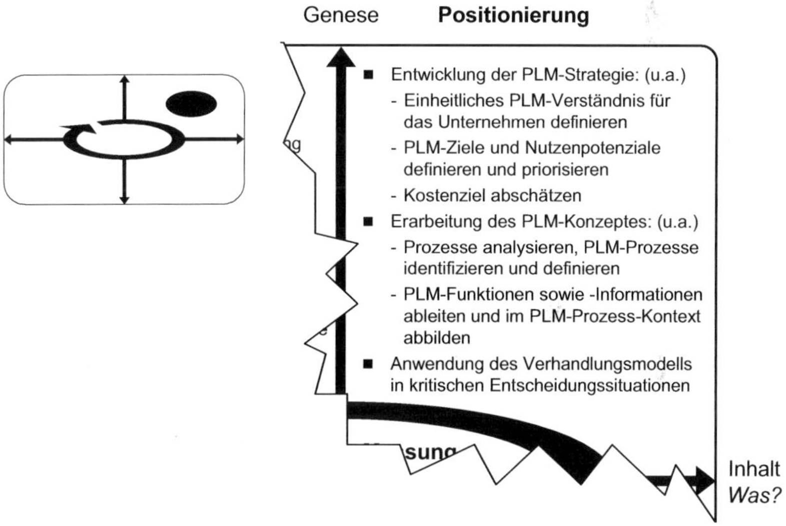


Bild 5-22: Positionierung

Auf die Entscheidung zur Einführung von PLM folgt die Erarbeitung bzw. Definition der PLM-Strategie. Wie bereits in Kapitel 5.2.1 beschrieben, müssen im Rahmen der PLM-Strategiedefinition verschiedene Entscheidungen getroffen werden, um

[507] Müller-Stewens/Lechner (2005), General Management Navigator, S. 28f.

Leitplanken für die Umsetzung der strategischen Initiative PLM zu definieren. Die zur Definition einer PLM-Strategie durchzuführenden Entscheidungen zeichnen sich inhaltlich dadurch aus, dass vor allem Zielzustände beschrieben werden. Ein Ziel beschreibt im Allgemeinen einen Zustand, der im Gegensatz zum Status Quo einen höheren Nutzen aufweist. Zur Definition von Zielen ist folglich eine Abbildung des Status Quo erforderlich, um Schwachstellen transparent aufzeigen zu können und adäquate Gegenmaßnahmen bzw. Zielzustände abzuleiten. Da mit PLM vor allem Prozesse adressiert werden, lassen sich zur Abbildung des Status-Quo bzw. zur Ist-Analyse verschiedene Modellierungssprachen zur Prozessabbildung nutzen (siehe Bild 5-23).

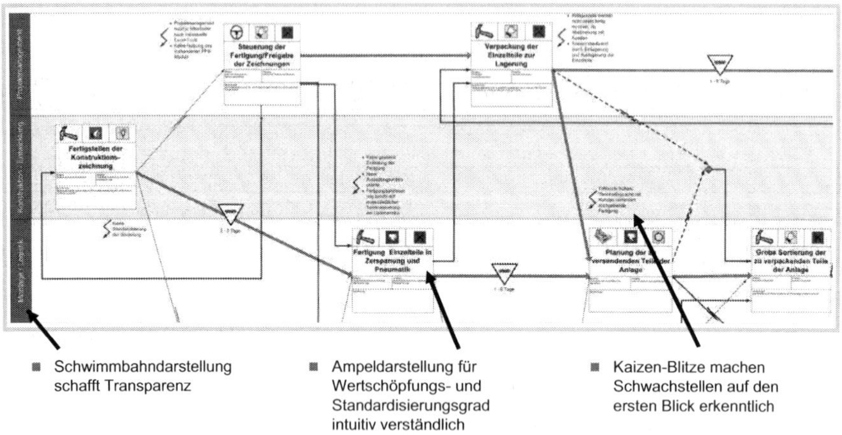


Bild 5-23: Modellierungssprache am Beispiel aixperanto[508]

Durch den Einsatz einer Modellierungssprache wird sichergestellt, dass Prozesse strukturiert und systematisch abgebildet werden, so dass sich eine hohe Nachvollziehbarkeit der Prozessabbildung realisieren lässt. Als Modellierungssprache lassen sich beispielsweise UML[509] (Unified Modelling Language), ARIS[510] (Architektur integrierter Informationssysteme), BPMN[511] (Business Process Modelling Notation)

[508] Bildquelle: http://www.aixperanto.de

[509] Für weitere Informationen zu UML siehe Rumpe (2004), Modellierung mit UML.

[510] Für weitere Informationen zu ARIS siehe Scheer et al. (2005), Von Prozessmodellen zu lauffähigen Anwendungen.

[511] Für weitere Informationen zu BPMN siehe Allweyer (2010), BPMN 2.0.

oder aixperanto[512] nutzen. Mit der Modellierungssprache werden die einzelnen Tätigkeiten im Prozess, die am Prozess beteiligten Unternehmenseinheiten, die Daten und Informationen, der Daten- und Informationsfluss sowie die eingesetzten IT-Systeme und deren Einsatzort abgebildet.

Die Abbildung von Prozessen mit Hilfe einer Modellierungssprache hat für die Verhandlung entscheidende Vorteile. Im Rahmen einer Verhandlung über die Gestaltung des zukünftigen Prozesses können Schwachstellen unmittelbar aufgezeigt und begründet werden (siehe Bild 5-24).

Bild 5-24: Prozessaufnahme im Workshop am Beispiel aixperanto

Nicht nur die Schwachstellen selbst, sondern ebenfalls die Auswirkungen auf alle nachfolgenden Prozessschritte (im Sinne einer Ursache-Wirkungs-Kette) werden in diesem Zusammenhang transparent abgebildet. Lösungsvorschläge in Form von Verbesserungsmaßnahmen lassen sich direkt aus den Schwachstellen ableiten und im Prozess-Zusammenhang erläutern. Es lässt sich verständlich aufzeigen, welche Vorteile der Lösungsvorschlag mit sich bringt und welche Nutzenpotenziale realisiert

[512] Für weitere Informationen siehe http://www.aixperanto.de.

werden. Die Diskussion der Vor- und Nachteile wird direkt am Prozess veranschaulicht, wobei ebenfalls Auswirkungen von Prozessveränderungen aufgezeigt werden können, die erst in späten Prozessschritten auftreten. Schließlich lässt sich eine einvernehmliche Lösung erarbeiten, die allen Anforderungen entspricht (vgl. Kapitel 5.3.3.1 ECN-Mechanismus).

Nach Modellierung des Ist-Zustands sowie der Identifikation von Schwachstellen und Verbesserungsmaßnahmen gilt es, den Soll-Zustand bzw. das Soll-Konzept herzuleiten. Das PLM-Konzept (vgl. Kapitel 5.2.2) ist Teil des Soll-Konzeptes und zeigt auf, wie Prozesse ablaufen, bzw. wie die in der PLM-Strategie definierten Ziele realisiert werden. Zur Herleitung des Soll-Konzeptes existieren verschiedene Hilfsmittel. Im Rahmen dieser Arbeit sollen beispielhaft zwei Methoden kurz beschrieben werden, die am Werkzeugmaschinenlabor WZL der RWTH Aachen erarbeitet wurden.

Ein Hilfsmittel zur Erarbeitung des PLM-Konzeptes bildet das in Kapitel 5.2.2.2 vorgestellte PLM-Funktionsmodell. Das PLM-Funktionsmodell beschreibt PLM-Funktionen und bildet damit ab, welche Funktionen unabhängig von der IT heute zur Verfügung stehen, um Tätigkeiten innerhalb der einzelnen Prozesse zu unterstützen. Durch eine Zuordnung von Prozess zu Funktionsgruppe lässt sich beschreiben, in welchen Prozessen PLM-Funktionen grundsätzlich Anwendung finden (siehe Bild 5-25).

Findet eine PLM-Funktion in verschiedenen Prozessen Anwendung, lassen sich diese Prozesse in der Regel integrieren. Die Integration findet darüber statt, dass durch Anwendung der Funktion ein konsistenter Zugriff auf die jeweiligen Daten und Informationen in den Prozessen möglich wird. Je höher die Anzahl von gemeinsam genutzten PLM-Funktionen, desto höher sind die Möglichkeiten der Prozessintegration. Aufgrund von proprietären Dateiformaten lassen sich die Daten und Informationen häufig nur in den jeweiligen Erzeugersystemen bzw. deren Funktionslandschaft verwenden (z.B. CAD-Daten). Wird ein offenes bzw. neutrales Dateiformat gewählt, wird die Verwendung der Daten und Informationen in weit mehr IT-Systemen möglich. Damit stehen weit mehr Funktionen zur Verfügung, um den Ablauf des Prozesses effizienter und effektiver zu gestalten bzw. den Integrationsgrad zu erhöhen. Da in der Regel proprietäre Dateiformate von den Softwareherstellern genutzt werden und die Applikationen zur Konvertierung der Daten und Informationen hohe Kosten verursachen, ist in diesem Zusammenhang zu entscheiden, ob die Prozessintegration überhaupt sinnvoll ist.

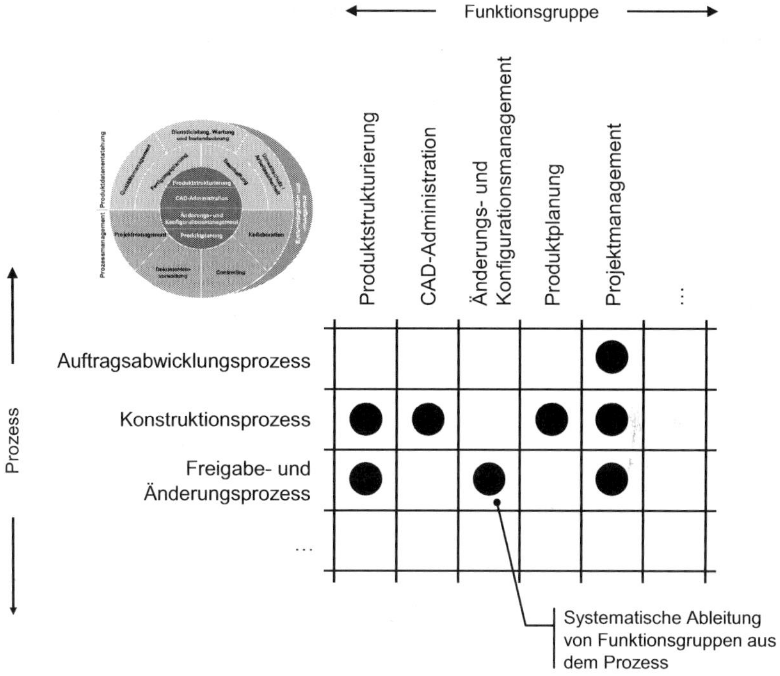


Bild 5-25: Zuordnung von Prozessen zu Funktionsgruppen

Da sich mit dem PLM-Funktionsmodell lediglich die Ansatzpunkte für eine Prozessintegration aufzeigen lassen, muss im nächsten Schritt eine Detaillierung erfolgen. Für die Detaillierung, insbesondere zur Ableitung von Lösungsvorschlägen für die Prozessverbesserung (Soll-Konzept), stellen LENDERS/SAUER eine Methode vor, um sowohl die Prozesse selbst zu detaillieren und konkrete Lösungsvorschläge für eine Prozessverbesserung abzuleiten, als auch das Verbesserungspotenzial zu messen (siehe Bild 5-26).[513]

[513] Für weitere Informationen zur Methodik siehe Lenders/Sauer (2007), Quantifizierter Nutzennachweis.

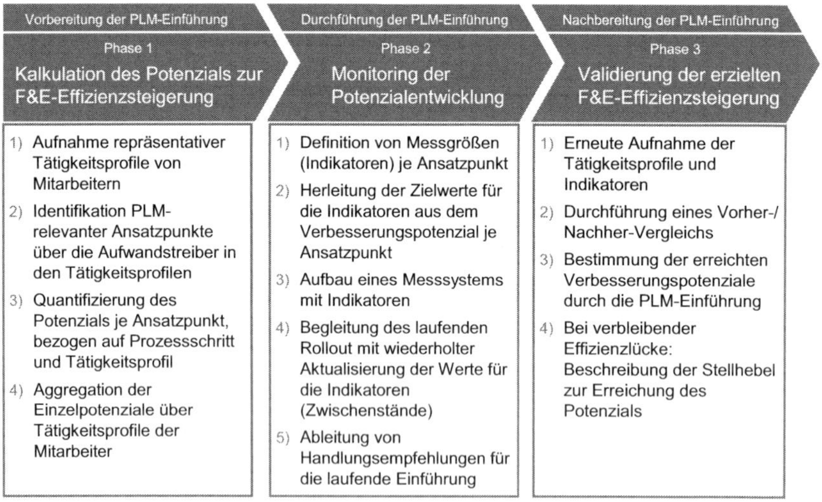


Bild 5-26: Vorgehensweise der Nutzenmessung[514]

Diese Vorgehensweise basiert auf der Analyse von Tätigkeitsprofilen repräsentativer Mitarbeiter im Prozess, um vor diesem Hintergrund den Nutzen von PLM aufzeigen zu können (siehe Bild 5-27). Im ersten Schritt erfolgt die Auswahl repräsentativer Mitarbeiter (z.B. Entwicklungsingenieur). Anschließend werden die Tätigkeiten sowie die jeweiligen Zeitanteile pro Tätigkeit aufgenommen. Die Aufnahme von Tätigkeiten und Zeiten erfolgt innerhalb eines repräsentativen Zeitraums (z.B. eine Woche, ein Monat). Mit den Ergebnissen der Datenerhebung lassen sich im nächsten Schritt Tätigkeitsprofile der Mitarbeiter erstellen. Anschließend werden Maßnahmen in Form von PLM-Funktionen identifiziert, um Tätigkeiten effizienter und/oder effektiver zu gestalten (z.B. Verminderung von Suchzeiten nach CAD-Dokumenten durch Einsatz der Such-Funktion eines PDMS). Im nächsten Schritt schätzen die jeweiligen Mitarbeiter ab, um welchen Zeitanteil sich die Tätigkeiten durch Nutzung der PLM-Funktionen reduzieren lassen. Schließlich werden erneut Tätigkeitsprofile erstellt, mit denen sich die jeweiligen Vorteile pro Mitarbeiter bzw. die gesamten Vorteile abbilden lassen (siehe Bild 5-27).

[514] Lenders/Sauer (2007), Quantifizierter Nutzennachweis, S. 52..

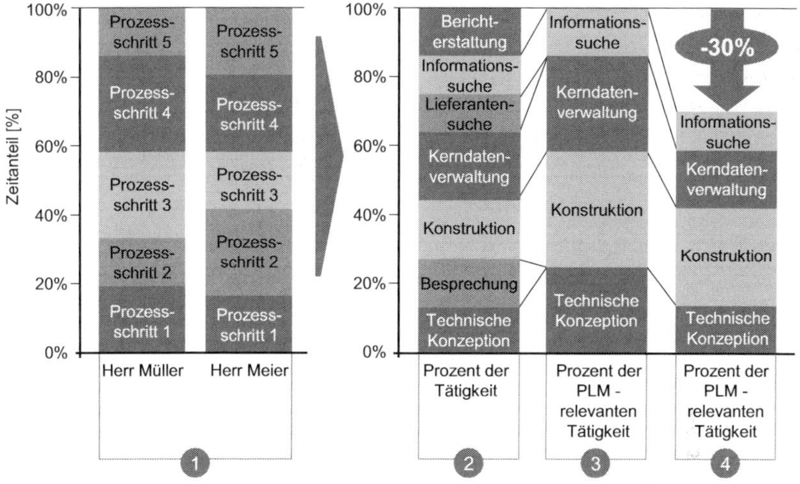


(1) Aufnahme repräsentativer Tätigkeitsprofile der Mitarbeiter

(2) Erstellung der Tätigkeitsprofile je Tätigkeitsgruppe

(3) Auswahl der Tätigkeiten über PLM relevante Ansatzpunkte

(4) Mögliche Effizienzsteigerung des PLM Einsatzes durch Verbesserung der Ansatzpunkte

Bemerkung: Beispielhafte und stark vereinfachte Abbildung

Bild 5-27: Vorgehen zur Herleitung des Nutzenpotenzials[515]

Mit den beiden vorgestellten Methoden lässt sich das Soll-Konzept ohne Betrachtung der IT erarbeiten. Auf diese Weise lässt sich sicherstellen, dass die Prozessgestaltung nicht durch Restriktionen der IT negativ beeinflusst wird. Schließlich soll die IT den Prozess unterstützen und nicht der Prozess die Funktionserfüllung der IT sicherstellen. Die Auswahl und Konfiguration der IT findet in der Phase Wertschöpfung statt.

### 5.4.3 Wertschöpfung

Für MÜLLER-STEWENS/LECHNER ist Wertschöpfung das Schaffen von Mehrwert, wobei der Begriff Mehrwert zu klären ist.[516] Bezogen auf die Einführung von PLM zeigt sich

[515] Lenders/Sauer (2007), Quantifizierter Nutzennachweis, S. 53.
[516] Müller-Stewens/Lechner (2005), General Management Navigator, S. 355.

der Mehrwert durch den Einsatz von IT bzw. die dadurch mögliche Einsparung von Zeiten und Ressourcen (siehe Bild 5-28).

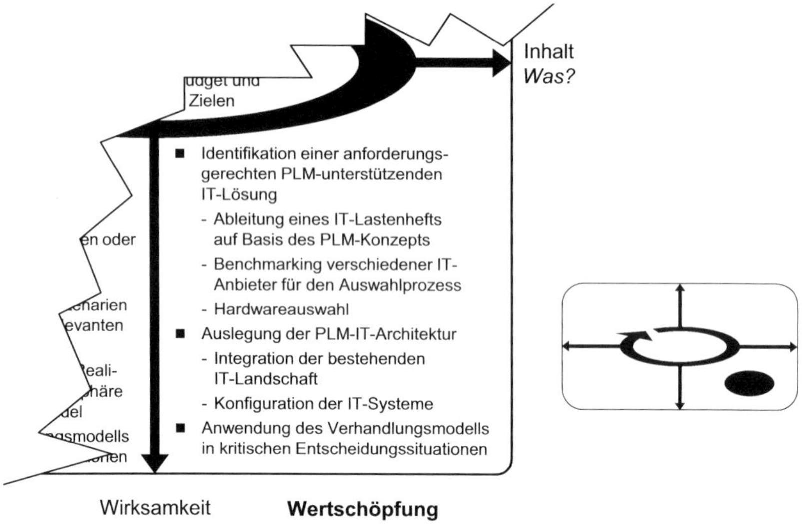


Bild 5-28: Wertschöpfung

Am Markt sind verschiedene PLM-unterstützende IT-Systeme erhältlich, die sich sowohl in dem jeweiligen Funktionsangebot als auch in der Qualität der Funktion bzw. Funktionsausprägung unterscheiden. Folglich gilt es die Frage zu beantworten, welches PLM-unterstützende IT-System allen geforderten Funktionen in der entsprechenden Ausprägung entspricht. PLM-Marktübersichten helfen, diese Frage zu beantworten. Eine solche Marktübersicht findet sich beispielsweise im PLM/ PDM-Marktspiegel 2008/2009[517]. Dieser Marktübersicht liegt das PLM-Funktionsmodell (vgl. Kapitel 5.2.2.2 Bild 5-11) als Bezugsrahmen zur strukturierten Abbildung des Funktionsangebots der verschiedenen Softwareanbieter zu Grunde. Durch Vergleich von geforderten Funktionen zu angebotenen Funktionen lassen sich in kurzer Zeit potenzielle Softwareanbieter identifizieren. Die Auswahl von Softwareanbietern erfolgt in erster Linie anhand von Funktionen. Im zweiten Schritt können Kriterien wie beispielsweise Leistungsumfang oder technische Rahmenbe-

[517] Schuh et al. (2008), PLM/PDM 2008/2009 Marktspiegel Business Software.

dingungen (z. B. Bereitstellung von Hardware, Unterstützung verschiedener Betriebssysteme und Server-Datenbanken etc.) bei der Auswahl eine Rolle spielen. Sind die drei bis fünf potenziellen Softwareanbieter ausgewählt, erfolgt im nächsten Schritt die Durchführung eines Benchmarkings, um ein besseres Verständnis über das jeweilige IT-System der Softwareanbieter zu schaffen.

Für das Benchmarking werden die verschiedenen Softwareanbieter nacheinander oder gleichzeitig eingeladen, um anhand verschiedener kleinerer Aufgaben die Leistungsfähigkeit der jeweiligen IT-Systeme zu begutachten. Je nach Anforderungen kann ein solches Benchmarking über mehrere Tage oder Wochen andauern. In Tabelle 5-1 wird beispielhaft die Agenda für ein einwöchiges Benchmarking abgebildet.

Tabelle 5-1: Beispielhafter Ablauf eines Benchmarkings

| Zeit | Montag | Dienstag | Mittwoch | Donnerstag | Freitag |
|---|---|---|---|---|---|
| 08:00 bis 12:00 Uhr | CAD-Administration | Anforderungs-management | Qualitäts-management | Freigabe- und Änderungs-management | Spezielle PLM-Funktionen |
| 12:00 bis 12:30 Uhr | Pause | | | | |
| 12:30 bis 17:00 Uhr | Produkt-strukturierung | Projekt-management | CAD-Datei-verwaltung im PLM | Stückliste und Konfiguration | Integration von PLM und ERP |
| 1 Stunde | | | | | System-Highlights |

Zu Beginn der Woche werden Aufgaben im Bereich CAD-Administration (z. B. Zeichnungsaufbereitung, Redlining, Mark-up) definiert, die von den Softwareanbietern mit ihren jeweiligen PLM-unterstützenden IT-Systemen bewältigt werden müssen. Die Aufgaben resultieren dabei aus den zuvor definierten Teilen des PLM-Konzeptes. Die Kennzahlen zur Ermittlung von Nutzenpotenzialen aus dem vorherigen Kapitel lassen sich in diesem Zusammenhang nutzen, um das Verbesserungspotenzial durch Einsatz der jeweiligen PLM-unterstützenden IT-Systeme zu messen. Aus einem Vergleich der Messwerte lässt sich schließlich ein PLM-unterstützendes IT-System auswählen. Das Verhandlungsmodell lässt sich in diesem Zusammenhang nutzen, um gemeinsam mit dem Softwareanbieter die Detail-Spezifikationen von Funktionen sowie die jährlichen Lizenzkosten, Kosten für Wartungsleistungen sowie Beratungsleistungen zu besprechen.

Nach der Entscheidung über ein PLM-unterstützendes IT-System beginnt die Konfiguration. Mit der Konfiguration findet die Anpassung der Funktionen an die vorliegenden Anforderungen statt. Während mit der Gestaltung von Prozessen sowie mit der Auswahl von Funktionen eine stetige Konkretisierung der PLM-Lösung erfolgt, wird mit der Konfiguration detailliert festgelegt, wie eine Funktion die Durchführung einer Tätigkeit unterstützt. Es müssen Entscheidungen getroffen werden, um die Konfiguration anforderungsgerecht durchzuführen. Häufig erfolgt die Konfiguration in Zusammenarbeit mit Beratern des Softwareunternehmens. Die Berater besitzen Kenntnisse über die möglichen Funktionsausprägungen ihres PLM-unterstützenden IT-Systems und sind daher in der Lage, eine anforderungsgerechte Konfiguration gemeinsam mit dem PLM-Projektteam zu erarbeiten. In einigen Fällen lassen sich Anforderungen ohne zusätzliche Programmierung nicht erfüllen. Programmierung ist in der Regel eine zeit- und kostenaufwendige Tätigkeit, die durch das Softwareunternehmen durchgeführt wird. Häufig werden diese Kosten in den Gesprächen über Anschaffungskosten, Lizenzen sowie Beratungsleistungen nicht miteinbezogen und müssen folglich erneut verhandelt werden. Gerade diese zusätzlichen Kosten sowie die Dauer der Programmierung können dazu führen, dass Budget und Zeiten überschritten werden. In diesem Zusammenhang ist zu entscheiden, ob der zusätzliche Programmieraufwand durch den entstehenden Nutzen kompensiert wird oder ob eine Veränderung des Prozesses ebenfalls zu einer Verbesserung des Status-Quo beiträgt, auch wenn sich ein nicht ganz so hohes Nutzenpotenzial ex post realisieren lässt.

Schließlich erfolgt gemeinsam mit der Konfiguration des PLM-unterstützenden IT-Systems die Auslegung der PLM-IT-Architektur. In Kapitel 5.2.3 wird aufgezeigt, welche Entscheidungen in diesem Zusammenhang getroffen werden müssen. Häufig werden durch die Wahl des PLM-unterstützenden IT-Systems große Teile der PLM-IT-Architektur festgelegt. Dennoch gilt es zu entscheiden, wie die anderen IT-Systeme in der IT-Architektur berücksichtigt werden. Insbesondere die Verteilung von Rechten zur Änderung von Daten und Informationen gilt es in diesem Zusammenhang zu beachten.

### 5.4.4 Veränderung

Im Zentrum der Veränderung steht der Wandel. Mit Wandel bezeichnen MÜLLER-STEWENS/LECHNER die Neuausrichtung des Unternehmens und seiner Geschäftsprozesse. Dies bedeutet, dass es zu substanziellen Veränderungen kommen wird, die von der bisher normalen Routine abweichen. In diesem Zusammenhang sollen neue Denkweisen, Einstellungen, Interaktionsmuster, Regeln sowie Verhaltensweisen in wesentliche Teile des Unternehmens Einzug halten.[518] Bezogen auf die Einführung von PLM findet in diesem Zusammenhang die eigentliche Implementierung der PLM-Lösung für den produktiven Einsatz im Unternehmen statt (siehe Bild 5-29).

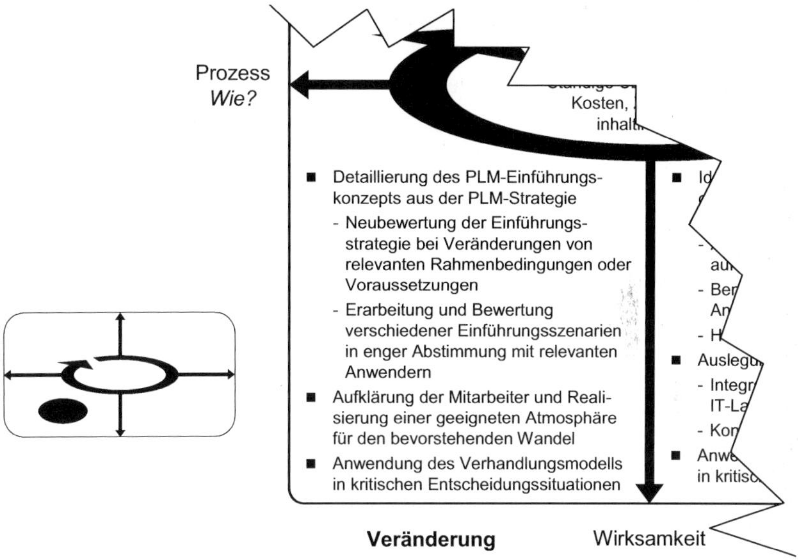


Bild 5-29: Veränderung

Grundsätzlich lässt sich eine PLM-Lösung vertikal oder horizontal implementieren. In einer vertikalen Implementierung erfolgt die Einführung der PLM-Lösung schrittweise. Zunächst werden einzelne Prozesse ausgewählt, die nur in einem bestimmten Bereich des Unternehmens implementiert werden. Verläuft die Einführung positiv, wird die Gültigkeit des neuen Prozesses auf das gesamte Unternehmen ausgeweitet. Auf diese Weise lassen sich Auswirkungen von Fehlern im Prozess auf einen kleinen Nutzerkreis beschränken und damit das Risiko eines Misserfolgs reduzieren.[519]

---

[518] Müller-Stewens/Lechner (2005), General Management Navigator, S. 547.
[519] Eigner/Stelzer (2009), Product Lifecycle Management, S. 408.

Im Rahmen einer horizontalen Implementierung erfolgt die Einführung der PLM-Lösung unter gleichzeitiger Einbindung aller relevanten Unternehmensbereiche. Diese Art der Implementierung ist mit signifikant höherem Aufwand verbunden. Doch im Gegensatz zur vertikalen Vorgehensweise lässt sich in einem vergleichbaren Zeitabschnitt ein relativ höherer Nutzen erzielen. So liegt es im Ermessen des Projektteams zu entscheiden, welche der beiden Vorgehensweisen zu wählen ist.[520] Die Entscheidung muss dabei nicht für eine der beiden Implementierungsarten ausfallen. Vielmehr kann vor dem Hintergrund der jeweiligen Zielsetzung entschieden werden, welche Teile der PLM-Lösung vertikal bzw. horizontal implementiert werden sollen. Die Implementierung des PDM als Teil der PLM-Lösung sollte aus Sicht des Autors horizontal unter Einbindung aller relevanten Unternehmensbereiche erfolgen. In einem produzierenden Unternehmen bilden die Produktdaten die Basis, um Produkte entwickeln und vor allem produzieren zu können. Wie bereits in Kapitel 2.7.2 beschrieben, ist die Eindeutigkeit von Daten und Informationen eine essenzielle Voraussetzung, um eine Zusammenarbeit der verschiedenen Unternehmensbereiche zu ermöglichen. Die Implementierung des PDMs nur für einen Teil des Unternehmens bedeutet, dass Daten und Informationen mehrfach vorliegen (im PDMS sowie im bestehenden IT-System) und die Richtigkeit bzw. Gültigkeit der Daten und Informationen nicht mehr sichergestellt werden kann. Die Auswirkungen zeigen sich beispielsweise in der Montage, wenn Bauteile einer Baugruppe nicht mehr zusammenpassen, da Zeichnungen mit einem ungültigen Zeichnungsstand zur Fertigung genutzt wurden.

Neben der Implementierung der eigentlichen PLM-Lösung müssen noch weitere Aufgaben durchgeführt werden. Ein wichtiger Punkt ist die Schulung von Mitarbeitern. Die Schulung erfolgt sowohl inhaltlich als auch aus psychologischer Sicht. Während mit der inhaltlichen Schulung die neuen Prozessabläufe, Funktionen und IT adressiert werden, erfolgt aus psychologischer Sicht die Vorbereitung der Mitarbeiter auf Veränderungen.

Veränderungen werden von den Betroffenen sehr unterschiedlich wahrgenommen. Dabei wird zwischen einer bewusst gewählten Veränderung sowie einer erzwungenen Veränderung unterschieden. Die Art der Wahrnehmung entscheidet über die Ablehnung oder Zustimmung der Veränderung.[521] Eine Veränderung kann nur dann wirksam werden, wenn sie die Mitarbeiter erreicht. Dabei genügt es nicht, die Mitarbeiter von Beschlüssen in Kenntnis zu setzen und zu erwarten, dass diese

[520] Eigner/Stelzer (2009), Product Lifecycle Management, S. 409.

[521] Osterhold (2002), Veränderungsmanagement : Wege zum langfristigen Unternehmenserfolg, S. 13.

Beschlüsse mit Begeisterung aufgenommen werden. In diesem Zusammenhang zeigt eine Untersuchung von 57 Veränderungsprojekten zwischen 2000 und 2006 von Bain & Company, dass weniger als ein Drittel der Projekte zu einer signifikanten Steigerung des Unternehmensergebnisses führten. Die meisten Projekte wirkten sich überhaupt nicht aus, wobei einige Projekte sogar Wert vernichteten.[522] Mitarbeiter werden nach OSTERHOLD nur dann Veränderungen mittragen, mit voranbringen und mitgestalten, wenn Einsicht, Verständnis, Möglichkeit der Mitgestaltung sowie ein persönlicher Nutzen vorhanden sind.[523] In diesem Zusammenhang gilt es, im Rahmen eines adäquaten Veränderungsmanagements bzw. Change Managements sowohl die inhaltlichen Aspekte der PLM-Einführung als auch die psychologischen sowie kulturellen Veränderungen zu adressieren.

### 5.4.5 Performance Messung

Die letzte Phase beschreibt die Performance Messung. Unter diesem Begriff lassen sich nach MÜLLER-STEWENS/LECHNER prinzipiell alle Arten von Ansätzen zusammenfassen, die den Verlauf von strategischen Initiativen von der Genese bis zu ihrem Wirksamwerden beobachten und messen. Wurde in der Vergangenheit der Fokus auf die Messung finanzwirtschaftlicher Kennzahlen gelegt, findet immer mehr eine mehrperspektivische Performance Messung statt. Besonders Ansätze, die frühzeitig Rückmeldung über den Status-Quo geben, finden vermehrt Anwendung.[524] Das Ziel der Performance Messung liegt darin, möglichst früh in Erfahrung zu bringen, wie Projekte verlaufen und welche Veränderungen dabei ausgelöst werden. Dem Unternehmen bietet sich in diesem Zusammenhang die Chance, die Entwicklung zu beobachten, den Entwicklungsverlauf zu evaluieren und gegebenenfalls neue, korrigierende oder unterstützende Aktivitäten zu starten. Die Performance Messung ist daher nicht als nachgelagerte Aktivität zu verstehen, sondern vielmehr als Prozess, der simultan und mehrmals durchlaufen wird.[525]

Grundsätzlich lassen sich drei Formen der Performance Messung unterscheiden. Eine Form der Performance Messung bildet die *Prämissenkontrolle*. Eine Prämisse ist in diesem Zusammenhang als Annahme bzw. Rahmenbedingung zu verstehen, mit der Grenzen für die Gestaltung von Projekten aufgezeigt werden. Die Prämissenkontrolle dient dazu, sich die Auswirkungen und Risiken, die mit dieser Selektion verbunden sind, bewusst zu machen und die dabei getroffenen Annahmen fortlaufend zu

[522] Blenko et al. (2010), Das Entscheiderprinzip, S. 25f.
[523] Osterhold (2002), Veränderungsmanagement : Wege zum langfristigen Unternehmenserfolg, S. 86.
[524] Müller-Stewens/Lechner (2005), General Management Navigator, S. 29.
[525] Müller-Stewens/Lechner (2005), General Management Navigator, S. 693.

überprüfen. Für die Einführung von PLM gilt es in diesem Zusammenhang, insbesondere die PLM-Strategie und die dabei definierten Ziele im Einführungsverlauf zu hinterfragen. Um diese Art der Performance Messung überhaupt durchführen zu können, müssen die Annahmen bzw. die Begründungszusammenhänge, die zur Erarbeitung der PLM-Strategie geführt haben, transparent festgehalten werden.[526]

Eine andere Form der Performance Messung bildet die *Durchführungskontrolle*. Bei der Durchführungskontrolle bzw. Umsetzungskontrolle stellt sich die Frage, in welcher Qualität bzw. Ausprägung die jeweiligen Ziele umgesetzt wurden. Damit soll sichergestellt werden, dass die Ziele innerhalb der gesetzten Zeiträume, Kosten sowie Ressourcen erreicht werden. Darüber hinaus sollten neben den technischen bzw. inhaltlichen Aspekten ebenfalls die Akzeptanz der Mitarbeiter kontinuierlich erhoben werden.[527]

Schließlich bildet die *Wirksamkeitskontrolle* die dritte Form der Performance Messung. Die Wirksamkeitskontrolle steht dabei komplementär zur Prämissenkontrolle. Hier wird hinterfragt, ob die gewählte Strategie bzw. die in der Strategie definierten Ziele und Rahmenbedingungen überhaupt wirksam sind, um die Realisierung der übergeordneten Unternehmensziele zu unterstützen. MÜLLER-STEWENS/LECHNER sehen die Wirksamkeitskontrolle als Normenkontrolle. Durch diese Art der Kontrolle wird überprüft, ob die Auswirkungen des Projektes den Werten und Normen des Unternehmens entsprechen oder ob sich die Eigendynamik der Prozesse von diesen entfernt hat.[528]

Als Hilfsmittel zur Performance Messung lassen sich verschiedene Ansätze identifizieren. Einige Beispiele mit Fokus auf die PLM-Einführung sollen im Folgenden kurz vorgestellt werden. Für weitere Informationen sei auf die jeweiligen Literaturangaben verwiesen.

Ein häufig genutzter Ansatz zur Performance Messung bildet die *Balanced Scorecard*, die erstmals von KAPLAN/NORTON vorgestellt wurden. Mit der Balanced Scorecard wird das Ziel verfolgt, die Strategie einer Geschäftseinheit in materielle Ziele und dazugehörige Messgrößen zu übersetzen. Dabei wird ein Anspruch auf Ausgewogenheit der Messgrößen gelegt, um die Performance Messung aus verschiedenen Perspektiven durchzuführen.[529] Auf Basis der Balanced Scorecard stellen FELDHU-

[526] Müller-Stewens/Lechner (2005), General Management Navigator, S. 695.
[527] Müller-Stewens/Lechner (2005), General Management Navigator, S. 697.
[528] Müller-Stewens/Lechner (2005), General Management Navigator, S. 697.
[529] Kaplan/Norton (2009), The balanced scorecard : translating strategy into action, S. 24ff.

SEN/GEBHARDT wie bereits in Kapitel 3.1.2.2 aufgezeigt eine CSC vor, um die PDMS-Fähigkeit eines Unternehmens zu bewerten (siehe Bild 3-4). Die PDMS-Fähigkeit wird durch einen PDMS-Reifegrad beschrieben. Die Bewertung und Messung des PDMS-Reifegrads wird mit Hilfe verschiedener Aktivitätenmatrizen (AM) durchgeführt.[530] Jede Aktivitätenmatrix repräsentiert eine andere Perspektive auf das PDMS, um die verschiedenen Zielsetzungen auf die operative Ebene zu überführen sowie die Qualität der Umsetzung zu bewerten.[531] Die CSC ist in diesem Zusammenhang als Bezugsrahmen zu verstehen, um eine einseitige Bewertung zu vermeiden.

Die finanzielle Perspektive in der CSC bildet die monetäre Größe bzw. Wirtschaftlichkeit des PLM-Projektes ab. Als Wirtschaftlichkeit wird das Verhältnis zwischen künftigen bzw. erwarteten Leistungen und geplanten bzw. erwarteten Kosten innerhalb eines definierten Zeitabschnittes verstanden.[532] Gerade diese Perspektive entscheidet darüber, ob PLM-Projekte überhaupt gestartet werden bzw. ob im Einführungsverlauf ein Projektabbruch stattfindet. FELDHUSEN/GEBHARDT stellen in diesem Zusammenhang folgende Ansätze vor:[533]

- Ermittlung von Kosten nach dem *Total Cost of Ownership* (TCO)-Ansatz oder einer *Prozesskostenrechnung*
- Bewertung der Wirtschaftlichkeit anhand von Finanzkennzahlen wie dem *Return on Invest* (ROI - Kapitalverzinsung), der *Amortisationsdauer*, dem *Net Present Value* (NPV - Kapitalwert) und der Internal Rate of Return (IRR – Interne Zinssatz)

Im Gegensatz zur finanziellen Perspektive bilden alle anderen Perspektiven in der CSC die nicht-monetären Aspekte der PLM-Einführung ab.

Ein weiteres Hilfsmittel bildet die Meilensteintrendanalyse im Rahmen des Projektfortschrittes (siehe Bild 5-30). Die Meilenstein-Trendanalyse ist eine effektive Methode zur Überwachung des inhaltlichen Projektfortschritts.[534] Durch Abbildung der Projekt-Meilensteine in einem Terminraster lässt sich der aktuelle Stand des Projektes schnell transparent abbilden.[535] Durch diese Abbildung lassen sich durch Extrapolation die Auswirkungen von Terminverschiebungen antizipieren.[536]

[530] Feldhusen/Gebhardt (2007), Product Lifecycle Management für die Praxis, S. 189f.
[531] Feldhusen/Gebhardt (2007), Product Lifecycle Management für die Praxis, S. 192.
[532] Feldhusen/Gebhardt (2007), Product Lifecycle Management für die Praxis, S. 246.
[533] Feldhusen/Gebhardt (2007), Product Lifecycle Management für die Praxis, S. 262f.
[534] Angermeier (2005), Projektmanagement-Lexikon, S. 234.
[535] Bühner (2004), Betriebswirtschaftliche Organisationslehre, S. 228.
[536] Feyhl (2004), Management und Controlling von Softwareprojekten, S. 102.

Schließlich können frühzeitig Gegenmaßnahmen getroffen werden, wenn Terminverschiebungen das Projekt signifikant beeinflussen. In Bild 5-30 wird beispielhaft eine Meilensteintrendanalyse abgebildet. Insgesamt liegen vier Meilensteine vor.

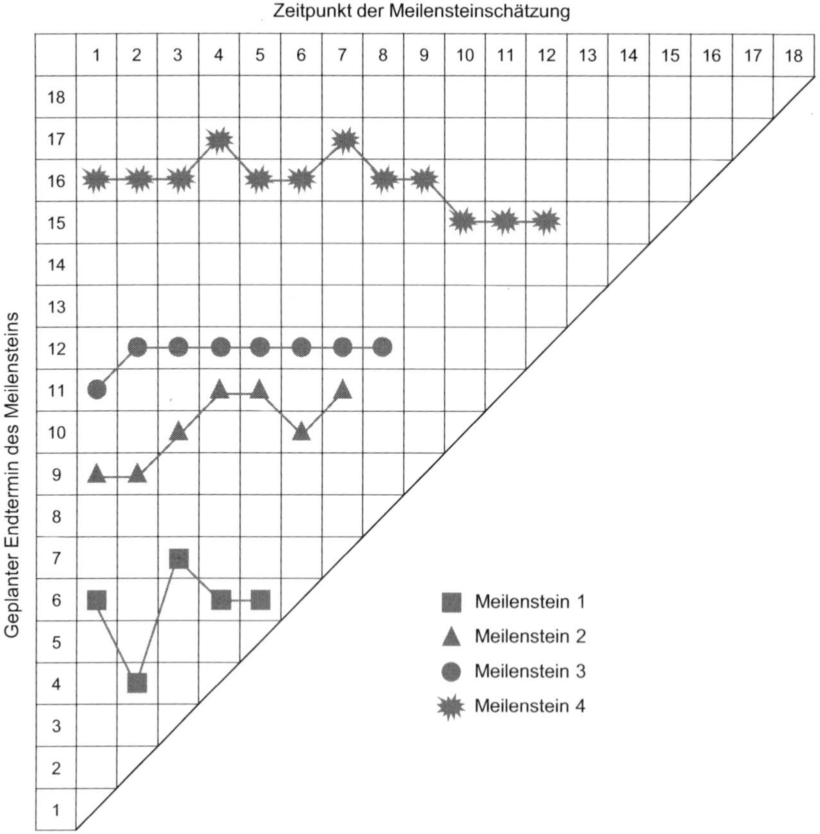


Bild 5-30: Meilensteintrendanalyse

An der Ordinate lässt sich der geplante Meilenstein-Termin ablesen. Zu Beginn des Projektes soll der erste Meilenstein demnach in Kalenderwoche (KW) 6 erreicht sein. Den letzten Meilenstein gilt es analog in KW 16 zu realisieren. Entlang der Abszisse werden die Terminverschiebungen von Meilensteinen zu den jeweiligen Sitzungsterminen des Projektmanagements aufgetragen. Das Beispiel zeigt, dass in der zweiten Sitzung der erste Meilenstein von KW 6 auf KW 4 vorverlegt wird und sich der dritte Meilenstein eine Woche nach hinten verschiebt (KW 12). Bis zur siebten Sitzung zeichnet sich der Trend ab, dass der zweite Meilenstein sich zeitlich verschieben wird.

Diese und weitere Hilfsmittel lassen sich finden, um die Performance Messung im Rahmen der Einführung von PLM zu unterstützen. Da sich das Wettbewerbsumfeld stetig verändert, ist die Einführung von PLM im Allgemeinen niemals vollständig abgeschlossen. Vielmehr müssen stetig neue Anpassungen vorgenommen werden, um das Unternehmen dem stetigen Wandel des Wettbewerbsumfeldes anzupassen. Daher ist die Performance Messung ebenfalls ein stetiger Prozess und stellt schließlich die Wirksamkeit von PLM langfristig sicher.

In Bild 5-31 werden die Elemente der Performance Messung nochmals zusammengefasst.

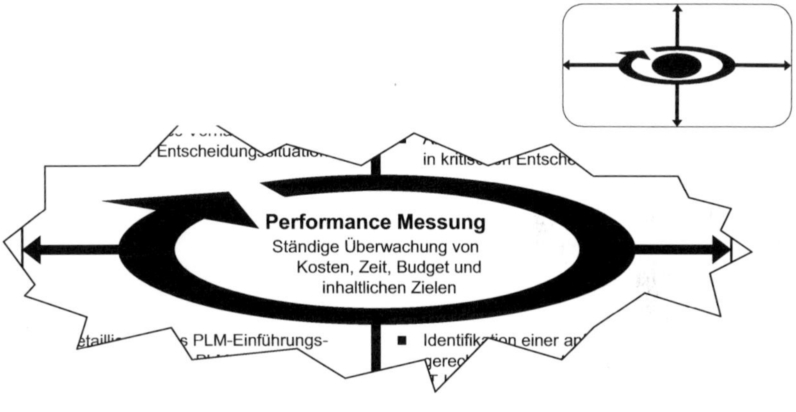


Bild 5-31: Performance Messung

## 5.5 Zusammenfassung Kapitel 5

„If everyone is moving forward together, then success takes care of itself." Mit diesem eingangs vorgestellten Zitat von Henry Ford wird deutlich, dass sich der Erfolg eines Unternehmens nicht unbedingt alleine auf die Technik zurückführen lässt. Vielmehr sind es die Menschen, die zusammenarbeiten müssen, um den Erfolg sicherzustellen. In diesem Zusammenhang wird mit der Detaillierung des Gestaltungsmodells ein Vorgehen vorgestellt, die Zusammenarbeit der Mitarbeiter im Rahmen der Einführung von PLM sicherzustellen (siehe Bild 5-32).

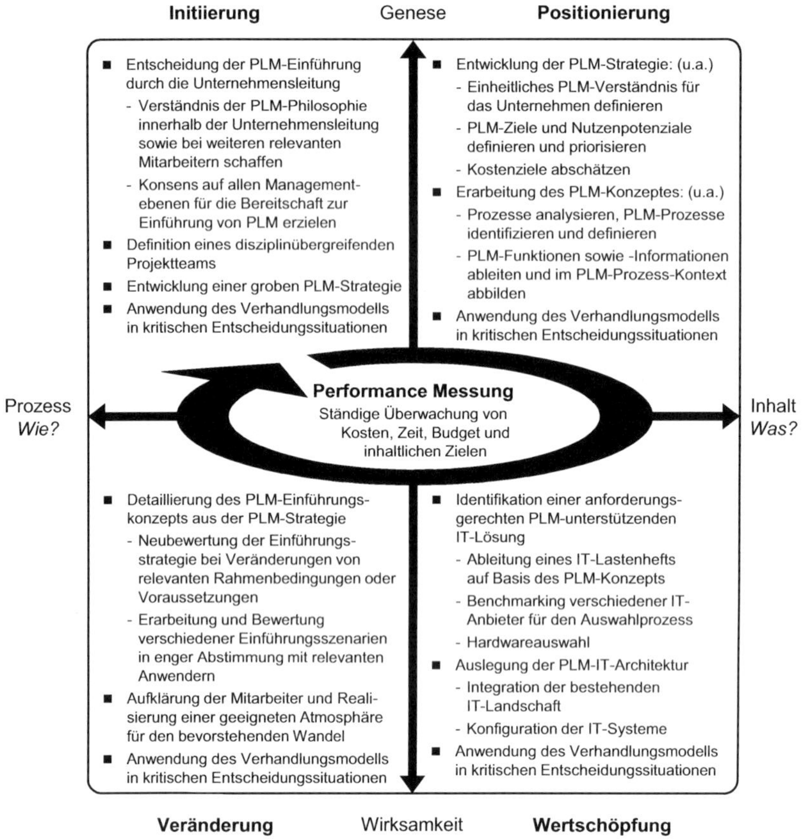


Bild 5-32: Vorgehensmodell der interaktiven Einführung von PLM

Zunächst wird mit dem PLM-Modell ein Bezugrahmen zur Beschreibung einer PLM-Lösung hergeleitet. In diesem Zusammenhang wird keine allumfassende PLM-Lösung vorgestellt. Vielmehr wird mit dem Bezugsrahmen ein Hilfsmittel vorgegeben, um ein unternehmensspezifisches PLM-Verständnis sowie eine entsprechende PLM-Lösung zu erarbeiten. Die PLM-Lösung besteht aus einer PLM-Strategie, einem PLM-Konzept sowie einer PLM-IT-Architektur. Während mit der PLM-Strategie die Ziele und weitere wesentliche Rahmenbedingungen bestimmt werden, findet im PLM-Konzept die IT-neutrale Umsetzung der PLM-Strategie statt. Dabei werden Prozesse, Funktionen sowie Informationen integriert gestaltet, um die zuvor definierten Ziele zu erfüllen. Schließlich wird das PLM-Konzept mit Hilfe der PLM-IT-Architektur umgesetzt. Mit der PLM-IT-Architektur findet zum einen die Auswahl des PLM-unterstützenden IT-Systems statt. Zum anderen wird in diesem Zusammenhang festgelegt, in welcher Abhängigkeit die bestehenden IT-Systeme zukünftig zueinanderstehen.

Im Anschluss wird das Verhandlungsmodell vorgestellt. Mit dem Verhandlungsmodell wird ein Bezugsrahmen aufgezeigt, um Entscheidungssituationen verhandlungsbasiert zu gestalten. Das Verhandlungsmodell basiert auf dem ECN-Ansatz nach LU und geht von der Hypothese aus, dass die Kollaboration die effektivste und effizienteste Form der Zusammenarbeit ist. Das Verhandlungsmodell besteht aus fünf Schritten und zeigt dabei die Tätigkeiten auf, die vor einer Entscheidungssituation und innerhalb der Verhandlung selbst durchzuführen und welche Gesichtspunkte dabei zu beachten sind.

Schließlich wird mit dem Vorgehensmodell die Verbindung von Verhandlungsmodell und PLM-Lösung abgebildet (siehe Bild 5-13). Insbesondere wird aufgezeigt, welche Schritte Unternehmen durchführen müssen, um eine spezifische PLM-Lösung zu erarbeiten sowie die PLM-Lösung im Unternehmen umzusetzen. Das Vorgehen orientiert sich am GMN, da PLM als strategische Initiative im Unternehmen anzusehen ist. Der GMN besteht aus fünf Handlungsfeldern, wobei das letzte Handlungsfeld die Performance Messung adressiert. Entgegen den in der Literatur bestehenden Vorgehensweisen zur PLM-Einführung wird die Performance Messung explizit hervorgehoben. Auf diese Weise werden Abweichungen vom geplanten Verlauf der PLM-Einführung mit geeigneten Methoden frühzeitig identifiziert und gegebenenfalls korrigiert.

# 6 Validierung des Gestaltungsmodells am praktischen Beispiel

„Die Widerlegung unserer Irrtümer ist die »positive« Erfahrung, die wir aus der Wirklichkeit gewinnen.“

*Karl Raimund Popper*

Diese Arbeit endet mit der Anwendung des vorgestellten Gestaltungsmodells zur interaktiven Einführung von PLM in der Praxis sowie einer kritischen Reflexion der Anwendbarkeit zur Steigerung der Effektivität und Effizienz in PLM-Projekten. In Kapitel 1.3 wird diese Arbeit dem wissenschaftstheoretischen Ansatz des kritischen Rationalismus zugeordnet. Vor diesem Hintergrund lässt sich das vorgestellte Gestaltungsmodell nicht allumfassend mit Beispielen aus der Praxis validieren. Vielmehr wird im Sinne von ULRICH/HILL die Validierung in Form einer Nichtfalsifizierung vorgenommen.[537] Im Folgenden soll die Anwendung des Gestaltungsmodells an zwei konkreten Praxisbeispielen vorgestellt werden.

## 6.1 Einführung von PLM bei der StreetScooter GmbH

Die StreetScooter GmbH wurde 2010 gegründet und verfolgt das Ziel, Elektrofahrzeuge zu entwickeln und zu konkurrenzfähigen Preisen am Markt anzubieten. Durch neue Produktarchitekturkonzepte sowie die konsequente Nutzung von Gleichteilen sollen die Herstellkosten derart vermindert werden, dass sich ein Verkaufspreis von 5.000 € realisieren lässt, wobei die Batterie nicht im Verkaufspreis berücksichtigt wird (siehe Bild 6-1). Die Partner der StreetScooter GmbH bestehen zum Teil aus Hochschulinstituten der RWTH Aachen sowie aus Unternehmen, die teilweise als Zulieferer großer OEM's in der Automobilbranche agieren. Auf diese Weise werden in der StreetScooter GmbH verschiedene Kompetenzen konzentriert, um gemeinsam neue Konzepte im Umfeld der Elektromobilität zu erarbeiten. Vom Produkt her lässt

[537] Ulrich/Hill (1976), Grundlagen Teil II, S. 346.

sich die StreetScooter GmbH nicht dem klassischen Maschinenbau zuordnen. Dennoch soll das Unternehmen als Fallbeispiel dienen, da die Aufbau- und Ablauforganisation sowie die Zuliefererstruktur mehr einem Maschinenbauunternehmen ähneln, als einem Automobil OEM.

Bild 6-1: Elektrofahrzeug der StreetScooter GmbH[538]

Zulieferer sind es in der Regel gewöhnt, sich in die Aufbau- und Ablauforganisation sowie in die IT-Architektur des OEM's zu integrieren. Bei der StreetScooter GmbH lag die Situation vor, dass es zu Beginn weder eine Aufbau- und Ablauforganisation, noch eine IT-Architektur existierte, um sich integrieren zu können. Vielmehr mussten diese Strukturen gemeinsam erarbeitet werden, um die Fahrzeugentwicklung überhaupt durchführen zu können. In diesem Zusammenhang befanden sich die Partner in der ungewohnten Rolle, eigenständig Anforderungen stellen zu können/müssen bzw. Entscheidungen aktiv zu beeinflussen.

Für die StreetScooter GmbH galt PLM von Beginn an als essenzieller Teil der Unternehmensstrategie. Dies zeigt sich vor allem dadurch, dass sich die Aufbauorganisation am Produkt, insbesondere der Produktstruktur, orientiert. So wurden

[538] Bildquelle: RWTH Aachen

verschiedene Lead Engineering Groups (LEG) definiert, wobei jede LEG einen Bestandteil des Produktes repräsentiert. So vertritt die LEG Powertrain beispielsweise die Anforderungen des Antriebsstrangs bzw. verantwortet dessen Entwicklung. Die LEG wird entsprechend von einem der Unternehmenspartner geleitet, um eine größtenteils klare Abgrenzung von Aufgaben und Verantwortlichkeiten zwischen den Partnern sicherzustellen. Die Entwicklung erfolgte somit nicht an einem Standort, so wie es bei großen OEMs in der Automobilindustrie üblich ist, sondern verteilt bei den jeweiligen Partnern. Die Koordination der Entwicklung bzw. die Projektleitung lag jedoch bei der StreetScooter GmbH selbst.

Für die Entwicklung musste von der StreetScooter GmbH eine PLM-Lösung bereitgestellt werden, um die Zusammenarbeit überhaupt erst zu ermöglichen. In diesem Zusammenhang soll beispielhaft aufgezeigt werden, wie die PLM-Lösung unter Anwendung des Gestaltungsmodells erarbeitet und umgesetzt wurde. In Bild 6-2 werden die wesentlichen Schritte zur Umsetzung der PLM-Lösung beispielhaft aufgezeigt. Im Folgenden sollen die einzelnen Schritte detailliert werden.

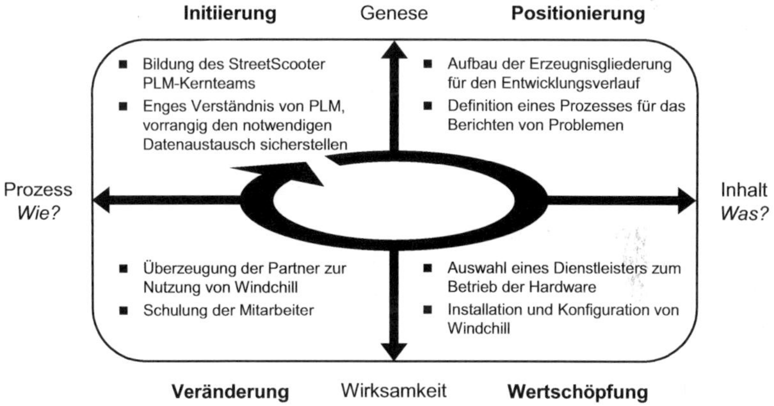


Bild 6-2: Einführung von PLM bei der StreetScooter GmbH

*Schritt 1: Initiierung des PLM-Projektes*

Mit der Initiierung werden die Rahmenbedingungen für das PLM-Projekt geschaffen. In diesem Zusammenhang wurden das PLM-Kernteam, das PLM-Verständnis sowie die PLM-Ziele von der Geschäftsleitung der StreetScooter GmbH definiert. Viel wichtiger war es jedoch, die Relevanz des Projektes von der Geschäftsführung vor den Partnern bestätigen zu lassen. Darüber hinaus wurde das PLM-Kernteam mit entsprechender Handlungsmacht gegenüber den Partnern ausgestattet, um Entscheidungen eigenständig umsetzen zu können.

Die Geschäftsleitung entschloss sich zunächst einer engen Definition von PLM zu folgen, so dass vor allem die Sicherstellung des Daten- und Informationsaustauschs zwischen den Entwicklungspartnern sowie die Unterstützung der Entwicklungsprozesse im Vordergrund standen. Vor allem sollte durch PLM zunächst die Konsistenz von Daten- und Informationen sichergestellt werden. Entsprechend wurden die Mitglieder des PLM-Kernteams derart ausgewählt, dass alle relevanten Sichtweisen aus dem Bereich Produktentwicklung vertreten waren. Dazu gehörten ein Mitarbeiter, der die Interessen der Geschäftsführung bzw. Projektleitung vertrat, ein Mitarbeiter aus der Konstruktion, ein Mitarbeiter mit Erfahrung im Bereich Entwicklungsprozesse sowie ein Mitarbeiter aus dem Bereich IT. Neben dem Kernteam wurden zeitweise weitere Mitarbeiter ins Projekt eingebunden, um die Durchführung spezieller Aufgaben zu unterstützen.

Da sich die StreetScooter GmbH im Aufbau befand, konnten ex ante nicht alle Rahmenbedingungen in der Erarbeitung der PLM-Lösung beachtet werden. Daher sollten im Projektverlauf das PLM-Verständnis sowie die Ziele entsprechend weiterentwickelt werden, um weitere Anforderungen im Gestaltungsverlauf erfüllen zu können. Folglich musste der Gestaltungsraum für die PLM-Lösung sukzessiv im Projektverlauf detailliert werden. Damit beschreibt das Vorgehen das Spannungsfeld zwischen Wirksamkeit und Genese, wobei die Strategie durch den Prozess selbst detailliert wird.

*Schritt 2: Positionierung*

Mit der Positionierung fand die Erarbeitung des PLM-Konzeptes statt. Eine Ist-Analyse wurde in diesem Fall nicht durchgeführt, da weder eine Aufbau- noch eine Ablauforganisation existierte. Im Mittelpunkt von PLM steht das Produkt. Vor diesem Hintergrund musste vor der Erarbeitung des Soll-Konzeptes die Produktstruktur bzw. die Erzeugnisgliederung erarbeitet werden.

Die Erzeugnisgliederung bildet einen Bezugsrahmen, um die Produktarchitektur aus einer definierten Sichtweise abzubilden. Im Sinne des PLMs bildet die Erzeugnisgliederung die Grundlagen, um Daten- und Informationen bzw. Prozesse integriert gestalten zu können. Insbesondere in PLM-unterstützenden IT-Systemen dient die Erzeugnisgliederung der strukturierten Ablage von Daten- und Informationen.

In diesem Zusammenhang wurde das Verhandlungsmodell aus Kapitel 5.4 angewendet, um zunächst im PLM-Kernteam eine einvernehmliche Form der Erzeugnisgliederung zu erarbeiten. In Bild 6-3 wird die schematische Erzeugnisgliederung am Beispiel der Tür aufgezeigt. Aus Sicht des Projektmanagements sollte die Erzeugnisgliederung beispielsweise konsistent zur Aufbauorganisation erfolgen, um Bauteile und Baugruppen den jeweiligen LEG's eindeutig zuordnen zu können (siehe Bild 6-3 links).

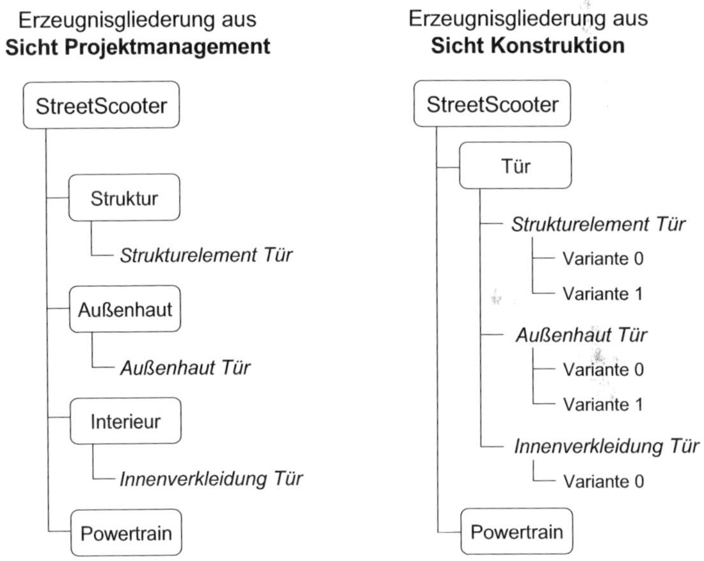


Bild 6-3: Erzeugnisgliederung am Beispiel Fahrzeugtür

Dabei wurde das Ziel verfolgt, mit Hilfe des PLM-unterstützenden IT-Systems ein Controlling darüber durchzuführen, welcher Partner im Projektverlauf seine Bauteile in entsprechender Qualität und Zeit abliefert. Weiterhin sollten die Partner mit Hilfe der Erzeugnisgliederung nachvollziehen können, welche anderen Partner bei Fragen zu fremden Bauteilen bzw. Baugruppen zu kontaktieren sind.

Für die Konstruktion ist diese Sichtweise auf die Produktarchitektur nicht sinnvoll, da die logischen Beziehungen zwischen Bauteilen und Baugruppen verloren gehen. Die Tür besteht nach Bild 6-3 vereinfacht aus einem Struktur-Element, einem Außenhaut-Element sowie einem Innenverkleidungs-Element. Mit einer LEG-orientierten Erzeugnisgliederung ist es ohne weitere Informationen nicht möglich, alle Elemente der Tür zu identifizieren. Besonders für die Umsetzung von Skaleneffekten sind die Kenntnisse über alle Elemente der Tür sowie deren Varianten unverzichtbar.

Auf der rechten Seite in Bild 6-3 wird die Erzeugnisgliederung aus Sicht der Konstruktion wiedergegeben. Dabei werden die Elemente der Tür sowie deren Varianten zusammenhängend abgebildet. Für die Gleichteileverwendung kann der Konstrukteur mit Hilfe der Struktur erkennen, aus welchen Bestandteilen sich die Baugruppe Tür zusammensetzt. Es wird deutlich, welche Bauteilvarianten bisher zur Verfügung stehen, um bestehende Bauteile im Sinne der Wiederverwendung in der Konstruktion einer neuen Türvariante zu nutzen. Im Umkehrschluss lässt sich anhand dieser Struktur schnell aufzeigen, welches Bauteil für die Varianz in der Baugruppe Tür verantwortlich ist.

Unter Anwendung des Verhandlungsmodells wurde schließlich eine einvernehmliche Lösung erarbeitet, die beiden Zielsetzungen entsprach. Dabei wurde die Erzeugnisgliederung aus Sicht der Konstruktion übernommen, da sich die Ziele des Projektmanagements unabhängig von der Erzeugnisgliederung realisieren ließen. Mit Hilfe von relationalen Datenbanken lässt sich jedem Datenobjekt ein Attribut zuordnen, um das Datenobjekt detaillierter beschreiben bzw. charakterisieren zu können. Diese Funktion wurde schließlich genutzt, um Bauteile und Baugruppen jeweils den entsprechenden LEGs zuzuordnen. Auf diese Weise ließen sich sowohl die Anforderungen und Ziele des Projektmanagements als auch die Anforderungen und Ziele der Konstruktion realisieren.

Aus organisatorischer Sicht bildete die Erzeugnisgliederung eine Basis, um die Entwicklungsumfänge der Partnerunternehmen zu definieren. Jeder Partner musste anhand der Erzeugnisgliederung aufzeigen, für welche Bauteile und Baugruppen in der von ihnen verantworteten LEG die Entwicklungsverantwortung übernommen wird. Die Übernahme der Entwicklungsverantwortung bedeutet in diesem Zusammenhang nicht zwangsläufig, dass die Bauteile und Baugruppen im eigenen Unternehmen entwickelt werden, vielmehr musste die Entwicklung durch den jeweiligen Partner sichergestellt werden. Dabei stellte sich heraus, dass die Partnerunternehmen nicht die Entwicklungsverantwortung für alle Bauteile und Baugruppen übernehmen wollten, die durch das PLM-Kernteam mit Hilfe der Erzeugnisgliederung den jeweiligen LEGs zugeordnet wurden. Dies lag vor allen Dingen daran, dass die Partnerunternehmen unterschiedliche Vorstellungen davon besaßen, welche Bauteile und Baugruppen Bestandteil der jeweiligen LEGs waren. So wies z.B. Unternehmen A die Entwicklung der Antriebswelle von sich, da Unternehmen A keine Erfahrung mit der Konstruktion von Wellen besitzt (siehe Bild 6-4).

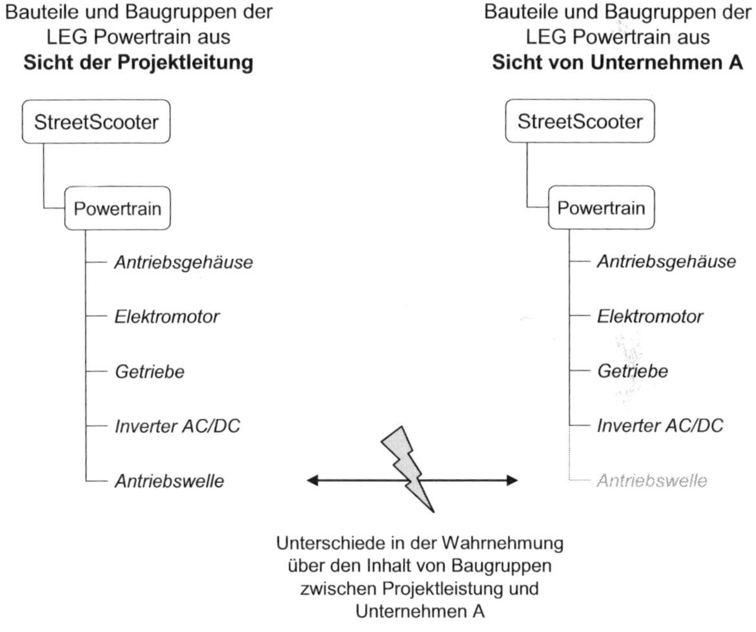


Bild 6-4: Definition von Verantwortlichkeiten für Entwicklungsumfänge

Die Projektleitung der StreetScooter GmbH ging jedoch davon aus, dass Unternehmen A, als Verantwortlicher für die LEG Powertrain, die Verantwortung über alle Bauteile und Baugruppen übernimmt, die der LEG Powertrain zugeordnet wurden. Bleibt die Entwicklungsverantwortung über Bauteile und Baugruppen ungeklärt, fehlen diese Teile spätestens in der Montage des ersten Prototyps. Folglich würde die nachträgliche Konstruktion und Produktion der fehlenden Prototypen die Projektlaufzeit und damit die Time-to-Market signifikant verlängern. In diesem Zusammenhang wurde erneut das Verhandlungsmodell angewendet, um mit den Partnern eine einvernehmliche Lösung darüber zu treffen, welche Bauteile und Baugruppen von den jeweiligen LEGs bzw. Partnern zu verantworten sind.

In dieser beschriebenen Situation werden zwei Dinge deutlich. Zum einen zeigt sich die Relevanz der Erzeugnisgliederung, da durch Zuordnung von Bauteilen und Baugruppen zu Partnerunternehmen diejenigen Bauteile und Baugruppen identifiziert werden konnten, die bisher in keinen Verantwortungsbereich fielen. Zum anderen bildet das Beispiel das Selbstverständnis der Unternehmen innerhalb der StreetScooter GmbH ab. Obwohl die jeweiligen Unternehmen als Partner in die Entwicklung mit eingebunden wurden, agierte diese mehr als verlängerte Werkbank, ohne die Möglichkeit wahrzunehmen, eigene Akzente ins Projekt mit einzubringen bzw. aktiv Verantwortung für die Entwicklung von Bauteilen und Baugruppen zu übernehmen. Die Definition der Erzeugnisgliederung bildete die Basis, um die PLM-Lösung weiter detaillieren zu können. Ausgehend von der Erzeugnisgliederung ließ sich eine Materialnummernsystematik entwickeln, um Bauteile und Baugruppen eindeutig identifizieren zu können. Dabei musste eine Entscheidung darüber getroffen werden, ob die Materialnummer in Form einer sprechenden Nummer bzw. mit einem klassifizierenden Anteil oder als fortlaufende Nummer vorliegen sollte. Von der Geschäftsführung wurde eine sprechende Materialnummer als Rahmenbedingung vorgegeben. Somit musste lediglich darüber entschieden werden, welche Informationen die Materialnummer beinhalten sollte.

Im Anschluss wurden verschiedene Prozesse entwickeln, um die Zusammenarbeit in der Entwicklung zu vereinfachen. Dazu gehörte beispielsweise ein Prozess, um Probleme strukturiert zu erfassen, zu dokumentieren, zu bewerten und im Falle einer positiven Bewertung im Rahmen des Design Reviews gemeinsam mit den LEG-Leitern zu diskutieren. In anderen Prozessen wurde der Ablauf von Freigaben bzw. Änderungen oder die Zusammenarbeit zwischen Konstruktion und Einkauf geregelt. In allen Fällen wurde das Verhandlungsmodell entsprechend angewandt, um Prozesse und Abläufe einvernehmlich zu definieren.

*Schritt 3: Wertschöpfung*

Im Rahmen der Wertschöpfung finden die Auswahl des PLM-unterstützenden IT-Systems sowie die Definition der PLM-IT-Architektur statt. Auf die Auswahl eines PLM-unterstützenden IT-System konnte bei der StreetScooter GmbH verzichtet werden, da bereits vor Gründung der StreetScooter GmbH durch die Geschäftsleitung beschlossen wurde, die Firma PTC als strategischen Partner mit einzubinden. In diesem Zusammenhang wurde bereits in der PLM-Strategie die Nutzung des PLM-unterstützenden IT-Systems der Firma PTC (Windchill) festgelegt, folglich galt es lediglich die PLM-IT-Infrastruktur zu definieren.

In diesem Zusammenhang stellte sich die Frage, ob die Hardware durch die Street-Scooter GmbH selbst beschafft und betrieben oder ob ein externer Dienstleister mit diesen Aufgaben betraut werden sollte. Für die Einbindung eines externen Dienstleisters sprach der Service sowie das vorhandene Fachwissen, um im Problemfall den Betrieb sicherstellen zu können. Im Gegensatz zum eigenständigen Betrieb der Hardware war die Einbindung eines externen Dienstleisters mit signifikant höheren Kosten verbunden. Trotz der höheren Kosten entschied sich die Geschäftsleitung, einen externen Dienstleister für den Betrieb der Hardware einzubinden. Dabei konnte das Verhandlungsmodell genutzt werden, um erfolgreich über Konditionen und Preise der Dienstleistung zu verhandeln.

Mit der Firma PTC als strategischer Partner wurde nicht nur das PLM unterstützende IT-System festgelegt, sondern ebenfalls das PTC eigene CAD-System ProEngineer Wildfire als Konstruktionsmedium vorgegeben. Da die Partnerunternehmen vorwiegend mit dem CAD-System der Firma Dassault Systèmes CatiaV5 arbeiteten, wurde einvernehmlich beschlossen, beide CAD-Systeme parallel zu nutzen. Die Unterschiede in den Datenmodellen wurden nicht zum Problem, da das PLM-unterstützende IT-System Windchill in der Lage ist, die Datenmodelle beider CAD-Systeme anforderungsgerecht zu verwalten.

Weitere IT-Systeme mussten für die Umsetzung der ersten Ausbaustufe der PLM-Lösung nicht festgelegt werden, da mit dem zuvor beschriebenen engen PLM-Verständnis nur die Sicherstellung des Daten- und Informationsaustauschs sowie die Unterstützung weniger Prozesse im Vordergrund stand. Beide Aspekte konnten anforderungsgerecht durch Windchill umgesetzt werden.

Zukünftig sollte ein IT-System zur Kostenverfolgung und -analyse zum Einsatz kommen, um im Entwicklungsverlauf die voraussichtlichen Herstellkosten kontrollieren zu können. Dabei sollte das IT-System InSight der Firma PTC genutzt werden, da mit InSight eine konsistente Verbindung der Kosteninformationen mit der Erzeugnisgliederung im PLM-unterstützenden IT-System möglich ist. Da eine konsistente Schnittstelle zwischen InSight und Windchill besteht, musste der zeitversetzte Einsatz von InSight in der Definition der PLM-IT-Architektur nur indirekt beachtet werden.

*Schritt 4: Veränderung*

Mit der Veränderung findet die Umsetzung der PLM-Lösung im Unternehmen statt. Zum Zeitpunkt der Fertigstellung dieser Arbeit wurde dieser Schritt begonnen, allerdings nicht beendet, so dass im Folgenden lediglich über das zukünftige Vorgehen berichtet werden kann.

Die Einführung der PLM-Lösung soll horizontal, unter gleichzeitiger Einbindung aller Partner eingeführt werden. Dies ist möglich, da bisher keine Prozesse existieren, die durch die PLM-Lösung hätten verändert werden können. Die Hauptaufgabe besteht in dieser Phase darin, die Partner von dem Nutzen des PLM-unterstützenden IT-Systems Windchill zu überzeugen. Vor diesem Hintergrund sollen verschiedene Präsentationen und Schulungen durchgeführt werden, um einerseits das PLM unterstützende IT-System und dessen Funktionen vorzustellen und andererseits den Nutzen von Windchill im Rahmen der Projektarbeit mit Hilfe von Beispielen zu verdeutlichen. Es werden insbesondere Online-Schulungen durchgeführt, so dass die Mitarbeiter der Partner Ort und Zeit der Schulung eigenständig bestimmen können.

*Schritt 5: Performance Messung*

Im Rahmen der Performance Messung wird überprüft, ob die zuvor definierten Ziele realisiert werden. Zum Zeitpunkt der Fertigstellung dieser Arbeit war die PLM-Lösung noch nicht im Unternehmen umgesetzt, so dass sich an dieser Stelle keine Aussagen über die Zielerreichung treffen lassen. Da jedoch mit der Erarbeitung der PLM-Lösung wesentliche Prozesse in der Entwicklung erst definiert wurden, kann davon ausgegangen werden, dass durch PLM der Entwicklungsverlauf effizienter und effektiver wird.

## 6.2 Einführung einer neuen Nummernsystematik bei einem Textilmaschinenhersteller

Das Gestaltungsmodell wurde im Rahmen eines Industrieprojektes zur Erarbeitung einer neuen Nummernsystematik bei einem Textilmaschinenhersteller angewendet. Im Folgenden soll aufgezeigt werden, wie die Anwendung des Verhandlungsmodells zu einer effektiven und effizienten Erarbeitung der Lösung beigetragen hat. In Bild 6-5 wird das Verhandlungsmodell sowie beispielhafte Inhalte aufgezeigt, die in diesem Zusammenhang erarbeitet wurden. Nach einer kurzen Vorstellung der Ausgangssituation des betrachteten Unternehmens wird die Anwendung des Verhandlungsmodells näher beschrieben.

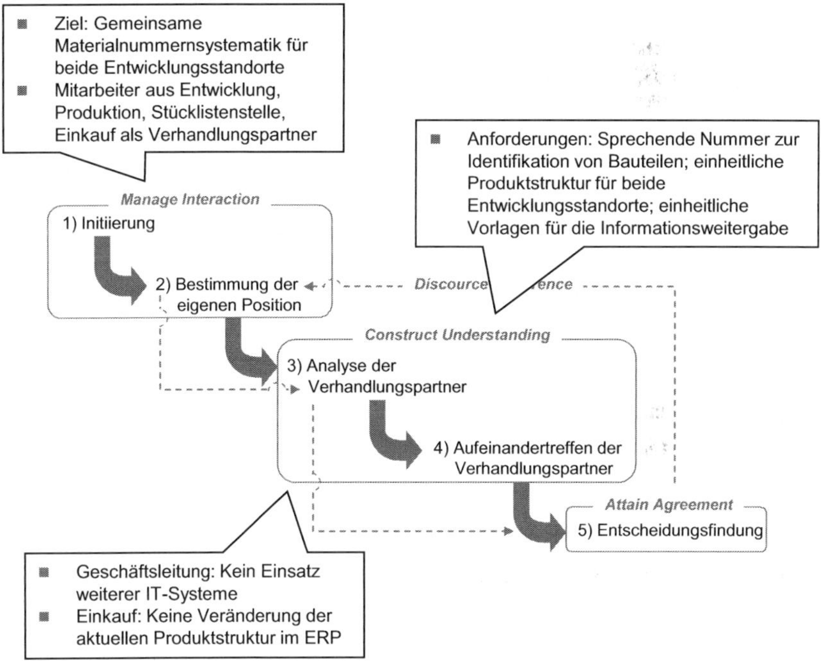


Bild 6-5: Anwendung des Verhandlungsmodells

Dem Wettbewerbsumfeld geschuldet wurden einst eigenständige Unternehmen in einer Unternehmensgruppe zusammengefasst. Mit dem Zusammenschluss sollten

Kompetenzen zusammengelegt werden, um durch Skaleneffekte Kosten in Entwicklung, Fertigung und Einkauf zu reduzieren. Während die Zusammenarbeit in Fertigung und Einkauf zufriedenstellend umgesetzt wurde, fand bisher keine gemeinsame Entwicklung von Produkten statt. In der Vergangenheit wurden Initiativen für die Entwicklung einer gemeinsamen Maschine durchgeführt, doch die Unterschiede im Entwicklungsprozess waren zu groß, um ein konkretes Projekt durchzuführen. Insbesondere führten die Unterschiede in Stücklisten und Materialnummern dazu, dass Baugruppen nicht einheitlich benannt bzw. auf einer Zeichnung abgebildet wurden. In Bild 6-6 wird beispielhaft eine Variantenstückliste mit Zeichnung abgebildet, die am Entwicklungsstandort A verwendet wird. Grundsätzlich wird eine einzige Zeichnung mit Positionsnummern versehen, um die einzelnen Varianten in einer einzigen Zeichnung abbilden zu können.

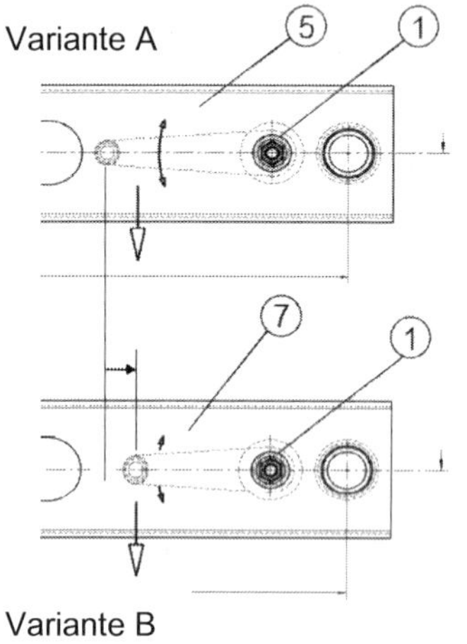


| | Pos. | Mat.-Nr. | Variante A | Variante B |
|---|---|---|---|---|
| Gleichteile | 1 | 1234567 | X | X |
| | 2 | 1234568 | X | X |
| | 3 | 1234569 | X | X |
| Variantenteile | 4 | 1234560 | X | |
| | 5 | 1234561 | X | |
| | 6 | 1234562 | | X |
| | 7 | 1234563 | | X |
| | 8 | 1234564 | X | |

Variantenstückliste

Bild 6-6: Schematische Abbildung einer Variantenstückliste mit Zeichnung

Am Entwicklungsstandort B wird für jede Variante eine eigene Zeichnung angefertigt. Auf diese Weise wird eine Variantenstückliste obsolet. Folglich besitzt jede Variante eine eigene Zeichnungsnummer, die der Materialnummer entspricht. In diesem Zusammenhang wurde mit Unterstützung des WZLs ein Projekt aufgesetzt, um die Stücklisten- und Materialnummernsystematik an zwei Entwicklungsstandorten zu vereinheitlichen. Mit dieser Maßnahme sollte ein erster Grundstein gelegt werden, um zukünftig die gemeinsame Entwicklung einer Maschine durchführen zu können. In diesem Zusammenhang soll insbesondere die Anwendung des Verhandlungsmodells aufgezeigt werden.

*Schritt 1: Initiierung der Entscheidungsfindung*

Im Vorfeld der Workshopreihe wurden gemeinsam mit dem Projektleiter die Rahmenbedingungen für die Workshops definiert. Der Projektleiter ist keinem der beiden betrachteten Unternehmen zugeordnet, sondern innerhalb der Unternehmensgruppe hierarchisch über den Geschäftsführern der beiden betrachteten Standorte angesiedelt. Damit wurde deutlich, dass das Projekt bzw. die Projektergebnisse auf Konzernebene eine Relevanz besitzt.

Zunächst ist das übergeordnete Ziel des Projektes definiert worden, um anschließend das konkrete Projektziel abzuleiten. Das übergeordnete Ziel lag in der Befähigung der beiden Entwicklungsstandorte, gemeinsame Entwicklungsprojekte durchzuführen. Vor diesem Hintergrund sollte in diesem Projekt eine einheitliche Stücklisten- und Nummernsystematik erarbeitet werden. Neben der Zieldefinition wurden ebenfalls Ort, Workshopteilnehmer, die einzelnen Workshopthemen sowie der Projektzeitraum festgelegt.

Die Auswahl der Workshopteilnehmer erfolgte nach den Kriterien inhaltlicher Bezug, Wissen und Erfahrung sowie soziale Kompetenz. Aufgrund des inhaltlichen Bezugs wurden nur diejenigen Unternehmensbereiche ins Projekt mit einbezogen, deren Tagesgeschäft signifikant von Stücklisten und Materialnummern abhängen. Dazu gehören beispielsweise die Konstruktion, die Stücklistenstelle, der Einkauf sowie die Produktion. Im Projekt sollten nur diejenigen Mitarbeiter aus den zuvor definierten Abteilungen teilnehmen, die über ein entsprechendes Wissen bzw. Erfahrung verfügen, um die Auswirkungen von Veränderungen an Stücklisten bzw. Materialnummern vorherzusehen und die Vor- und Nachteile zu diskutieren. Schließlich sollten die Mitarbeiter über eine entsprechende soziale Kompetenz verfügen.

Die Workshopteilnehmer wurden teilweise vom Tagesgeschäft freigestellt, um über die Workshops hinaus aktiv am Projekt mitzuarbeiten. Die Workshopthemen wurden in eine entsprechende Reihenfolge gebracht, so dass Entscheidungen aus einem Workshop im nachfolgenden Workshop direkt antizipiert werden konnten.

*Schritt 2: Bestimmung der eigenen Position*

Im Vorfeld der Workshops wurden die Workshopteilnehmer mit Hilfe einer kurzen Präsentation über das Projekt, die Projektziele sowie die bevorstehenden Workshopthemen informiert. In diesem Zusammenhang forderte der Projektleiter die Workshopteilnehmer auf, den persönlichen Einfluss von Stückliste und Materialnummer auf das eigene Handeln im Tagesgeschäft in einer kurzen Präsentation vorzubereiten. Insbesondere sollten die Defizite sowie mögliche Verbesserungsmaßnahmen aufbereitet werden.

*Schritt 3: Analyse der Verhandlungspartner*

Mit der Analyse der Verhandlungspartner soll ein erster Eindruck über die am Projekt teilnehmenden Mitarbeiter geschaffen werden. Insbesondere erfolgt in diesem Zusammenhang eine erste Einschätzung über Erwartungen und Konflikte. Dieser Schritt wurde nicht durchgeführt, da sich die Workshopteilnehmer beider Unternehmen bereits jahrelang kennen. Somit waren die Kenntnis über bevorstehende Konflikte sowie die Argumente für oder gegen eine Entscheidung bekannt.

*Schritt 4: Aufeinandertreffen der Verhandlungspartner*

Das Aufeinandertreffen der Workshopteilnehmer wurde in diesem Zusammenhang nicht als kritisch gesehen, da die Workshopteilnehmer sich wie bereits erwähnt kennen. Um dennoch für eine angenehme Atmosphäre zu sorgen, wurden die Workshops ganztägig angesetzt, so dass sich die Workshopteilnehmer an diesem Tag gänzlich auf das Projekt konzentrieren konnten. Die Workshops fanden in den Schulungsräumen statt, so dass keine Beeinflussung der Workshopteilnehmer durch Anrufe oder E-Mails möglich war.

*Schritt 5: Entscheidungsfindung*

Im Rahmen der Entscheidungsfindung stellten die Workshopteilnehmer zunächst ihre Präsentation über die Nutzung von Stückliste und Materialnummer, Defizite, Verbesserungsmaßnahmen sowie Erwartungen an das Projekt vor. Dadurch entstand ein einheitliches Verständnis über den Umgang mit Stücklisten und Materialnummern und die Workshopteilnehmer wurden in die Lage versetzt, die jeweiligen bestehenden Defizite der Anderen entsprechend nachzuvollziehen. In diesem Zusammenhang stellte sich heraus, dass nicht alle eingangs bestimmten Workshopteilnehmer am Projekt teilnehmen müssen, so dass sich die Teilnehmerzahl und damit die Zahl der Verhandelnden reduzieren lies.

In der Diskussion über die Defizite stellte sich heraus, dass die Unterschiede im Stücklistenaufbau sowie die Materialnummernsystematik nur zwei Aspekte abbilden, die die Zusammenarbeit in der Entwicklung behindern. Vielmehr waren ebenfalls Unterschiede beispielsweise in der IT, der Informationsverbreitung oder im Informationsgehalt (z.B. unterschiede in Vorlagen) für die eingangs beschriebene Situation verantwortlich. Dies zeigt, dass im ersten Workshop noch kein gemeinsames Verständnis über die Projektziele existierte. Daher musste in einem ersten Schritt ein gemeinsames Verständnis von Projektzielen geschaffen werden. Insbesondere musste erläutert werden, was unter der Harmonisierung von Stücklisten und Materialnummern zu verstehen ist. Am Ende des ersten Workshoptages wurden die Teilnehmer nochmals aufgefordert, Schritt 2, Bestimmung der eigenen Position, durchzuführen, allerdings dieses Mal mit einem gemeinsamen Verständnis der Projektziele.

Erst im zweiten Workshop konnten schließlich die Gründe für die Unterschiede in Stücklisten und Materialnummern erläutert werden. Der Grund für die Unterschiede lag allein darin, dass die Erzeugnisgliederung der Produkte im ERP-System der beiden Entwicklungsstandorte in unterschiedlicher Form vorlag. In Bild 6-7 wird schematisch die Erzeugnisgliederung der beiden Standorte abgebildet, im jeweiligen ERP-System hinterlegt ist.

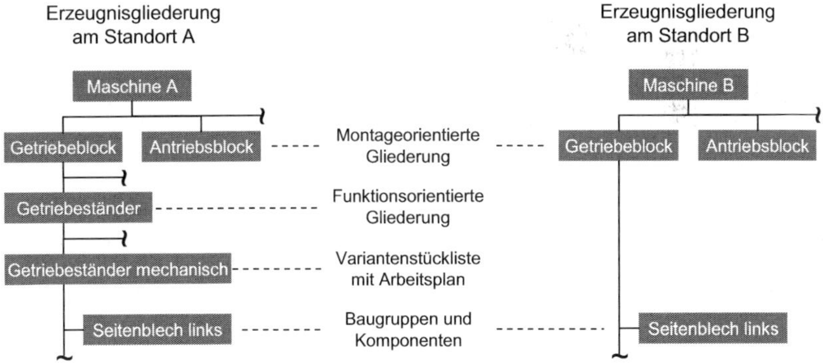


Bild 6-7: Unterschiede in der Erzeugnisgliederung

Eine weitere Besonderheit zeigt sich in der Erzeugnisgliederung am Standort A. Während am Standort B die Stückliste einer Baugruppe alle Bauteile beinhaltet, die der Baugruppe logisch zugeordnet werden können, werden am Standort A bestimmte Bauteile aus dem logischen Zusammenhang gerissen und anderen Bereichen der Erzeugnisgliederung zugeordnet (siehe Bild 6-8).

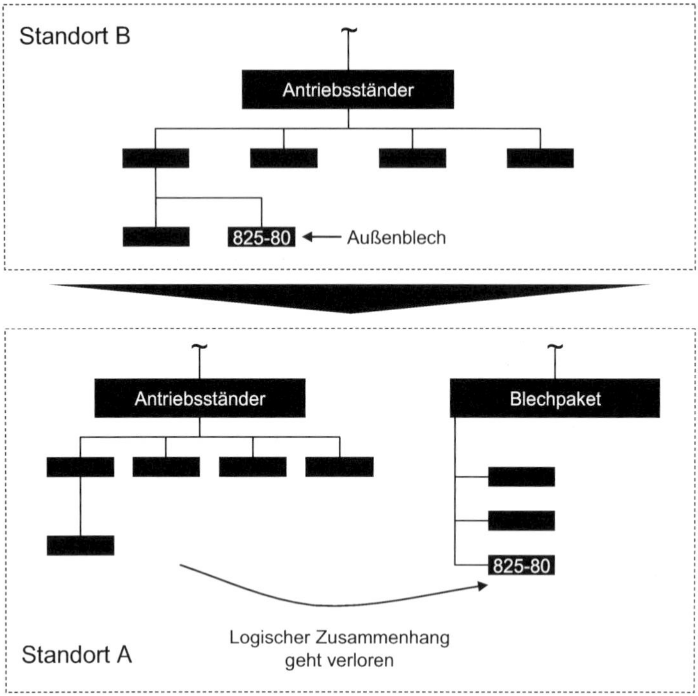


Bild 6-8: Verlust von logischen Beziehungen in der Erzeugnisgliederung

Im vorliegenden Beispiel wird das Außenblech mit der Materialnummer 825-80 in der Erzeugnisgliederung nicht dem Antrieb zugeordnet, sondern dem Bereich Blechpaket. Obwohl das Außenblech teil der Baugruppe Antrieb ist und somit eine logische Beziehung zur Baugruppe besteht, wird dieses Bauteil aus der Erzeugnisgliederung und somit aus der Stückliste des Antriebs entfernt.

In diesem speziellen Fall sollen mit der Definition von Blechpaketen die Prozesse im Einkauf vereinfacht werden. In der Regel werden Bleche eines bestimmten Typs bei einem einzigen Lieferanten beschafft. Werden die Bleche nicht in einem Blechpaket zusammengefasst, muss der Einkäufer in den verschiedenen Stücklisten eigenständig die jeweiligen Bleche identifizieren und zu einer Bestellung bzw. Stückliste zusammenfassen. Durch die Erstellung eines Blechpaketes wird diese Tätigkeit obsolet. Da mit der Definition von Blechpaketen die logische Beziehung zwischen Außenblech und Antrieb bzw. Bauteil und Baugruppe verloren geht, lässt sich ohne zusätzliche Information kein Zusammenhang mehr herstellen. Dieser Sachverhalt führte dazu, dass häufige Rückfragen an die Konstruktion gestellt wurden, um die fehlenden Informationen zu erhalten. Folglich mussten die Konstrukteure ihre eigentlichen wertschöpfenden Tätigkeiten zur Beantwortung der Rückfragen unterbrechen.

In den weiteren Workshops galt es, diesen Konflikt zu lösen. Zum einen sollte die Definition von Blechpaketen erhalten bleiben, zum anderen sollten die Informationen über die Zusammenhänge von Bauteil und Baugruppe, wie am Standort B, ebenfalls ohne Rückfragen an die Konstruktion möglich sein. Zum Ende jedes Workshoptages kamen neue Entscheidungen auf, für die immer wieder die eigene Position bestimmt werden musste, um die Entscheidungsfindung in Form einer Verhandlung durchzuführen. So wurde schließlich eine einvernehmliche Lösung erarbeitet, die zwar nicht alle Anforderungen erfüllte, aber vor allem keinen der Workshopteilnehmer benachteiligte.

Es wurde eine zweite Erzeugnisgliederung erarbeitet, die der Sicht der Konstruktion entspricht. Die Logik der Erzeugnisgliederung wurde anschließend in einer sprechenden Materialnummer als Attribut im ERP-System hinterlegt. Jedem Bauteil im ERP-System wurde schließlich eine neue weitere „Materialnummer“ zugeordnet. Auf diese Weise blieb die ursprüngliche auftragsabwicklungsorientierte Erzeugnisgliederung im ERP-System erhalten, wobei mit dem neuen Attribut eine zweite Materialnummer eingeführt wurde, was die Identifikation eines Bauteils hinsichtlich einer Maschine bzw. Baugruppe vereinfacht.

## 6.3 Kritische Reflexion

Mit den vorgestellten Praxisbeispielen konnten die zentralen Bestandteile des entwickelten Gestaltungsmodells für die interaktive Einführung von PLM validiert werden. Denn es wurde gezeigt, dass wesentliche Elemente des Gestaltungsmodells in der Praxis umsetzbar sind. Trotzdem soll im Folgenden der Gültigkeitsbereich des Modells kritisch diskutiert werden.

Der Nutzen des Gestaltungsmodells zeigt sich darin, dass sich die Einführung von PLM effizienter und effektiver gestalten lässt. Im ersten Praxisbeispiel wird aufgezeigt, wie die Erarbeitung und Umsetzung einer PLM-Lösung bei der StreetScooter GmbH erfolgt. Auf Basis des Gestaltungsmodells konnte in kürzester Zeit eine PLM-Lösung erarbeitet werden, um den Datenaustausch zwischen den Entwicklungspartnern sicherzustellen. Im zweiten Praxisbeispiel wurde das Gestaltungsmodell angewendet, um die Materialnummernsystematik bei einem Textilmaschinenhersteller zu überarbeiten. Obwohl in der Vergangenheit solche Projekte scheiterten, konnten in fünf Workshops wesentliche Entscheidungen einvernehmlich getroffen werden, um zukünftig die gemeinsame Entwicklung von Produkten durchzuführen.

Am Beispiel der StreetScooter GmbH wird deutlich, dass die Einführung von PLM kein abgeschlossenes Projekt ist, sondern vielmehr ein Prozess, wobei der Reifegrad der PLM-Lösung stetig ansteigt. Folglich ist die Gestaltung der PLM-Lösung niemals beendet, die Gestaltungsgeschwindigkeit wird lediglich reduziert. Eine weitere Folge der stetigen Weiterentwicklung der PLM-Lösung zeigt sich im Vorgehensmodell. So wird das Vorgehensmodell nicht nur einmal durchlaufen, sondern mehrmals, wobei der Fokus sich bei jedem Durchlauf verändert. Zukünftige Forschungsarbeiten sollten sich aus Sicht des Autors mit der Detaillierung der PLM-Lösung auseinandersetzen, um die Wechselwirkungen der einzelnen Bestandteile näher zu erklären und gegebenenfalls Typen von PLM-Lösungen zu definieren. Diese Typen sollten dann in Verbindung mit Unternehmenstypen gebracht werden, um beispielsweise bei einem Unternehmenswachstum erkennen zu können, welcher Typ bzw. Reifegrad einer PLM-Lösung zukünftig notwendig sein wird.

Mit dem zweiten Praxisbeispiel findet die Validierung des Verhandlungsmodells statt. Das Verhandlungsmodell konzentriert sich vorwiegend auf die Phasen vor der eigentlichen Entscheidungsfindung, um die jeweiligen Personen auf die eigentliche Entscheidungssituation adäquat vorzubereiten. Die Verhandlung selbst bzw. die Diskussion der Lösungsfindung wird nicht adressiert. In diesem Zusammenhang werden ebenfalls keine Verhandlungsstrategien aufgezeigt, um das Verhalten der Verhandlungspartner zu beeinflussen. Dabei stellt sich die Frage, ob sich die Entscheidungsfindung effizienter gestalten lässt, wenn im Verhandlungsmodell ebenfalls Verhandlungsstrategien betrachtet werden. Daher ist das Verhandlungsmodell mehr als ein Bezugsrahmen zu verstehen, in dem die einzelnen Schritte bis zur Entscheidungsfindung beschrieben werden. Nur vereinzelt werden Hilfsmittel aufgezeigt, um die Durchführung der Schritte zu unterstützen. Vor diesem Hintergrund sollten zukünftige Forschungsarbeiten sowohl die Verhandlungsstrategie als auch die Erarbeitung von Hilfsmitteln zur Detaillierung des Verhandlungsmodells betrachten.

Zusammenfassend wird deutlich, dass mit dieser Arbeit ein ganzheitlicher Bezugsrahmen für die PLM-Einführung geschaffen wird. Dabei werden die wesentlichen Handlungsstränge der PLM-Einführung aufgezeigt sowie Modelle zur Verfügung gestellt, um die verschiedenen Handlungsstränge zu strukturieren bzw. zu verstehen. Auf Basis dieses ganzheitlichen Bezugsrahmens können zukünftige Forschungsarbeiten aufbauen, um die einzelnen Handlungsstränge zu detaillieren bzw. Methoden zu erarbeiten, die dort Anwendung finden.

# 7 Zusammenfassung und Ausblick

Die Verlagerung von Produktionsstätten und Fertigungsaufträgen in Niedriglohnländer darf zukünftig für Unternehmen aus Hochlohnländern keine Chance mehr sein, die eigene Wettbewerbsfähigkeit zu steigern. Vielmehr müssen diese Unternehmen mit geeigneten Maßnahmen in die Lage versetzt werden, wettbewerbsfähige Strukturen zu schaffen, um sich gegen Unternehmen aus Niedriglohnländern im globalen Wettbewerb durchzusetzen.

Vor diesem Hintergrund gilt es, zukünftig die Dichotomien von Scale und Scope sowie Planungs- und Wertorientierung zu beherrschen. In dieser Arbeit wird die Dichotomie der Planungs- und Wertorientierung adressiert. Die Planung lässt sich heute durch Einsatz leistungsfähiger IT effizienter und effektiver gestalten. Verschiedene Studien zeigen jedoch, dass die Einführung einer IT-Lösung im Unternehmen nur selten erfolgreich verläuft. Nur knapp ein Drittel der Projekte werden erfolgreich abgeschlossen. Mehr als zwei Drittel der Projekte werden vorzeitig abgebrochen oder es werden nur Teile der zuvor definierten Ziele mit überproportionalem Aufwand realisiert.

Diese Arbeit beginnt mit der Erläuterung von relevanten Begriffen, um der Arbeit ein einheitliches Begriffsverständnis voranzustellen. Anschließend wird ein für diese Arbeit gültiges Verständnis von Product Lifecycle Management hergeleitet, um vor diesem Hintergrund die Probleme der PLM-Einführung zu beschreiben. In diesem Zusammenhang wird aufgezeigt, wie die Einführung von Computern die Abläufe im Unternehmen beeinflusst und wie aus der steigenden Leistungsfähigkeit der IT die Notwendigkeit von PLM resultiert. PLM ist kein Selbstzweck. Vielmehr soll PLM die Realisierung übergreifender Unternehmensziele unterstützen. Die durch PLM realisierbaren Ziele und Nutzenpotenziale werden in diesem Zusammenhang beispielhaft beschrieben.

Der geringe Erfolg von PLM-Projekten lässt sich auf verschiedene Gründe zurückführen, die im Rahmen dieser Arbeit aufgezeigt und diskutiert werden. Zum einen liegen die Gründe im fehlenden Verständnis der PLM-Thematik. Zum anderen führen Fehler in der Projektorganisation oder die fehlende Transparenz über die Möglichkeiten moderner IT-Lösungen dazu, dass PLM-Projekte misslingen. In der Literatur existieren verschiedene Vorgehensweisen, um PLM im Unternehmen einzuführen. Relevante Vorgehensweisen aus Wissenschaft und Praxis werden in dieser Arbeit kurz vorgestellt und diskutiert. Die Diskussion zeigt, dass die einzelnen Vorgehensweisen auf die verschiedenen Gründe für das Scheitern von PLM-Projekten entsprechend eingehen. Der Mitarbeiter bzw. die Interaktion der Mitarbeiter untereinander im PLM-Projekt wird jedoch nur ungenügend bzw. nicht adressiert. Dieser Sachverhalt begründet schließlich den Forschungsbedarf dieser Arbeit.

Im Anschluss an den Forschungsbedarf wird das Grobkonzept des Gestaltungsmodells zur interaktiven Einführung von PLM hergeleitet. Dafür werden zunächst formale und inhaltliche Anforderungen an das Gestaltungsmodell gestellt. Während die formalen Anforderungen beispielsweise die Nachvollziehbarkeit des Modellaufbaus sowie die Anwendbarkeit oder die Reproduzierbarkeit des Modells sicherstellen, wird mit den inhaltlichen Anforderungen der Lösungsansatz festgelegt. In dieser Arbeit wird davon ausgegangen, dass die Einführung von PLM erfolgreich verläuft, wenn die am PLM-Projekt beteiligten Mitarbeiter die Interaktion in Form einer Kollaboration durchführen. Vor allem Entscheidungen müssen in diesem Zusammenhang einvernehmlich getroffen werden, um die Kollaboration als Form der Zusammenarbeit nicht durch persönliche Konflikte oder Streitigkeiten zu gefährden. Der Engineering Collaboration via Negotiation-Ansatz nach LU zeigt in diesem Zusammenhang einen Ansatz auf, um die Entscheidungsfindung durch Anwendung von Theorien der Verhandlungsforschung einvernehmlich zu gestalten. Erfolgreiche Entscheidungen zeichnen sich schließlich dadurch aus, dass am Ende des Entscheidungsprozesses ein Entscheidungsergebnis resultiert, das sowohl allen relevanten technischen, als auch sozialen Anforderungen entsprechend gerecht wird. Für die Einführung von PLM bedeutet dies, dass sowohl die technischen Anforderungen als auch soziale Anforderungen der Mitarbeiter in die Gestaltung der PLM-Lösung mit einfließen müssen. Das Gestaltungsmodell der interaktiven Einführung von PLM besteht schließlich aus folgenden vier Einzelmodellen: (1) Zielmodell, (2) PLM-Modell, (3) Verhandlungsmodell, (4) Vorgehensmodell.

Das Zielmodell beinhaltet die übergeordneten Unternehmensziele, die dem PLM-Projekt als Orientierung dienen. Das PLM-Modell beschreibt die Elemente einer PLM-Lösung und bildet die Zusammenhänge zwischen den einzelnen Elementen ab. Mit dem Verhandlungsmodell wird die Gestaltung der Interaktion bzw. der Entscheidungsfindung adressiert. Schließlich wird mit dem Vorgehensmodell der Zusammenhang bzw. die Anwendung der beschriebenen Modelle aufgezeigt.

Das Gestaltungsmodell wird anhand von zwei Praxisbeispielen validiert. Am Beispiel der StreetScooter GmbH wird beschrieben, wie durch Anwendung des Vorgehensmodells eine unternehmensspezifische PLM-Lösung einvernehmlich erarbeitet und im Unternehmen eingeführt wird. In diesem Zusammenhang wird deutlich, dass PLM kein abgeschlossenes Projekt ist, sondern vielmehr ein kontinuierlicher Prozess. Folglich ist das Verständnis von PLM nicht starr, sondern flexibel und muss sich den Rahmenbedingungen des Unternehmens anpassen. Da das PLM-Verständnis Teil der PLM-Strategie ist und auf Basis der PLM-Strategie das PLM-Konzept sowie die PLM-IT-Architektur erarbeitet werden, folgt unweigerlich eine Veränderung der PLM-Lösung bei einem Wandel des PLM-Verständnisses.

Im zweiten Beispiel wird die Erarbeitung der Stücklisten- und Materialnummernsystematik unter Anwendung des Verhandlungsmodells bei einem Textilmaschinenhersteller vorgestellt. Da die Unterschiede in Stücklisten und Materialnummern die gemeinsame Produktentwicklung von zwei Standorten behinderte, sollte ein gemeinsamer Standard erarbeitet werden. Zuvor scheiterten solche Projekte, da sich keine Einigung treffen ließ. Erst durch die Anwendung des Verhandlungsmodells wurde in fünf Workshoptagen eine für alle Beteiligten einvernehmliche Lösung erarbeitet.

Sowohl das Beispiel der StreetScooter GmbH als auch das Beispiel des Textilmaschinenherstellers zeigen, dass sich die relevanten Elemente des Gestaltungsmodells der interaktiven Einführung von PLM in der Praxis anwenden lassen. Dabei gibt das Gestaltungsmodell keine detaillierten Tätigkeiten vor, vielmehr ist das Gestaltungsmodell als Bezugsrahmen zu verstehen, in dem verschiedene Handlungsstränge beschrieben und in eine logische Reihenfolge gebracht werden. Vor diesem Hintergrund steht es zukünftigen Forschungsarbeiten offen, diesen Bezugsrahmen bzw. die Handlungsstränge entsprechend weiter zu detaillieren.

# 8 Literaturverzeichnis

*AberdeenGroup*, Product Lifecycle Management (PLM) Solutions AXIS for Hardgoods Manufacturers, 2009, http://resources.aberdeen.com/axis/AberdeenPLMAXIS.swf, Abruf am 14. Juli 2010.

*Abramovici, M. et al.*, Benchmarkstudie 2009: Benefits of PLM, 2010.

*Abramovici, M., Schulte, S.*, PLM - Neue Bezeichnung für alte CIM-Ansätze oder Weiterentwicklung von PDM?, in: Konstruktion - Zeitschrift für Produktentwicklung und Ingenieur-Werkstoffe, 57. Jg., 2005, Nr. 1/2, S. 64-75.

*Abramovici, M. et al.*, Product Lifecycle Management, in: Krause, F.-L., Franke, H.-J., Gausemeier, J. (Hrsg.): Innovationspotenziale in der Produktentwicklung, Hanser Verlag: München, Wien, 2007, S. 165-173.

*Abramovici, M. et al.*, Benefits of PLM - Nutzenpotenziale des Product Lifecycle Managements in der Automobilindustrie, in, 2004.

*Adam, D.*, Produktions-Management, 9., überarb. Aufl., Wiesbaden: Gabler 2001.

*Adobe*, 3D-pdf, http://www.adobe.com/de/products/acrobat/pdfs/Adobe_Acrobat_3D_AAG_d.pdf, Abruf am 14. April 2010.

*Albers, S., Herrmann, A.*, Handbuch Produktmanagement: Strategieentwicklung - Produktplanung - Organisation - Kontrolle, 3., überarbeitete und erweiterte Aufl., Wiesbaden: Gabler 2007.

*Allweyer, T.*, BPMN 2.0 : introduction to the standard for business process modelling, Norderstedt: Books on Demand 2010.

*Angermeier, G.*, Projektmanagement-Lexikon, München: Projekt Magazin 2005.

*Arnold, V. et al.*, Product Lifecycle Management beherrschen: Ein Anwenderhandbuch für den Mittelstand, Berlin, Heidelberg: Springer 2005.

*Auhagen, A. E., Bierhoff, H.-W.*, Angewandte Sozialpsychologie: das Praxishandbuch, Weinheim [u.a.]: Beltz 2003.

*Balzert, H. et al.*, Wissenschaftliches Arbeiten: Wissenschaft, Quellen, Artefakte, Organisation, Präsentation, Herdecke [u.a.]: W3L 2008.

*Bär, M., Krumm, R., Wiehle, H.*, Unternehmen verstehen, gestalten, verändern: das Graves-Value-System in der Praxis, 2., überarb. u. erw. Aufl., Wiesbaden: Gabler 2010.

*Batenburg, R., Helms, R. W., Versendaal, J.*, PLM roadmap: stepwise PLM implementation based on the concepts of maturity and alignment, in: International Journal of Product Lifecycle Management, 1. Jg., 2006, Nr. 4, S. 333-351.

*Bea, F. X., Friedl, B., Schweitzer, M.*, Allgemeine Betriebswirtschaftslehre, 9., neubearb. und erw. Aufl., Stuttgart: Lucius & Lucius 2005.

*Becker, J., Rosemann, M., Schütte, R.*, Grundsätze ordnungsgemäßer Modellierung, in: Wirtschaftsinformatik, 37. Jg., 1995, Nr. 5, S. 435-445.

*Becker, T.*, Prozesse in Produktion und Supply Chain optimieren, 2., neu bearb. und erw. Aufl., Berlin [u.a.]: Springer 2008.

*Berliner Kreis, Wissenschaftliche Gesellschaft Produktionstechnik*, Product Lifecycle Management, in: Technology Monitoring, 2002.

*Bierhoff, H.-W.*, Sozialpsychologie: ein Lehrbuch, 6., überarb. und erw. Aufl., Stuttgart: Kohlhammer 2006.

*Binder, V., Kantowsky, J.*, Technologiepotentiale: Neuausrichtung der Gestaltungsfelder des strategischen Technologiemanagements, Wiesbaden: Dt. Univ.-Verl. 1996.

*Blankenhorn, D.,* The Blankenhorn Effect: How to Put Moore's Law to work for You, Victoria: Trafford 2002.

*Bleicher, K.,* Das Konzept integriertes Management: Visionen, Missionen, Programme, 6. Aufl., Frankfurt/Main [u.a.]: Campus 2001.

*Bleicher, K., Pümpin, C.,* Management-Konzepte, in: Eversheim, W., Schuh, G. (Hrsg.): Betriebshütte - Produktion und Management, Springer: Berlin [u.a.], 1996, S. 1.1 - 1.28.

*Blenko, M. W., Mankins, M. C., Rogers, P.,* Das Entscheiderprinzip, in: Harvard Business Manager, 32. Jg., 2010, Nr. 8 (August), S. 24-26.

*Bodensteiner, K.,* Kundenbindung in vertikalen Kontraktmarketingsystemen: eine Analyse anhand des Marktes für Ersatzteile der Automobilwirtschaft, Dissertation 2006.

*Böhler, M.,* PLM-Start zur Chefsache machen, in: Industrieanzeiger, 2008, Nr. 15, S. 64.

*Böhm, R., Fuchs, E., Fischer, M.,* System-Entwicklung in der Wirtschaftsinformatik, 5., vollst. überarb. Aufl., Zürich: vdf 2002.

*Born, M.,* Mehr Erfolg bei Softwareimplementierungen, in: Orientierung für die Praxis, 6. Jg., 2001, Nr. 3, S. 2-4.

*Bühner, R.,* Betriebswirtschaftliche Organisationslehre, 10., bearb. Aufl., München [u.a.]: Oldenbourg 2004.

*Chmielewicz, K.,* Forschungskonzeptionen der Wirtschaftswissenschaft, 2., überarb. u. erw. Aufl., Stuttgart: Poeschel 1979.

*Dangelmaier, W.,* Theorie der Produktionsplanung und -steuerung: im Sommer keine Kirschpralinen?, Berlin [u.a.]: Springer 2009.

*Deloitte,* Mastering Innovation: Exploiting Ideas for Profitable Growth, 2005.

*Dietrich, L., Schirra, W.,* Innovationen durch IT : Erfolgsbeispiele aus der Praxis; Produkte - Prozesse - Geschäftsmodelle, Berlin [u.a.]: Springer 2006.

*Dominguez, J.,* The Curious Case of the CHAOS Report 2009, http://www.projectsmart.co.uk/the-curious-case-of-the-chaos-report-2009.html, Abruf am 05. März 2010.

*Durst, M., Bodendorf, F.,* Wertorientiertes Management von IT-Architekturen, Wiesbaden: Dt. Univ.-Verl. 2007.

*Duvall, M., Bartholomew, D.,* PLM: Boeing's Dream, Airbus Nightmare, Baseline - Where Leadership meets Technology, http://www.baselinemag.com/c/a/Projects-Processes/PLM-Boeings-Dream-Airbus-Nightmare/, Abruf am 28.04.2007.

*Eigner, M., Bitzer, M., Burr, H.,* Produktlebenszyklus mit Unterbrechungen, in: ZWF, 102. Jg., 2007, Nr. 9, S. 582-586.

*Eigner, M., Stelzer, R.,* Product Lifecycle Management: Ein Leitfaden für Product Development und Life Cycle Management, 2., neu bearbeitete Aufl., Berlin, Heidelberg: Springer 2009.

*Emes, J.,* Unternehmergewinn in der Musikindustrie: Wertschöpfungspotentiale und Veränderungen der Branchenstruktur durch die Digitalisierung, Wiesbaden: Dt. Univ.-Verl. 2004.

*Engelhardt-Nowitzki, C., Lackner, E.,* Chargenverfolgung: Möglichkeiten, Grenzen und Anwendungsgebiete, Wiesbaden: Dt. Univ.-Verl. 2006.

*Erbacher, C. E.,* Grundzüge der Verhandlungsführung, Zürich: vdf 2010.

*Etzrodt, C.,* Sozialwissenschaftliche Handlungstheorien: eine Einführung, Konstanz: UVK 2003.

*Feldhusen, J., Gebhardt, B.,* Product Lifecycle Management für die Praxis - Ein Leitfaden zur modularen Einführung, Umsetzung und Anwendung, Berlin, Heidelberg: Springer 2007.

*Ferziger, J. H., Peri´c, M.,* Numerische Strömungsmechanik, Berlin, Heidelberg: Springer 2008.

*Feyhl, A. W.,* Management und Controlling von Softwareprojekten: Software wirtschaftlich auswählen, entwickeln, einsetzen und nutzen, 2., überarb. und erw. Aufl., Wiesbaden: Gabler 2004.

*Fischer, L., Wiswede, G.,* Grundlagen der Sozialpsychologie, 2., überarb. und erw. Aufl., München [u.a.]: Oldenbourg 2002.

*Florissen, A.,* Preiscontrolling: Rationalitätssicherung im Preismanagement, Wiesbaden: Dt. Univ.-Verl. 2005.

*Friederici, I.,* Die strategischen Instrumente eines Managementsystems: Führungs- und Handlungskompetenz durch fünf Grundbausteine: Visionen und Leitlinien, Ziele und Maßnahmen, Organisation und Führung, dynamische Qualitätssteigerung, Systemüberwachung und -bewertung, Renningen [u.a.]: expert-Verl. [u.a.] 2000.

*Frings, C.,* Soziales Vertrauen: Eine Integration der soziologischen und der ökonomischen Vertrauenstheorie, Wiesbaden: VS 2010.

*Gartz, J.,* Die Apple-Story: Aufstieg, Niedergang und "Wieder-Auferstehung" des Unternehmens rund um Steve Jobs, 2., überarb. und erw. Aufl., Kilchberg: SmartBooks 2005.

*Gaubinger, K. et al.,* Praxisorientiertes Innovations- und Produktmanagement: Grundlagen und Fallstudien aus B-to-B-Märkten, Wiesbaden: Gabler 2009.

*Gausemeier, J., Plass, C., Wenzelmann, C.,* Zukunftsorientierte Unternehmensgestaltung: Strategien, Geschäftsprozesse und IT-Systeme für die Produktion von morgen, München [u.a.]: Hanser 2009.

*Gebhardt, A.,* Generative Fertigungsverfahren: Rapid Prototyping - Rapid Tooling - Rapid Manufacturing, 3. Aufl., München: Hanser 2007.

*Gernert, C., Ahrend, N.,* IT-Management: System statt Chaos: ein praxisorientiertes Vorgehensmodell, 2., korrigierte Aufl., München [u.a.]: Oldenbourg 2002.

*Görg, A.,* Product Lifecycle Management: Ein Überblick, in: Liebstückel, K., Meinhardt, S. (Hrsg.): HMD - Praxis der Wirtschaftsinformatik, dpunkt: Heidelberg, 2006, S. 6-16.

*Grant, R. M.,* Contemporary strategy analysis: concepts, techniques, applications, 4. Aufl., Malden, Mass. [u.a.]: Blackwell Publ. 2002.

*Grechenig, T.,* Softwaretechnik: mit Fallbeispielen aus realen Entwicklungsprojekten, München [u.a.]: Pearson Studium 2010.

*Grieves, M.,* Product Lifecycle Management: driving the next generation of lean thinking, New York: McGraw-Hill 2006.

*Grieves, M.,* Back to the Future: Product Lifecycle Management and the Virtualization of Product Information, in: Tomovic, M. M., Wang, S. (Hrsg.): Product realization : a comprehensive approach, Springer: New York, NY, 2009, S. 39-51.

*Groover, M. P.,* Automation, production systems, and computer-integrated manufacturing, 3. Aufl., Upper Saddle River, N.J. [u.a.]: Prentice Hall 2008.

*Gumm, H.-P., Sommer, M., Hesse, W.,* Einführung in die Informatik, 7., vollst. überarb. Aufl., München [u.a.]: Oldenbourg 2006.

*Haase, K.,* Koordination von Marketing und Vertrieb: Determinanten, Gestaltungsdimensionen und Erfolgsauswirkungen, Wiesbaden: Dt. Univ.-Verl. 2006.

*Hammond, J. S., Keeney, R. L., Raiffa, H.,* The Hidden Traps in Decision Making, in: Harvard Business Review (Hrsg.): Harvard Business Review on Decision Making, Havard Busniss School Publishing: Boston, 2001, S. 143-167.

*Hanschke, I.,* Strategisches Management der IT-Landschaft: ein praktischer Leitfaden für das Enterprise Architecture Management, München: Hanser 2009.

*Heinrich, L. J., Lehner, F.,* Informationsmanagement: Planung, Überwachung und Steuerung der Informationsinfrastruktur, 8., vollst. überarb. und erg. Aufl., München [u.a.]: Oldenbourg 2005.

*Herrmann, L.,* Innovationsmanagement in Business-to-Business-Geschäftsbeziehungen: eine informationsbezogene Perspektive, Wiesbaden: Gabler 2009.

*Hesseler, M., Görtz, M.,* Basiswissen ERP-Systeme: Auswahl, Einführung & Einsatz betriebswirtschaftlicher Standardsoftware, Herdecke [u.a.]: W3L-Verl. 2007.

*Higgins, C.,* Was Morre's Law Inevitable?, https://www.mentalfloss.com/blogs/archives/29810, Abruf am 14. Juli 2010.

*Hinterhuber, H. H., Handlbauer, G., Matzler, K.,* Kundenzufriedenheit durch Kernkompetenzen: eigene Potentiale erkennen, entwickeln, umsetzen, 2., überarb. Aufl., Wiesbaden [u.a.]: Gabler 2003.

*Höning, F., Suter, A.,* Die 5 Gründe, warum ERP-Projekte scheitern, http://www.computerwoche.de/1906344, Abruf am 06. Mai 2010.

*Hopp, W. J., Spearman, M. L.,* Factory physics: foundations of manufacturing management, 2. Aufl., Boston [u.a.]: Irwin/McGraw-Hill 2000.

*Hungenberg, H.,* Strategisches Management in Unternehmen: Ziele - Prozesse - Verfahren, 3., überarb. und erw. Aufl., Wiesbaden: Gabler 2004.

*Hungenberg, H., Wulf, T.,* Grundlagen der Unternehmensführung, 2., aktualisierte Aufl., Berlin [u.a.]: Springer 2006.

*Jacob, O.,* ERP Value: Signifikante Vorteile mit ERP-Systemen, Berlin, Heidelberg: Springer 2008.

*Jost, P.-J.,* Organisation und Motivation: eine ökonomisch-psychologische Einführung, 2., aktualisierte und überarb. Aufl., Wiesbaden: Gabler 2008.

*Kaluza, B., Trefz, J.,* Herausforderung Materialwirtschaft: zur Bedeutung internationaler und nationaler Beschaffung, Hamburg: S + W Steuer- und Wirtschaftsverl. 1997.

*Kaplan, R. S., Norton, D. P.,* The balanced scorecard: translating strategy into action, Boston, Mass.: Harvard Business School Press 2009.

*Kebeck, G.,* Wahrnehmung: Theorien, Methoden und Forschungsergebnisse der Wahrnehmungspsychologie, 2. Aufl., Weinheim [u.a.]: Juventa 1997.

*Kief, H. B., Roschiwal, H. A.,* NC/CNC Handbuch 2007/2008: CNC, DNC, CAD, CAM, CIM, FFS, SPS, RPD, LAN, NC-Maschinen, NC-Roboter, Antriebe, Simulation, Fach- und Stichwortverzeichnis, München: Hanser 2007.

*Klüppel, H.-J., Deutsches Institut für Normung,* Umweltmanagement für kleine und mittlere Unternehmen : die ISO-14000-Normen und ihre Umsetzung, Berlin [u.a.]: Beuth 2006.

*Köhler, P., Bechthold, J.,* Pro/ENGINEER-Praktikum: Arbeitstechniken der parametrischen 3D-Konstruktion mit Wildfire 3.0 ; mit 27 Tabellen, 4., aktualisierte und erw. Aufl., Wiesbaden: Vieweg 2006.

*Koll, S.,* IT-Chefs berechnen zu selten den Business Case für SAP-Upgrades, Computer Zeitung, 15. Dezember 2008.

*Koll, S.,* Wettbewerbsvorteile durch IT gibt es nur durch standardisierte Geschäftsprozesse, Computer Zeitung, 15. Dezember 2008.

*Krause, F.-L., Berliner Kreis,* Innovationspotenziale in der Produktentwicklung, München [u.a.]: Hanser 2007.

*Krüger, W.,* Organisationsmethodik, in: Grochla, E. (Hrsg.): Handwörterbuch der Organisation, Schäffer-Poechel: Stuttgart, 1992, S. 1572-1588.

*Krugman, P. R., Obstfeld, M.,* Internationale Wirtschaft: Theorie und Politik der Außenwirtschaft, 8., aktualisierte Aufl., München [u.a.]: Pearson Studium 2009.

*Kubicek, H.*, Heuristischer Bezugsrahmen und heuristisch angelegte Forschungsdesigns als Elemente einer Konstruktionsstrategie empirischer Forschung, in: Köhler, R. (Hrsg.): Empirische und handlungstheoretische Forschungskonzeption in der Betriebswirtschaftslehre, Poeschel: Stuttgart, 1977, S. 3-38.

*Kubosch, A.*, Produktentwicklung als Verhandlung: verhandlungsgerechte Organisation von Entwicklungsprojekten, Dissertation RWTH Aachen, 2008.

*Kurbel, K.*, Produktionsplanung und -steuerung im Enterprise Resource Planning und Supply Chain Management, 6., völlig überarb. Aufl., München [u.a.]: Oldenbourg 2005.

*Lanninger, V.*, Prozessmodell zur Auswahl betrieblicher Standardanwendungssoftware für KMU, Lohmar [u.a.]: Eul 2009.

*Laux, H., Liermann, F., Laux, L.*, Grundlagen der Organisation: die Steuerung von Entscheidungen als Grundproblem der Betriebswirtschaftslehre, 6. Aufl., Berlin [u.a.]: Springer 2005.

*Lenders, M.*, PLM - Eine Standortbestimmung, in: 5. Product Lifecycle Management Seminar am WZL der RWTH Aachen.

*Lenders, M., Sauer, J.*, Quantifizierter Nutzennachweis bei der Einführung einer innovativen CAD-/ PLM-Lösung - ein Erfahrungsbericht, in: Konstruktion, 2007, Nr. 11/12, S. 51-54.

*Lenders, M., Schittny, S.*, Product Lifecycle Management: Nutzen Sichtbar machen!, in: INSight, 2008, Nr. 2, S. 44-45.

*Lewicki, R. J., Barry, B., Saunders, D. M.*, Negotiation: readings, exercises, cases, 5. Aufl., Boston, Mass.: McGraw-Hill 2007.

*Lewis, J. P., Wong, L.*, Accelerated Projekt Management - How to Be the First in Market, New York: McGraw-Hill 2004.

*Liker, J.*, The Toyota way - 14 Management Principles from the World's Greatest Manufacturer, New York: McGraw-Hill 2004.

*Liu, H. et al.,* An intelligent system for estimating full product Life Cycle Cost at the eraly design stage, in: International Journal of Product Lifecycle Management, 3. Jg., 2008, Nr. 2/3, S. 96-113.

*Loebe, H., Schöpf, N.,* Demografischer Wandel und Weiterbildung: Strategien einer alterssensiblen Personalpolitik, Bielefeld: Bertelsmann 2007.

*Lu, S.,* A Scientific Foundation of Collaborative Engineering, in: Annals of the CIRP, 56. Jg., 2007, Nr. 2, S. 605-635.

*McAfee, A.,* When Too Much IT Knowledge Is a Dangerous Thing, in: MIT Solan Management Review, 44. Jg., 2003, Nr. 2, S. 83-89.

*McAfee, A., Brynjolfsson, E.,* Investion in the IT That Makes a Competitive Difference, in: Harvard Business Review, 86. Jg., 2008, Nr. 7/8, S. 98-107.

*Meier, J.,* Lebenszyklusorientiertes Änderungsmanagement in der Produktentwicklung, Promotionsvortrag am WZL der RWTH Aachen, 07. März 2007.

*Meier, J.,* Produktarchitekturtypen globalisierter Unternehmen, Dissertation RWTH Aachen, 2007.

*Michalk, S.,* Angewandte Organisationsentwicklung in mittelständischen Unternehmen : erfolgreiche Veränderungen durch externe Berater, Wiesbaden: Dt. Univ.-Verl. 2005.

*Miller, A. C.,* Erwartungsbildung ökonomischer Akteure: eine Explikation auf Basis des Grundmodells einer dynamischen Theorie ökonomischer Akteure, Wiesbaden: Dt. Univ.-Verl. 2003.

*Mintzberg, H.,* Patterns of strategy formulation, in: Management Science, 24. Jg., 1978, Nr. 9, S. 934-348.

*Müller, U.,* Die Kraft der Bilder in der nachhaltigen Entwicklung, Dissertation 2007.

*Müller-Stewens, G., Lechner, C.,* Strategisches Management: wie strategische Initiativen zum Wandel führen ; der St. Galler General Management Navigator, Stuttgart: Schäffer-Poeschel 2005.

*Myers, D. G.,* Psychologie, 2., erweiterte und aktualisierte Aufl., Heidelberg: Springer 2008.

*Nitzsch, R. v.,* Entscheidungslehre : Wie Menschen entscheiden und wie sie entscheiden sollten, Stuttgart: Schäffer-Poeschel 2002.

*o. V.,* DIN 199-4.

*o. V.,* Flexibilität ist entscheidend, http://www.kem.de/1009460, Abruf am 20.03.2010.

*o. V.,* Volkswagen Classic, http://www.volkswagen-classic.de/damals.html, Abruf am 21.03.2010.

*Osterhold, G.,* Veränderungsmanagement: Wege zum langfristigen Unternehmenserfolg, 2., überarb. Aufl., Wiesbaden: Gabler 2002.

*Pahl, G. et al.,* Konstruktionslehre: Grundlagen erfolgreicher Produktentwicklung ; Methoden und Anwendung, 7. Aufl., Berlin, Heidelberg: Springer 2006.

*Pape, B.,* Wissensprojekte: gemeinschaftliches Lernen aus didaktischer, softwaretechnischer und organisatorischer Sicht, Münster [u.a.]: Waxmann 2004.

*Patzak, G.,* Systemtechnik - Planung komplexer innovativer Systeme: Grundlagen, Methoden, Techniken, Berlin [u.a.]: Springer 1982.

*Pepels, W.,* Produktmanagement: Produktinnovation, Markenpolitik, Programmplanung, Prozessorganisation, 5., überarb. Aufl., München [u.a.]: Oldenbourg 2006.

*Pfetsch, F. R.,* Verhandeln in Konflikten: Grundlagen - Theorie - Praxis, Wiesbaden: VS Verlag für Sozialwissenschaften 2006.

*Pfohl, H.-C., Stözle, W.,* Planung und Kontrolle - Konzeption, Gestaltung, Implementierung, 2. Aufl., München: Vahlen 1997.

*Ponn, J., Lindemann, U.*, Konzeptentwicklung und Gestaltung technischer Produkte : optimierte Produkte - systematisch von Anforderungen zu Konzepten, Berlin [u.a.]: Springer 2008.

*Popper, K.*, Die Logik der Sozialwissenschaften, in: Adorno, T. W. (Hrsg.): Der Positivismusstreit in der deutschen Soziologie, Luchterhand: Neuwied, 1967.

*Porter, M. E.*, Competitive advantage: creating and sustaining superior performance ; with a new introduction, New York: Free Press 1998.

*Püthe, T.*, Mittelständische Unternehmen und Genossenschaftsbanken: eine empirische Analyse der Wirkung ökonomischer und verhaltenswissenschaftlicher Faktoren, Frankfurt am Main [u.a.]: Lang 2009.

*Radke, H.-D.*, Buchführung, 5. Aufl., Planegg/München: Haufe 2007.

*Raiffa, H., Richardson, J., Metcalfe, D.*, Negotiation Analysis, Cambridge: Belknap Press Harvard University 2002.

*Röh, C.*, IuK-Technik und internationale Unternehmensführung: Kommunikation - Koordination - Konfiguration, Wiesbaden: Gabler 2003.

*Rosenstiel, L. v., Pieler, D., Glas, P.*, Strategisches Kompetenzmanagement: von der Strategie zur Kompetenzentwicklung in der Praxis, Wiesbaden: Gabler 2004.

*Rumpe, B.*, Modellierung mit UML : Sprache, Konzepte und Methodik; mit Tabellen, Berlin [u.a.]: Springer 2004.

*Saaksvuori, A., Immonen, A.*, Product Lifecycle Management, 2. Aufl., Berlin, Heidelberg: Springer 2005.

*Sachs-Hombach, K.*, Bild - Bildwahrnehmung - Bildverarbeitung : interdisziplinäre Beiträge zur Bildwissenschaft, 2. Aufl., Wiesbaden: Dt. Univ.-Verl. 2004.

*Schanz, G.*, Wissenschaftstheoretische Grundfragen der Führungsforschung, in: Kieser, A., Reber, G., Wunderer, R. (Hrsg.): Handwörterbuch der Führung, Schäffer-Poeschel: Stuttgart, 1987.

*Schanz, G.,* Methodologie für Betriebswirte, 2., überarb. u. erw. Aufl., Stuttgart: Poeschel 1988.

*Scheer, A.-W.,* CIM: Computer Integrated Manufacturing. Der computergesteuerte Industriebetrieb, 4. Aufl., Berlin: Springer 1990.

*Scheer, A.-W.,* Agile Unternehmensführung durch serviceorientierte Architekturen, in: Fink, K., Ploder, C. (Hrsg.): Wirtschaftsinformatik als Schlüssel zum Unternehmenserfolg, Dt. Univ.-Verl.: Wiesbaden, 2006, S. 129-136.

*Scheer, A.-W. et al.,* Prozessorientiertes Product Lifecycle Management, Berlin u.a.: Springer 2006.

*Scheer, A.-W., Jost, W., Wagner, K.,* Von Prozessmodellen zu lauffähigen Anwendungen: ARIS in der Praxis ; mit 6 Tabellen, Berlin [u.a.]: Springer 2005.

*Schleifenbaum, J. H. et al.,* How Can Reynolds Help to Improve the Performance of Production Systems? Fluid Dynamics and its Contributions to Production Theory, in: IAENG TRANSACTIONS ON ENGINEERING TECHNOLOGIES: Volume 4: Special Edition of the World Congress on Engineering and Computer Science-2009, 2010, S. 443-456.

*Schlienkamp, C.,* Kapitalmarktstrategie: Erfolgsfaktoren für börsennotierte Gesellschaften, Wiesbaden: Gabler 2006.

*Schneider, G., Geiger, I. K., Scheuring, J.,* Prozess- und Qualitätsmanagement: Grundlagen der Prozessgestaltung und Qualitätsverbesserung mit zahlreichen Beispielen, Repetitionsfragen und Antworten, Zürich: Compendio Bildungsmedien 2008.

*Schöttner, J.,* Produktdatenmanagement in der Fertigungsindustrie: Prinzip, Konzepte, Strategien, München [u.a.]: Hanser 1999.

*Schuh, G.,* Produktkomplexität managen: Strategien - Methoden - Tools, 2., überarb. und erw. Aufl., München [u.a.]: Hanser 2005.

*Schuh, G.,* Change Management: Prozesse strategiekonform gestalten, Berlin [u.a.]: Springer 2006.

*Schuh, G. et al.,* Excellence in Production: Festschrift für Walter Eversheim, Aachen: Apprimus 2007.

*Schuh, G. et al.,* PLM/PDM 2008/2009 Marktspiegel Business Software, 2. Auf., Aachen: Trovarit AG 2008.

*Schuh, G., Lenders, M., Uam, J.-Y.,* Negotiation-based Product Lifecycle Management implementation, in: Mcmahon, C., Dutta, D., Huang, G. (Hrsg.): Paper Abstracts of the 6th International Conference on PLM, University of Bath and Inderscience: Bath (SPA), 2009, S. 34.

*Schuh, G. et al.,* Process oriented Framework to Support PLM Implementation, in: Computers in Industry, 59. Jg., 2008, Nr. 2-3, S. 210-218.

*Schuh, G., Uam, J.-Y., Lenders, M.,* A reference framework for integrating NC planning into Product Lifecycle Management (PLM), in: International Converence of Product Lifecycle Management 2008 (PLM08), 2. Jg., 2008, Nr. 1, S. 90-100.

*Sendler, U.,* Das PLM-Kompendium: Referenzbuch des Produkt-Lebenszyklus-Managements, Berlin [u.a.]: Springer 2009.

*Sendler, U., Wawer, V.,* CAD und PDM: Prozessoptimierung durch Integration, 2., aktualisierte u. erw. Aufl., München [u.a.]: Hanser 2008.

*Specht, G., Beckmann, C., Amelingmeyer, J.,* F&E-Management: Kompetenz im Innovationsmanagement, 2., überarb. und erw. Aufl., Stuttgart: Schäffer-Poeschel 2002.

*Spur, G.,* Automatisierung und Wandel der betrieblichen Arbeitswelt, Berlin [u.a.]: de Gruyter 1993.

*Stachowiak, H.,* Allgemeine Modelltheorie, Wien: Springer 1973.

*Stackpole, B.,* There's a New APP in Town, in: CIO Magazin, 16. Jg., 2003, Nr. 15, S. 93-98.

*Stark, J.,* Product Lifecycle Management: 21st century paradigm for product realisation, London: Springer 2005.

*Stark, J.,* Global Product: Strategy, Product Lifecycle Management and the Billion Customer Question, London: Springer 2007.

*Steiner, R.,* Grundkurs Relationale Datenbanken: Einführung in die Praxis der Datenbankentwicklung für Ausbildung, Studium und IT-Beruf, 7., überarbeitete und aktualisierte Aufl., Wiesbaden: Vieweg+Teubner Verlag / GWV Fachverlage GmbH 2009.

*Stocké, V.,* Framing und Rationalität: die Bedeutung der Informationsdarstellung für das Entscheidungsverhalten, München: Oldenbourg 2002.

*Straus, D.,* How to make collaboration work: powerful ways to build consensus, solve problems, and make decisions, San Francisco: Berrett-Koehler 2002.

*Sugiki, K., Matsubara, S.,* A product retrieval system robust to subjective queries, in: International Journal of Product Lifecycle Management, 3. Jg., 2008, Nr. 2/3, S. 151-164.

*Thompson, L. L.,* The mind and heart of the negotiator, 4. Aufl., Upper Saddle River, N.J. [u.a.]: Pearson Education 2009.

*Tiemeyer, E., Bachmann, W.,* Handbuch IT-Management: Konzepte, Methoden, Lösungen und Arbeitshilfen für die Praxis, 3., überarb. und erw. Aufl., München: Hanser 2009.

*Tomczak, T.,* Forschungsmethoden in der Marketingwissenschaft, in: Marketing ZFP, 2. Jg., 1992, S. 77-87.

*Tomovic, C. et al.,* Measuring the Impact of Product Lifecycle Management: Process Plan, Waste Reduction and Innovations Conceptual Framework, and Logic

Model for Developing Metrics, in: Tomovic, M. M., Wang, S. (Hrsg.): Product Realization : A Comprehensive Approach, Springer: New York, 2009, S. 53-66.

*Toriya, H.,* 3D Manufacturing Innovation: Revolutionary Change in Japanese Manufacturing with Digital Data, London: Springer 2008.

*Tries, J., Reinhardt, R.,* Konflikt- und Verhandlungsmanagement: Konflikte konstruktiv nutzen, Berlin [u.a.]: Springer 2008.

*Ulrich, H.,* Der systemorientierte Ansatz der Betriebswirtschaftslehre, in: Kortzfleisch, G. V. (Hrsg.): Wissenschaftsprogramme und Ausbildungsziele der Betriebswirtschaftslehre, Duncker & Humbolt: Berlin, 1971, S. 43-60.

*Ulrich, H.,* Die Betriebswirtschaftslehre als anwendungsorientierte Sozialwissenschaft, in: Dyllick, T., Probst, J. B. (Hrsg.): Management, Bern, 1984, S. 168-199.

*Ulrich, H.,* Management, Bern, Stuttgart: Haupt 1984.

*Ulrich, P., Hill, W.,* Grundlagen Teil I - Wissenschaftstheoretische Grundlagen der Betriebswirtschaftslehre (Teil I), in: WiST Zeitschrift für Ausbildung und Hochschulkontakt, 5. Jg., 1976, Nr. 7, S. 304-309.

*Ulrich, P., Hill, W.,* Grundlagen Teil II - Wissenschaftstheoretische Grundlagen der Betriebswirtschaftslehre (Teil II), in: WiST Zeitschrift für Ausbildung und Hochschulkontakt, 5. Jg., 1976, Nr. 8, S. 345-350.

*Vajna, S. et al.,* CAx für Ingenieure: Eine praxisbezogene Einführung, 2. Aufl., Berlin, Heidelberg: Springer 2009.

*VDMA,* Leitfaden zur Erstellung eines unternehmensspezifischen PLM-Konzeptes: Product Lifecycle Management; transparente Prozesse und konsistente Informationen im Produktlebenszyklus, Frankfurt, M.: VDMA-Verl. 2008.

*Wagner, B. J., Monk, E. F.,* Concepts in enterprise resource planning, 3. Aufl., Boston, Mass. [u.a.]: Course Technology 2009.

*Wehlitz, P. A.,* Nutzenorientierte Einführung eines Produktdatenmanagement-Systems, München: Utz 2000.

*Werner, H.,* Supply Chain Management: Grundlagen, Strategien, Instrumente und Controlling, 3., vollst. überarb. und erw. Aufl., Wiesbaden: Gabler 2008.

*Wiendahl, H.-P.,* Betriebsorganisation für Ingenieure, 6., aktualisierte Aufl., München [u.a.]: Hanser 2008.

*Wiendahl, H.-P., Dreher, C., Engelbrecht, A.,* Erfolgreich kooperieren: Best-Practice-Beispiele ausgezeichneter Zusammenarbeit, Heidelberg: Physica 2005.

*Wind, M., Kröger, D.,* Handbuch IT in der Verwaltung, Berlin, Heidelberg: Springer 2006.

*Wöhe, G., Döring, U.,* Einführung in die allgemeine Betriebswirtschaftslehre, 22., neubearb. Aufl., München: Vahlen 2005.

*Wolle, B.,* Grundlagen des Software-Marketing: von der Softwareentwicklung zum nachhaltigen Markterfolg, Wiesbaden: Vieweg 2005.

*Womack, J. P., Jones, D. T., Roos, D.,* The machine that changed the world: how Japan's secret weapon in the global auto wars will revolutionize Western industry, New York, NY: HarperPerennial 2006.

*Zeitler, N.,* Krise lässt IT-Projekte scheitern, URL: http://www.cio.de/889437, Abruf am 05.06.2010.

*Zelewski, S.,* Grundlagen, in: Corsten, H., Reiß, M. (Hrsg.): Betriebswirtschaftslehre, Oldenbourg: München, Wien, 1999, S. 1-129.

*Zentes, J.,* Kooperationen, Allianzen und Netzwerke: Grundlagen - Ansätze - Perspektiven, 2., überarb. und erw. Aufl., Wiesbaden: Gabler 2005.

*Ziegler, P.-M.,* Virtuelle Prototypen: Simulationstechniken in der Fahrzeugentwicklung, in: c't, 2006, Nr. 16, S. 96-101.

*Zohm, F.,* Management von Diskontinuitäten: das Beispiel der Mechatronik in der Automobilzulieferindustrie, Wiesbaden: Dt. Univ.-Verl. 2004.

## Lebenslauf

| | |
|---|---|
| Name, Vorname: | Uam, Ju-Young |
| Geburtsort: | Limburg an der Lahn |
| Familienstand: | ledig |
| Staatsangehörigkeit: | deutsch |

### Beruflicher Werdegang:

| | |
|---|---|
| seit 01/2011 | Referent Innovationsmanagement, Corporate Strategy and Development, SCHOTT AG, Mainz |
| 09/2006 – 11/2010 | Projektleiter / Wissenschaftlicher Mitarbeiter am Werkzeugmaschinenlabor WZL der RWTH Aachen, Lehrstuhl für Produktionssystematik |
| 05/2004 – 07/2004 | Fachpraktikum, Qualitätsmanagement, Dr.-Ing. h.c.F. Porsche AG, Stuttgart-Zuffenhausen |
| 11/2001 – 06/2002 | Wissenschaftliche Hilfskraft am Lehrstuhl für Technische Thermodynamik der RWTH Aachen |
| 1998 – 2000 | 12 Wochen Grundpraktikum im Bereich Schlosserei und Spritzgießerei bei verschiedenen KmU |

### Studium:

| | |
|---|---|
| 10/2002 – 05/2007 | Studium Betriebswirtschaftslehre, RWTH Aachen, Industrielles Controlling, Abschluss: Dipl.-Kfm. |
| 10/2000 – 08/2006 | Studium Maschinenbau, RWTH Aachen, Produktionstechnik, Abschluss: Dipl.-Ing. |

### Wehrdienst:

| | |
|---|---|
| 09/1999 – 06/2000 | 8. gem. Lazarettregiment 11, Fürstenau; Heeresmusikkorps 7, Düsseldorf |

### Schulbildung:

| | |
|---|---|
| 1990 – 1999 | Gymnasium Tilemannschule, Limburg an der Lahn |

im Oktober 2012